高等职业教育精品示范教材（电子信息课程群）

SQL Server 2008 网络数据库管理项目教程

主 编　李桂香　王昌云

副主编　朱艳平　林高印　徐骏骅　苏志军

中国水利水电出版社
www.waterpub.com.cn

内 容 提 要

本书作为数据库技术知识普及与技术推广教材，以微软公司的 SQL Server 2008 为平台，选择贯穿全书的项目介绍了数据库的基本原理、SQL Server 2008 的安装与配置、数据库的创建与管理、数据库中表的管理、数据完整性、数据查询、视图、索引、T-SQL 语言、触发器、存储过程、数据库的备份与还原以及安全管理等多方面的内容，能够为初学数据库技术的读者提供全面、实用的技术和理论基础。

本书的编写融入了作者丰富的教学和企业实践经验，内容注重实用，结构清晰，图文并茂，浅显易懂，力求做到使读者在兴趣中学习数据库技术。本书以项目化任务为载体，强调在"做中学、学中做"，把教材的知识点融入到项目的多个任务中，每个项目配有项目小结和实训项目，能在完成任务的过程中构建相关的理论知识，提高技能水平。

本书适合作为高职高专院校计算机或相关专业教材，也可作为数据库技术的入门教材，同时也适合培养技能型紧缺人才的相关院校及培训班教学使用。

本书配有电子教案，读者可以从中国水利水电出版社网站和万水书苑免费下载，网址为：http://www.waterpub.com.cn/softdown/和 http://www.wsbookshow.com。

图书在版编目（ＣＩＰ）数据

SQL Server 2008网络数据库管理项目教程 / 李桂香，王昌云主编. -- 北京 : 中国水利水电出版社, 2016.1
高等职业教育精品示范教材 : 电子信息课程群
ISBN 978-7-5170-3857-3

Ⅰ. ①S… Ⅱ. ①李… ②王… Ⅲ. ①关系数据库系统－高等职业教育－教材 Ⅳ. ①TP311.138

中国版本图书馆CIP数据核字(2015)第290080号

策划编辑：祝智敏　　责任编辑：李　炎　　封面设计：李　佳

书　　名	高等职业教育精品示范教材（电子信息课程群） SQL Server 2008 网络数据库管理项目教程
作　　者	主　编　李桂香　王昌云 副主编　朱艳平　林高印　徐骏骅　苏志军
出版发行	中国水利水电出版社 （北京市海淀区玉渊潭南路 1 号 D 座　100038） 网址：www.waterpub.com.cn E-mail：mchannel@263.net（万水） sales@waterpub.com.cn 电话：（010）68367658（发行部）、82562819（万水）
经　　售	北京科水图书销售中心（零售） 电话：（010）88383994、63202643、68545874 全国各地新华书店和相关出版物销售网点
排　　版	北京万水电子信息有限公司
印　　刷	三河市铭浩彩色印装有限公司
规　　格	184mm×240mm　16 开本　17.75 印张　391 千字
版　　次	2016 年 1 月第 1 版　2016 年 1 月第 1 次印刷
印　　数	0001—3000 册
定　　价	36.00 元

序

为贯彻落实国务院印发的《关于加快发展现代职业教育的决定》，加快发展现代职业教育，形成适应发展需求、产教深度融合、中职高职衔接、职业教育与普通教育相互沟通的现代职业教育体系，我们在围绕中国职业技术教育学会研究课题的基础上、联合大批的一线教师和技术人员，共同组织出版“高等职业教育精品示范教材（电子信息课程群）”职业教育系列教材。

职业教育在国家人才培养体系中有着重要位置，以服务发展为宗旨，以促进就业为导向，适应技术进步和生产方式变革以及社会公共服务的需要，从而培养数以亿计的高素质劳动者和技术技能人才。紧紧围绕国家发展职业教育的指导思想和基本原则，编委会在调研、分析、实践等环节的基础上，结合社会经济发展的需求，设计并打造电子信息课程群的系列教材。本系列教材配合各职业院校专业群建设的开展，涵盖软件技术、移动互联、网络系统管理、软件与信息管理等专业方向，有利于建设开放共享的实践环境，有利于培养“双师型”教师团队，有利于学校创建共享型教学资源库。

本次精品示范系列教材的编写工作，遵循以下几个基本原则：

（1）体现就业为导向、产学结合的发展道路。学科和专业同步加强，按企业需要、按岗位需求来对接培养内容。既反映学科的发展趋势，又能结合专业教育的改革，且及时反映教学内容和教学体系的调整更新。

（2）采用项目驱动、案例引导的编写模式。打破传统的以学科体系设置课程体系、以知识点为核心的框架，更多地考虑学生所学知识与行业需求及相关岗位、岗位群的需求相一致，坚持“工作流程化”、“任务驱动式”，突出“走向职业化”的特点，努力培养学生的职业素养、职业能力，实现教学内容与实际工作的高仿真对接，真正以培养技术技能型人才为核心。

（3）专家教师共建团队，优化编写队伍。由来自于职业教育领域的专家、行业企业专家、院校教师、企业技术人员协同组合编写队伍，跨区域、跨学校来交叉研究、协调推进，把握行业发展和创新教材发展方向，融入专业教学的课程设置与教材内容。

（4）开发课程教学资源，推进专业信息化建设。从充分关注人才培养目标、专业结构布局等入手，开发补充性、更新性和延伸性教辅资料，开发网络课程、虚拟仿真实训平台、工作过程模拟软件、通用主题素材库以及名师讲义等多种形式的数字化教学资源，建立动态、共享的课程教材信息化资源库，服务于系统培养技术技能型人才。

电子信息类教材建设是提高电子信息领域技术技能型人才培养质量的关键环节，是深化职业教育教学改革的有效途径。为了促进现代职业教育体系建设，使教材建设全面对接教学改革、行业需求，更好地服务区域经济和社会发展，我们殷切希望各位职教专家和老师提出建议，并加入到我们的编写队伍中来，共同打造电子信息领域的系列精品教材！

丛书编委会

2014 年 6 月

前言

随着全球信息化技术的快速发展，在信息技术的广泛应用中，数据库技术已经成为计算机信息系统的一个核心技术，也是计算机领域中发展最快、应用最为广泛的技术之一。

SQL Server 2008 是 Microsoft 公司在 2008 年 8 月推出的性能优越的关系型数据库管理系统，是在 SQL Server 2005 的基础上进行开发的，不仅对原有的功能进行了改造，而且增加了许多新的特性，SQL Server 2008 提供了更安全、更具延展性、更高的管理能力。

本书涵盖了数据库的基本原理、SQL Server 2008 的安装与配置、数据库的创建与管理、数据库中表的管理、数据完整性、数据查询、视图、索引、T-SQL 语言、触发器、存储过程、数据库的备份与还原以及安全管理等多方面的内容，能够为初学数据库技术的读者提供全面、实用的技术和理论基础。

本书的编写融入了作者丰富的教学和企业实践经验，内容注重实用，结构清晰，图文并茂，通俗易懂，力求做到使读者在兴趣中学习数据库技术。本书内容翔实、讲解透彻，全书采用一个贯穿全书的大项目，根据项目开发流程把内容分为 14 个项目，每个项目中包含多个任务，每个任务按照任务分析、相关知识以及任务实施的顺序进行编写，在项目的最后有项目小结和实训项目。学生在完成项目的过程中不但能构建相关的理论知识，而且发展了职业能力，体现了“做中学、学中做”的教学理念。

本书由浙江同济科技职业学院的李桂香、王昌云主编并负责统稿，信阳农林学院的朱艳平、浙江同济科技职业学院的林高印、徐骏骅、苏志军担任副主编，具体编写分工为：李桂香负责编写项目三和项目十三，王昌云负责编写项目二、项目十和项目十一，朱艳平负责编写项目一和项目九，林高印负责编写项目六和项目十四，徐骏骅负责编写项目五、项目七和项目八，苏志军负责编写项目四和项目十二。本书的编写还得到了浙江同济科技职业学院的景秀眉、王美琴、康丽娟、卢雪峰、汤巧英等教师的大力支持，在此一并表示感谢。

由于时间仓促，书中疏漏、不妥之处在所难免，敬请读者批评指正。

编　者

2015 年 10 月

III

目 录

1 数据库概述

任务 1　需求分析

数据库技术是数据管理的核心技术，是计算机科学的重要分支。数据库技术已应用于社会的各个领域。需求分析是整个数据库设计的基础，是系统开发中的一个关键过程。

现给出一个项目实例，本书的所有章节均围绕该项目实例展开。某高校要开发一个“学生信息管理系统”，业务需求为：能够满足学校对院系信息、班级信息、课程信息、学生学籍信息以及学生成绩信息的管理需求；能够满足各用户对上述信息的查询需求；能够满足各用户对学生学籍信息和学生成绩信息的分类统计需求。

1.1.1　任务分析

了解数据、数据库、数据库管理系统和数据库设计的基本概念；掌握进行需求分析的过程和方法。

1.1.2　相关知识

数据是数据库中存储的基本对象，是描述客观事物及其活动的抽象符号。数据的种类很多，它不仅包括数值，还包括文本、图像、音频和视频等，它们都可以经过数字化后存入计算机。

随着互联网技术的迅速发展，人类已经开始进入了大数据时代。这些数据有些是有用的，有些是无用的。对于软件开发人员，他们首先要做的就是从大量的数据中提取出对所研发系统有用的数据，并将这些数据进行整理、分类、组织，然后存储在仓库内，这个仓库就是数据库。所谓的数据库就是指长期存储在计算机内的、有组织的、可共享的、可统一管理的数据集合。

数据库中的数据按一定的数据模型组织、描述和存储，具有较小的冗余度，较高的数据独立性和易扩展性，并可为各种用户共享。理解数据库最简单的方法，就是把它想象成一个容器，它是存放数据的物理位置。

数据库管理系统（Database Management System）是一种操纵和管理数据库的系统软件，用于建立、使用和维护数据库，简称DBMS。它对数据库进行统一的管理和控制，以保证数据库的安全性和完整性。用户通过DBMS访问数据库中的数据，数据库管理员也通过DBMS进行数据库的维护工作。DBMS 可使多个应用程序和用户用不同的方法在同一时刻或不同时刻去建立、修改和访问数据库。数据库的逻辑数据模型分为层次模型、网状模型、关系模型及面向对象模型。现在主流的数据库管理系统都是关系型数据库，如MS SQL Server、Oracle、Sybase、DB2、MySQL和Access等。关系型数据库是建立在关系模型的基础上，由一系列的二维表格组成，将数据分类存储在多个二维表中，操作起来相对容易。

数据库设计（Database Design）是指根据用户的需求，在某一具体的数据库管理系统上，设计数据库的结构和建立数据库的过程。具体来说就是针对要研发的应用系统，首先进行需求分析，并将分析结果以业务流程图、系统功能结构图等形式展现出来；然后在需求分析的基础上进行概念模型设计，再将设计好的概念模型转化为关系模型，并对关系模型进行规范化处理；最后根据规范后的关系模型来创建数据库及其应用系统，以满足用户的需求。

需求分析的任务就是明确用户的各种需求，并在此基础上确定所研发系统的功能。系统功能必须充分考虑今后可能的扩充和改变，不能仅仅按当前应用需求来设计数据库。在这个过程中，系统分析员和软件工程师确定用户的需求，只有在确定了这些需求后，他们才能够分析和寻求新系统的解决方法。需求分析是否做得充分与准确，决定了在此基础上构建数据库大厦的速度与质量。需求分析做得不好，甚至会导致整个数据库设计返工重做。因此需求分析在软件开发的过程中具有举足轻重的地位，在一个大型软件系统的开发中，它的作用甚至要远远大于程序设计。

1.1.3　任务实施

绘制业务流程图和系统功能结构图，可以使用多种绘图软件，也可以使用一些专门的数据库设计工具。其中的 Microsoft Office Visio 是一款多功能绘图工具，下面将介绍如何使用该软件的一般绘图工具，来绘制“学生信息管理系统”的业务流程图和系统功能结构图。

1. 画出“学生信息管理系统”的业务流程图

步骤 1：启动 Microsoft Office Visio，单击主菜单“文件”|“新建”|“流程图”|“基本流程图”，如图 1-1 所示。

步骤 2：在左边的“基本流程图形状”窗格上单击“进程”（矩形）标签，并将其拖动到绘图页上表示业务流程图的“活动”；还可以使用复制、粘贴的功能绘制相同的形状；选中要进行布局的形状，单击主菜单“形状”|“对齐形状”，可进行形状的布局，如图 1-2 所示。

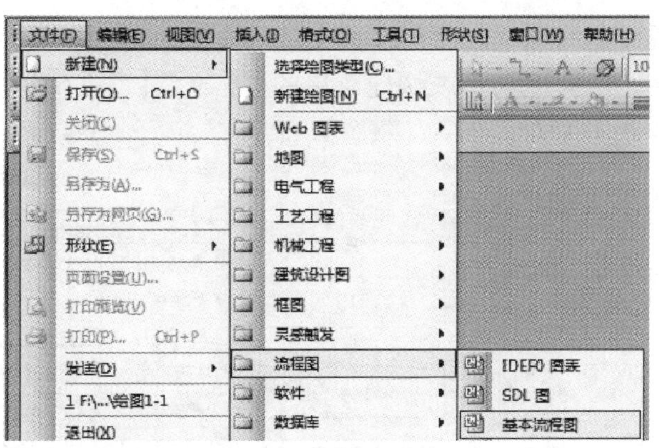

图 1-1　新建业务流程图文件

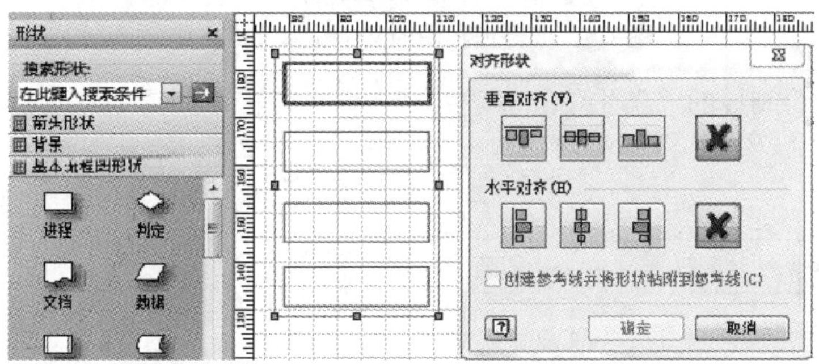

图 1-2　绘制业务流程图的“活动”

步骤 3：单击工具栏中的“连接线工具”，可以在绘图页上绘制业务流程图的“逻辑关系线”。单击工具栏中的“线条粗细”“线型”和“线端”，可以对逻辑关系线进行相关设置。也可以单击工具栏中的“绘图工具”，手动绘制矩形、圆形、椭圆形、直线、曲线等形状，如图 1-3 所示。

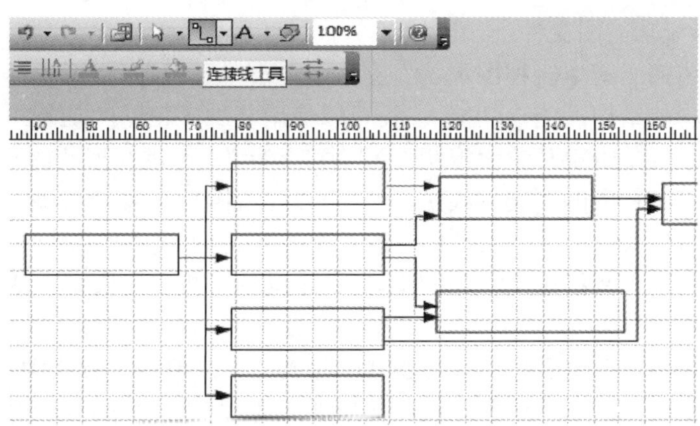

图 1-3　绘制业务流程图的“逻辑关系线”

步骤 4：单击绘图页中的形状，即可在其中输入文字，单击工具栏中的“A 文本工具”，可在绘图页上输入文字，选择主菜单或快捷菜单的“格式”|“文本”/“线条”/“填充”等可进行形状的格式化，如图 1-4 所示。

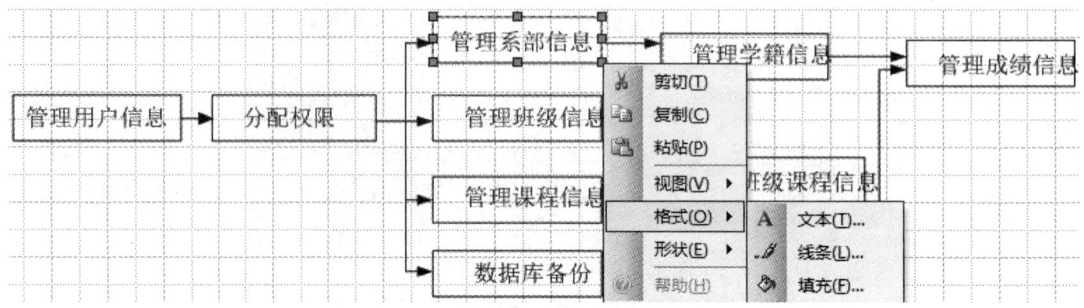

图 1-4　业务流程图的文字输入及格式化

步骤 5：最终绘制好的“学生信息管理系统”业务流程图如图 1-5 所示。

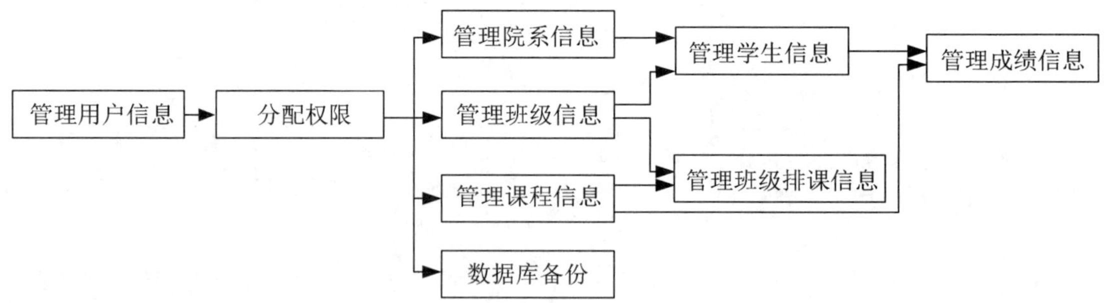

图 1-5　“学生信息管理系统”业务流程图

2. 画出“学生信息管理系统”的系统功能结构图

步骤 1：启动 Microsoft Office Visio，单击主菜单“文件”|“新建”|“流程图”|“基本流程图”，新建一个系统功能图文件。

步骤 2：在左边的“基本流程图形状”窗格上单击“进程”（矩形）标签，并将其拖动到绘图页上表示系统功能结构图的“功能”；还可以使用复制、粘贴的功能绘制相同的形状；选中要进行布局的形状，单击主菜单“形状”|“对齐形状”，可进行形状的布局。

步骤 3：单击工具栏中的“连接线工具”，可以在绘图页上绘制箭头，表示系统功能结构图中各功能之间的从属关系。单击工具栏中的“线条粗细”“线型”和“线端”，对箭头线进行相关设置。也可以点击工具栏中的“绘图工具”，手动绘制矩形、圆形、椭圆形、直线和曲线等形状。

步骤 4：单击绘图页中的形状，即可在其中输入文字，单击工具栏中的”A 文本工具”，可在绘图页上输入文字，选择主菜单或快捷菜单的“格式”|“文本”/“线条”/“填充”等可进行形状的格式化。

步骤 5：最终绘制好的“学生信息管理系统”的系统功能结构图如图 1-6 所示。

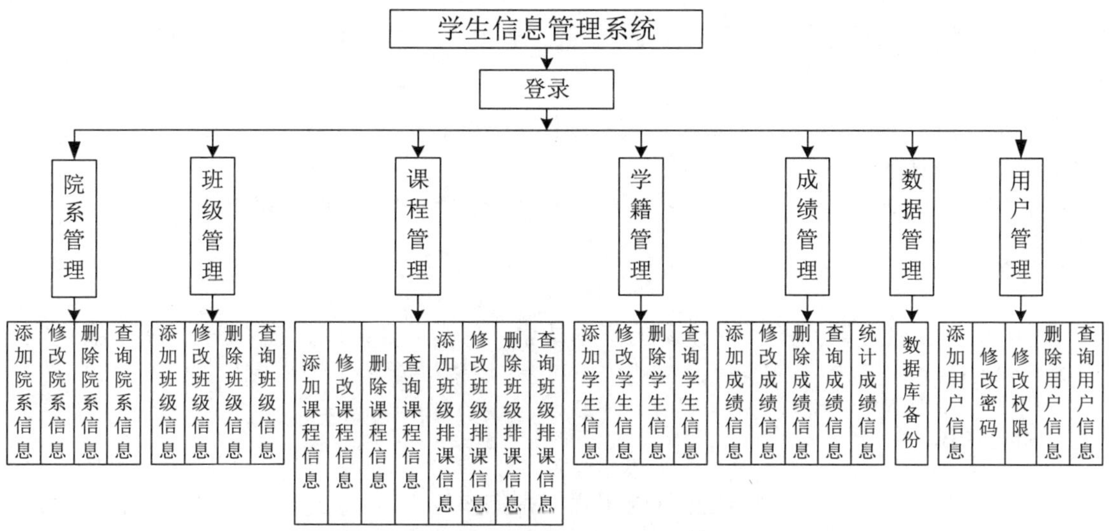

图 1-6　“学生信息管理系统”的系统功能结构图

3. “学生信息管理系统”的系统功能分析

通过图 1-6，可以得出“学生信息管理系统”的功能需求如下：

院系管理功能：用于添加、修改、删除和查询院系信息。

班级管理功能：用于添加、修改、删除和查询班级信息。

课程管理功能：用于添加、修改、删除和查询课程信息；用于添加、修改、删除和查询班级排课信息。

学籍管理功能：用于添加、修改、删除、查询和分类查询学生的学籍信息。

成绩管理功能：用于添加、修改、删除、查询和分类统计学生的课程考试成绩信息。

数据管理功能：用于对数据库进行备份操作。

用户管理功能：用于添加、删除和查询用户信息，还可以进行修改密码和修改权限的操作。

权限说明：该系统的用户类别有三个，分别是 admin（管理员用户）、teacher（教师用户）和 student（学生用户），不同的用户具有不同的权限。其中管理员用户具有所有功能的操作权限及修改密码功能，可以对所有用户进行修改，还可以修改不同用户的用户类别。教师用户除了具有对所有信息的查询权限外，还具有对学生成绩的添加、修改、删除和分类统计功能的操作权限，而对于修改密码功能，只能修改自己的密码。学生用户具有对所有信息的查询权限，对于修改密码功能，也只能修改自己的密码。学生用户可由系统自动生成，当添加学生信息时，系统会根据该条信息自动生成用户名和密码均为学生学号的学生用户；当删除学生信息时，系统也会自动删除由该学生生成的用户信息。

进入该系统时，首先要进行登录。然后根据登录的用户类别，决定该用户可以看到主界面的哪些菜单选项。通过设置权限，可以提高系统的安全性。

任务 2　概念模型设计

将需求分析得到的用户需求抽象为信息结构（即概念模型）的过程就是概念结构设计，它是整个数据库设计的关键。

根据任务 1 的需求分析结果，设计“学生信息管理系统”的概念模型。

1.2.1　任务分析

掌握实体、属性和联系等概念模型的基本要素，会使用实体联系图（E-R 图）来描述实体、属性和实体间的联系。

1.2.2　相关知识

实体：指现实世界中客观存在并可以相互区别的事物，可以是人或物等实际对象，也可以是一个具体的概念。例如：学生、课程都是现实世界中客观存在并可相互区分的事物，所以学生、课程都是实体。

属性：实体或联系所具有的某些特征称之为属性，一个实体或一个联系可以使用许多属性来描述。例如：学生实体可以用学号、姓名、性别、出生年月、政治面貌、班级编号、班级名称、家庭住址、邮编和备注等属性来描述。

属性值：属性的具体取值，称之为该属性的属性值。例如：“秦伊诺”就是学生实体姓名属性的具体取值，所以“秦伊诺”就是学生实体姓名属性的属性值。

实例：实体表示的是一类事物，其中的一个具体事物称之为该实体的一个实例。例如：“01201401001”“秦伊诺”“女”“1995-10-08”“团员”“01201401”“14 级计算机应用技术”，“河南省信阳市平桥区文喜小区 14 栋 2 单元 302”“464000”“品学兼优”，则具体表示了一个学生，它就是学生实体的一个实例。

关键字：能够唯一标识出实体或联系的属性或属性的组合，称之为该实体或该联系的关键字，关键字也称为码。例如：“学号”这个属性可以唯一标识“学生”实体，因此“学号”可以作为“学生”实体的关键字；由于可能出现的学生重名现象，导致“姓名”的属性值不唯一，所以“姓名”这个属性不能唯一标识“学生”实体，不是“学生”实体的关键字。

联系：实体之间的关系称之为联系。实体之间的联系有 3 种，即一对一（1:1）、一对多（1:n）和多对多（m:n）。例如：一个学生只能属于一个班级，而一个班级中可以有多个学生，所以班级实体和学生实体之间的联系是一对多的联系，记为 1:n。

E-R 图：通常使用 E-R 图（或称 E-R 模型）来描述现实世界的概念模型，E-R 图提供了表示实体、属性和联系的方法：

（1）实体：用矩形表示，矩形框内写明实体名称。

（2）属性：用椭圆形表示，椭圆框内写明属性的名称，并用无向边将其与相应的实体连接起来。

（3）联系：用菱形表示，菱形框内写明联系的名称，并用无向边分别与有关实体连接起来，同时在无向边旁标上联系的类型（1:1，1:n，m:n）。需要注意的是，如果一个联系具有属性，则这些属性也要用无向边与该联系连接起来。

在绘制 E-R 图时，一张图往往无法表现出整个系统的 E-R 模型，这时可以将其分解成多张图。绘制 E-R 图的工具有很多，我们仍选用 Microsoft Office Visio 来进行绘制。

1.2.3 任务实施

步骤 1：启动 Microsoft Office Visio，单击主菜单“文件”|“新建”|“流程图”|“基本流程图”，新建一个系统 E-R 图文件。

步骤 2：在左边的“基本流程图形状”窗格上单击“进程”（矩形）、“判定”（菱形）标签，并将其拖动到绘图页上表示系统 E-R 图的“实体”和“联系”；单击工具栏中的“绘图工具”，手动绘制椭圆形，表示 E-R 图的“属性”。还可以使用复制、粘贴的功能绘制相同的形状；选中要进行布局的形状，单击主菜单“形状”|“对齐形状”，可进行形状的布局。

步骤 3：单击工具栏中的“连接线工具”，可以在绘图页上绘制系统 E-R 图的无向边。单击工具栏中的“线条粗细”和“线型”，可对无向边进行相关设置。也可以单击工具栏中的“绘图工具”，手动绘制矩形、椭圆形和无向边等形状。

步骤 4：单击绘图页中的形状，即可在其中输入文字，单击工具栏中的“A 文本工具”，可在绘图页上输入文字，选择主菜单或快捷菜单的“格式”|“文本”/“线条”/“填充”等可进行形状的格式化。

步骤 5：“学生信息管理系统”的“班级”和“课程”两个实体的II级 E-R 图如图 1-7 所示，该系统的I级 E-R 图如图 1-8 所示。

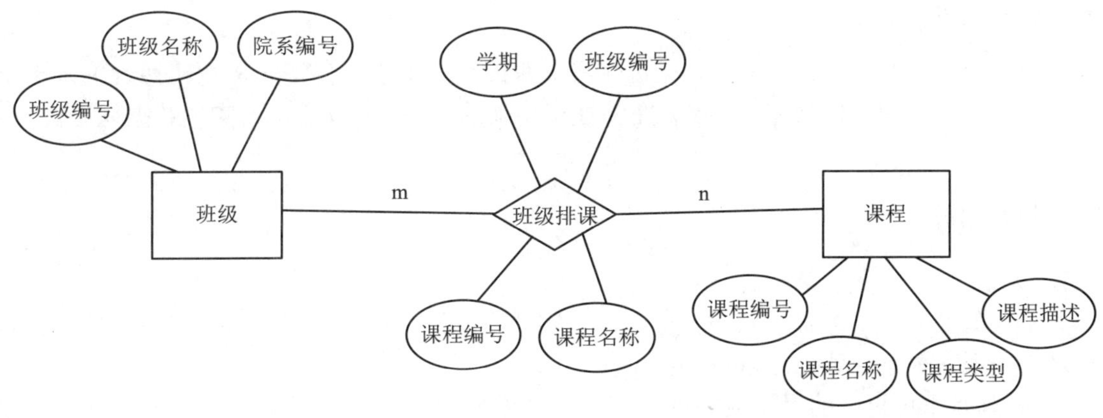

图 1-7 “班级”和“课程”两个实体的II级 E-R 图

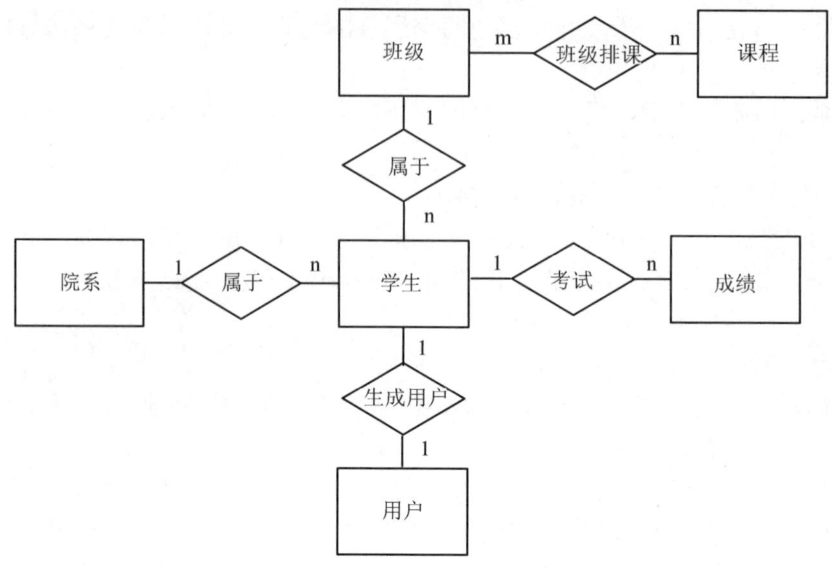

图 1-8 “学生信息管理系统”的Ⅰ级 E-R 图

任务 3 关系模型设计

关系模型设计的任务就是把概念模型设计阶段设计好的 E-R 图转换为与选用数据库管理系统（DBMS）产品所支持的数据模型相符合的逻辑结构。关系模型是通过二维表来表示实体以及实体之间的联系的。关系模型是目前数据库系统普遍采用的数据模型，也是应用最广泛的数据模型。

将任务 2 设计的“学生信息管理系统”的概念模型转换为关系模型。

1.3.1 任务分析

掌握元组、属性、主关键字、外关键字等关系的相关术语；会将 E-R 图转换为关系模型；会对关系模型进行规范化操作；对数据完整性有清晰的认识，为以后学习实现数据完整性技术打下基础。

1.3.2 相关知识

1. 关系

关系模型是通过二维表格来表示实体以及实体之间的联系的。但并不是所有的二维表格都能称之为关系，关系必须满足以下特征：

（1）列是不可再分的最小数据项。

（2）每一列表示一个属性，且每列的名字不能相同，列的每个值的类型必须与对应属性的类型相同。

（3）关系中不存在完全相同的两行。

（4）行的顺序无关紧要，列的顺序也无关紧要。

判断表 1-1、表 1-2 和表 1-3 是否是关系。

表 1-1 学生表

学号	姓名	性别	政治面貌	班级编号	班级名称	联系方式	
						家庭住址	邮编
01201401001	秦伊诺	女	团员	01201401	14 级计算机应用技术	河南省信阳市	464000
01201401002	张航	男	团员	01201401	14 级计算机应用技术	吉林省长春市	130000
01201401003	李小飞	男	党员	01201401	14 级计算机应用技术	江西省赣州市	341000
01201401004	赵文婷	男	团员	01201401	14 级计算机应用技术	福建省福州市	350000

表 1-2 用户表

用户名	密码	用户类别
admin	admin	admin
admin	admin	admin
teacher	teacher	teacher
student	student	student

表 1-3 班级排课表

学期	班级编号	课程编号	课程名称
3	01201401	001	网络数据库
3	01201401	002	网页设计与制作
2	01201401	003	Java 程序设计
1	01201401	004	高等数学

分析：表 1-1 的“联系方式”列可以再分为“家庭住址”和“邮编”两列，不满足关系的第一条特征，故表 1-1 不是关系。表 1-2 中的第一行和第二行完全相同，不满足关系的第三条特征，故表 1-2 不是关系。表 1-3 完全符合关系的所有特征，故表 1-3 是关系。

2. 关系的术语

关系中的有些术语与概念模型的术语相同或类似，但请注意它们之间的异同。

（1）关系：满足上述特征的二维表格称之为关系，每个二维表格称为一个关系，每个关系都有一个关系名。例如：表 1-3 是一个关系，它的关系名为班级排课表。

（2）元组：表中的一行，也叫做记录。例如：表 1-3 中的（3，01201401，001，网络数据库）就叫做表 1-3 的一个元组，或一条记录。

（3）属性：表中的各列，给每一个属性起一个名字，叫属性名，属性也叫做字段。例如表 1-3 中的学期，班级编号，课程编号，课程名称都是属性。

（4）属性值：表中的各列对应的数据，也叫做字段值。例如表 1-3 中的网络数据库，就是课程名称这个属性的属性值。

（5）候选关键字：也叫做候选键。若表中的某一属性或属性的组合能唯一地标识一个元组，则称该属性或属性的组合为候选键，候选键可以有多个。例如：若把表 1-1 的学生表规范为关系模型，则对于该表而言，学号属性能够唯一地标识学生表的一行，若在学生表中增加一个身份证号码的属性，则该属性也可以唯一地标识学生表的一行，故学号和身份证号都是学生表的候选关键字。

（6）主关键字：在候选关键字中选择一个作为主关键字，主关键字又叫做主码或主键。在一个表中只能有一个主关键字，主关键字的值必须唯一，且不允许为空值。通常情况下，选择属性值较短的那个属性或属性的组合作为主关键字。例如：对于规范为关系的学生表，可以选用学号作为该表的主关键字；对于表 1-3 的班级排课表，可选择（班级编号，课程编号）这两个属性的组合作为主关键字。

（7）外关键字：也叫做外键或外码，它是另一个表的主关键字。使用主关键字和外关键字可建立起表和表之间的联系。例如：表 1-3 的班级排课表里存放的是班级所选的课程信息，其中班级编号属性是班级信息表的主关键字，所以班级编号属性是班级排课表的外关键字；同理课程编号属性是课程表的主关键字，所以课程编号属性是班级排课表的外关键字。

（8）主属性：能作为候选关键字的属性。例如规范为关系的学生表的学号就是主属性。

（9）非主属性：除了主属性的其他属性。例如规范为关系的学生表的姓名、性别都是非主属性。

3．将 E-R 图转换为关系模型

将一个实体或联系转换为表，将实体或联系的属性转换为表的列。实体或联系的主关键字转换为表的主关键字，它能唯一地标识表中的每一行。

4．关系模型的规范化

将 E-R 图转换为关系模型后经常会出现如下问题：

数据冗余：例如学生姓名，在学生表中出现，在成绩表中也出现；课程名称在课程表中出现，在班级排课表中也出现，造成了数据的冗余。

数据可能会出现不一致的现象：如学生姓名、课程名称的重复出现，容易出现数据的不一致。再如输入课程名称不规范，有的时候输入全称，有的时候输入简称。另外在修改的时候，可能会出现遗漏的情况，造成数据的不一致。

数据维护困难：例如若某学生更改了姓名，那么就要在学生表和成绩表中都要进行修改，否则就会出现数据不一致。因此就会增加维护的工作量，造成数据的维护困难。

那么如何评价数据库关系模型设计的好坏呢？一般情况下，为了克服上述问题，都要对数据库的关系模型进行规范化，通常要求设计符合第三范式（3NF）的要求。所谓范式就是组织数据的规则，根据一个关系满足数据依赖的程度，可将范式分为 1NF、2NF、3NF、4NF、5NF，后一种范式是建立在前一种范式的基础上的，也就是说若某关系满足 3NF，那它一定满足 2NF；若某关系满足 2NF，那它一定满足 1NF。由于 4NF 和 5NF 在实际应用中意义不大，因此不予阐述。

（1）第一范式（1NF）

如果一个关系中的所有属性都不可再分，则称这个关系满足 1NF。

其实若一个二维表格能称之为关系，那么它就符合 1NF 的要求。这是因为能称之为关系的二维表格必须具备一些特征，其中有一条就是列是不可再分的最小数据项。例如表 1-1 学生表，联系方式属性可以再分成家庭住址和邮编两个属性，不符合 1NF 的要求，如何将该表规范成 1NF 呢？可以有两种方法。一种方法是将联系方式属性展开，如表 1-4 所示。

表 1-4　学生表

学号	姓名	性别	政治面貌	班级编号	班级名称	家庭住址	邮编
01201401001	秦伊诺	女	团员	01201401	14 级计算机应用技术	河南省信阳市	464000
01201401002	张航	男	团员	01201401	14 级计算机应用技术	吉林省长春市	130000
01201401003	李小飞	男	党员	01201401	14 级计算机应用技术	江西省赣州市	341000
01201401004	赵文婷	男	团员	01201401	14 级计算机应用技术	福建省福州市	350000

另一种方法是将该关系分解为两个关系，如表 1-5 和表 1-6 所示。

表 1-5　学生表

学号	姓名	性别	政治面貌	班级编号	班级名称
01201401001	秦伊诺	女	团员	01201401	14 级计算机应用技术
01201401002	张航	男	团员	01201401	14 级计算机应用技术
01201401003	李小飞	男	党员	01201401	14 级计算机应用技术
01201401004	赵文婷	男	团员	01201401	14 级计算机应用技术

（2）第二范式（2NF）

如果一个关系满足 1NF 的要求，且所有非主属性都完全函数依赖于主关键字，则称这个关系满足 2NF。

表 1-6　学生通讯录表

学号	家庭住址	邮编
01201401001	河南省信阳市	464000
01201401002	吉林省长春市	130000
01201401003	江西省赣州市	341000
01201401004	福建省福州市	350000

例如表 1-4 学生表，学号能唯一标识出该表中的每一行，所以学号是该表的主关键字。学号为“01201401001”的姓名是“秦伊诺”，学生的姓名完全能由学生的学号来决定，也就是说有一个学号就会有一个并且只能有一个姓名与它对应，则称姓名完全函数依赖于学号，也可以说学号决定了姓名。同理，表 1-4 中的性别、政治面貌、班级编号、班级名称、家庭住址和邮编等属性也完全函数依赖于学号，故表 1-4 符合 2NF 的要求。

表 1-3 班级排课表，（班级编号，课程编号）能唯一标识出该表中的每一行，所以（班级编号，课程编号）是该表的主关键字。而当给出课程编号时就可以唯一确定出该课程编号所对应的课程名称，所以课程名称属性只依赖于主关键字的课程编号，而与主关键字的班级编号无关。所以课程名称只依赖于主关键字的一部分，则说课程名称部分函数依赖于主关键字（班级编号，课程编号）。故表 1-3 不满足 2NF，如何将该表规范为 2NF 呢？可将关系进行拆分，将部分函数依赖关系中的主属性和非主属性从关系中提取出来，单独构成一个关系；将关系中余下的其他属性加上主关键字，构成一个关系。故可将表 1-3 中存在部分函数依赖关系的课程编号和课程名称提取出来单独构成课程表，而班级排课表中包含余下的其他属性和主关键字（班级编号，课程编号），如表 1-7 和表 1-8 所示。

表 1-7　课程表

课程编号	课程名称
001	网络数据库
002	网页设计与制作
003	Java 程序设计
004	高等数学

表 1-8　班级排课表

学期	班级编号	课程编号
3	01201401	001
3	01201401	002
2	01201401	003
1	01201401	004

（3）第三范式（3NF）

如果一个关系满足 2NF 的要求，且关系中的任何一个非主属性都不传递函数依赖于主关键字，则称这个关系满足 3NF。

例如表 1-4，学号可以唯一确定一个与它对应的班级编号，而班级编号又可以唯一确定一个与它对应的班级名称。也就是说班级名称是通过班级编号的传递而完全函数依赖于学号的，则称学号和班级名称之间存在着传递函数依赖关系，故表 1-4 不满足 3NF。如何将该表规范为 3NF 呢？首先要把存在传递函数依赖关系的班级编号和班级名称提取出来单独构成一个班级表，然后在学生表中将班级名称属性去掉，如表 1-9 和表 1-10 所示。

表 1-9　班级表

班级编号	班级名称
01201401	14 级计算机应用技术
01201402	14 级计算机网络技术
01201403	14 级图形图像制作
01201404	14 级电子信息技术

表 1-10　学生表

学号	姓名	性别	政治面貌	班级编号	家庭住址	邮编
01201401001	秦伊诺	女	团员	01201401	河南省信阳市	464000
01201401002	张航	男	团员	01201401	吉林省长春市	130000
01201401003	李小飞	男	党员	01201401	江西省赣州市	341000

5. 数据完整性

数据完整性使得不正确、无意义和不符合规范的数据不能进入数据库，以确保数据库中存储数据的正确性和一致性。关系模型的数据完整性包括域完整性、实体完整性和参照完整性。

（1）域完整性，也叫做列完整性或用户定义完整性。关系的列的值域必须满足某种特定数据类型或某种约束，如数据类型、格式、值域范围、默认值、是否允许为空等。

例如表 1-10 学生表，学号属性定义为长度 12 的字符型，只能输入 12 个字符或 6 个汉字，若输入“1111111111111”（13 个字符），则该数据不符合对学号属性的定义，违反了学号属性的域完整性。表 1-10 的性别属性定义为长度 2 的字符型，只能输入 2 个字符或 1 个汉字，并规定该列的取值只能是“男”或“女”。苦输入“woman”，则该数据不符合对性别属性的定义，违反了性别属性的域完整性。

（2）实体完整性，也叫做表的完整性。指关系中必须有一个主关键字，且主关键字不能取空值，或者说关系中每个元组的主关键字都不能为空。

例如表 1-8 班级排课表，（班级编号，课程编号）是主关键字，则它的取值不能为空，意味着班级编号和课程编号都不能为空，且主关键字的值要唯一，以保证该表的实体完整性。表 1-10 学生表，学号为主关键字，则它的取值必须唯一，且不能取空值，以保证该表的实体完整性。

（3）参照完整性，也叫做引用完整性。在关系模型中，一个关系的外关键字关联着另一个关系的主关键字。则外关键字和主关键字不但数据类型及长度要定义的相同，而且对外关键字值进行插入或修改时一定要参照主关键字的值是否存在，对主关键字进行修改或删除时，也必须参照外关键字的值是否存在。

例如：表 1-7 课程表和表 1-8 班级排课表，班级排课表中的课程编号是课程表的主关键字，是班级排课表的外关键字，则对班级排课表进行插入记录或修改记录时，插入的课程编号值或修改后的课程编号值，一定要在课程表里存在。若将表 1-8 班级排课表的第一条记录的课程编号，由“001”改为“005”，则违反了这两张表的参照完整性，因为在表 1-7 中没有课程编号为“005”的记录。

如何保证数据的参照完整性，要遵循以下规则：

①对外关键字所在的表进行插入操作时，要保证插入的外关键字值在主关键字所在的表中存在。

例如若要向表 1-8 班级排课表插入数据时，插入的课程编号值一定要在表 1-7 课程表中存在。

②对外关键字所在的表进行修改操作时，要保证修改后的外关键字值在主关键字所在的表中存在。

例如若要修改表 1-8 班级排课表的数据，修改后的课程编号值一定要在表 1-7 课程表中存在。

③对主关键字所在的表进行修改操作时，首先检查要修改的主关键字的值在外关键字所在的表中是否存在，如果存在则不允许修改，或者级联修改所有与之相对应的外关键字的值。

例如要将表 1-7 课程表中的“001”课程编号修改为“005”，而表 1-8 班级排课表中存在课程编号为“001”的数据，那么此时或者不允许修改，或者允许修改，但同时要将表 1-8 中课程编号“001”修改为“005”（级联修改）。

④对主关键字所在的表进行删除操作时，首先检查要删除记录的主关键字的值在外关键字所在的表中是否存在，如果存在则不允许删除，或者级联删除所有与之相对应的外关键字的值所在的那些行。

例如要将表 1-7 课程表中课程编号为“001”的记录删除，而表 1-8 班级排课表中存在课程编号为“001”的数据，那么此时或者不允许删除，或者允许删除，但同时要将表 1-8 中课程编号为“001”的记录也删除（级联删除）。

1.3.3 任务实施

1. 将“学生信息管理系统”的 E-R 图转换为关系模型

步骤 1：根据“学生信息管理系统”的 E-R 图，将实体“院系”转换为一个关系，关系名为“院系表”，将该实体的属性“院系编号”“院系名称”“院系主任”转换为关系的列，将该实体的主关键字“院系编号”转换为关系的主关键字。转换后的关系如表 1-11 所示。

表 1-11　院系表

院系编号	院系名称	院系主任
01	计算机科学系	张敏
02	规划设计系	程明亮
03	外语系	苏晴
04	管理系	李力

步骤 2：将实体“班级”转换为一个关系，关系名为“班级表”，将该实体的属性“班级编号”“班级名称”“院系编号”转换为关系的列，将该实体的主关键字“班级编号”转换为关系的主关键字。转换后的关系如表 1-12 所示。

表 1-12　班级表

班级编号	班级名称	院系编号
01201401	14 级计算机应用技术	01
01201402	14 级计算机网络技术	01
01201403	14 级图形图像制作	01
01201404	14 级电子信息技术	01

步骤 3：将实体“课程”转换为一个关系，关系名为“课程表”，将该实体的属性“课程编号”“课程名称”“课程类型”“课程描述”转换为关系的列，将该实体的主关键字“课程编号”转换为关系的主关键字。转换后的关系如表 1-13 所示。

表 1-13　课程表

课程编号	课程名称	课程类型	课程描述
001	网络数据库	工科	讲述 SQL Server 数据库
002	网页设计与制作	工科	基于 ASP.NET 的网页设计与制作
003	Java 程序设计	工科	基本 JAVA 的应用开发
004	高等数学	理科	高等数学是学习计算机技术的基础

步骤 4：将联系“班级排课”转换为一个关系，关系名为“班级排课表”，将该联系的属性“学期”“班级编号”“课程编号”“课程名称”转换为关系的列，将该实体的主关键字（班级编号，课程编号）转换为关系的主关键字。转换后的关系如表 1-14 所示。

表 1-14　班级排课表

学期	班级编号	课程编号	课程名称
3	01201401	001	网络数据库
3	01201401	002	网页设计与制作
2	01201401	003	Java 程序设计
1	01201401	004	高等数学

步骤 5：将实体“学生”转换为一个关系，关系名为“学生表”，将该实体的属性“学号”“姓名”“性别”“出生年月”“政治面貌”“班级编号”“班级名称”“家庭住址”“邮编”“备注”转换为关系的列，将该实体的主关键字“学号”转换为关系的主关键字。转换后的关系如表 1-15 所示。

表 1-15　学生表

学号	姓名	性别	出生年月	政治面貌	班级编号	班级名称	家庭住址	邮编	备注
01201401001	秦伊诺	女	1995-10-08	团员	01201401	14 级计算机应用技术	河南省信阳市	464000	品学兼优
01201401002	张航	男	1994-05-02	团员	01201401	14 级计算机应用技术	吉林省长春市	130000	吃苦耐劳
01201401003	李小飞	男	1994-10-01	党员	01201401	14 级计算机应用技术	江西省赣州市	341000	品学兼优
01201401004	赵文婷	男	1995-08-23	团员	01201401	14 级计算机应用技术	福建省福州市	350000	吃苦耐劳

步骤 6：将实体“成绩”转换为一个关系，关系名为“成绩表”，将该实体的属性“学号”“姓名”“课程名称”“成绩”转换为关系的列，将该实体的主关键字（学号，课程名称）转换为关系的主关键字。转换后的关系如表 1-16 所示。

表 1-16　成绩表

学号	姓名	课程名称	成绩
01201401001	秦伊诺	网络数据库	90
01201401001	秦伊诺	JAVA 程序设计	89
01201401002	张航	网络数据库	85
01201401002	张航	JAVA 程序设计	80

步骤 7：将实体“用户”转换为一个关系，关系名为“用户表”，将该实体的属性“用户名”“密码”“权限”转换为关系的列，将该实体的主关键字“用户名”转换为关系的主关键字。

转换后的关系如表 1-17 所示。

表 1-17　用户表

用户名	密码	权限
admin	admin	admin
teacher	teacher	teacher
student	student	student
01201401001	01201401001	student

2. 对转换后的关系模型进行规范化处理

步骤 1：将所有关系规范到 1NF。表 1-11 院系表，表 1-12 班级表，表 1-13 课程表，表 1-14 班级排课表，表 1-15 学生表，表 1-16 成绩表，表 1-17 用户表，这些表的所有属性都不可再分，故它们均符合 1NF 的要求。

步骤 2：将所有关系规范到 2NF。表 1-11 院系表，表 1-12 班级表，表 1-13 课程表，表 1-15 学生表，表 1-17 用户表，这些表的非主属性都完全函数依赖于主关键字，故它们均符合 2NF 的要求。

表 1-14 的主关键字是（班级编号，课程编号），而课程名称属性只依赖于课程编号，和主关键字中的班级编号无关，也就是说课程名称只部分函数依赖于主关键字（班级编号，课程编号）。故表 1-14 不符合 2NF 的要求，需对其进行规范化处理。首先将有部分函数依赖关系的课程编号和课程名称分离出来组成一个关系，由于分离出来的课程编号和课程名称在课程表中已存在，所以可删除这个由刚分离属性组成的关系。在原有的表中去除课程名称属性，规范后的关系如表 1-18 所示。

表 1-18　班级排课表

学期	班级编号	课程编号
3	01201401	001
3	01201401	002
2	01201401	003
1	01201401	004

表 1-16 成绩表的主关键字是（学号，课程名称），而姓名属性只依赖于学号，和主关键字中的课程名称无关，也就是说姓名属性只部分函数依赖于主关键字（学号，课程名称）。故表 1-16 不符合 2NF 的要求，需对其进行规范化处理。首先将有部分函数依赖关系的学号、姓名分离出来组成一个关系，由于分离出来的学号和姓名在学生信息表中已存在，所以可删除这个由刚分离属性组成的关系。剩余的其他属性，即成绩，再加上主关键字（学号，课程名称）构成关系。规范后的关系如表 1-19 所示。

表 1-19　成绩表

学号	课程名称	成绩
01201401001	网络数据库	90
01201401001	Java 程序设计	89
01201401002	网络数据库	85
01201401002	Java 程序设计	80

步骤 3：将所有关系规范到 3NF。表 1-11 院系表，表 1-12 班级表，表 1-13 课程表，表 1-18 班级排课表，表 1-19 成绩表，表 1-17 用户表，这些表的任何一个非主属性都不传递函数依赖于主关键字，故它们均符合 3NF 的要求。

表 1-15 学生表的主关键字是学号，学号可以唯一确定一个与它对应的班级编号，而班级编号又可以唯一确定一个与它对应的班级名称。也就是说班级名称是通过班级编号的传递而完全函数依赖于学号的，所以学号和班级名称之间存在着传递函数依赖关系。故表 1-15 不符合 3NF，需对其进行规范化处理。首先将具有传递函数依赖关系的班级编号和班级名称分离出来组成一个关系，由于分离出来的班级编号和班级名称在班级表中已存在，所以可删除这个由刚分离属性组成的关系。去除表 1-15 中的班级名称属性，规范化后的关系如表 1-20 所示。

表 1-20　学生表

学号	姓名	性别	出生年月	政治面貌	班级编号	家庭住址	邮编	备注
01201401001	秦伊诺	女	1995-10-08	团员	01201401	河南省信阳市	464000	品学兼优
01201401002	张　航	男	1994-05-02	团员	01201401	吉林省长春市	130000	吃苦耐劳
01201401003	李小飞	男	1994-10-01	党员	01201401	江西省赣州市	341000	品学兼优
01201401004	赵文婷	男	1995-08-23	团员	01201401	福建省福州市	350000	吃苦耐劳

步骤 4：进一步规范。因为有些人习惯用课程的全称，有些人习惯用课程的简称，所以对表 1-19 学生成绩表中的课程名称属性进行插入、修改、删除操作时，容易出现数据不一致的情况。而对于每一个课程编号都可以在表 1-13 课程表中找到与之对应的课程名称，所以可将表 1-19 中的课程名称改为课程编号，故表 1-19 的主关键字为（学号，课程编号），规范化后的关系如表 1-21 所示。

表 1-21　成绩表

学号	课程编号	成绩
01201401001	001	90
01201401001	003	89
01201401002	001	85
01201401002	003	80

步骤 5：指出规范化后的各个关系的主关键字和外关键字。

表 1-11 院系表的主关键字是院系编号，该表无外关键字。

表 1-12 班级表的主关键字是班级编号，该表无外关键字。

表 1-13 课程表的主关键字是课程编号，该表无外关键字。

表 1-17 用户表的主关键字是用户名，该表无外关键字。

表 1-18 班级排课表的主关键字是（班级编号，课程编号），由于班级编号是表 1-12 班级表的主关键字，而课程编号是表 1-13 课程表的主关键字，故班级编号和课程编号为该表的外关键字。

表 1-20 学生表的主关键字是学号，由于班级编号是表 1-12 班级表的主关键字，故班级编号为该表的外关键字。

表 1-21 成绩表的主关键字是（学号，课程编号），由于学号是表 1-20 学生表的主关键字，课程编号是表 1-13 课程表的主关键字，故学号和课程编号为该表的外关键字。

项目小结

本章简要介绍了与数据库相关的一些基本概念，并围绕“学生信息管理系统”详细介绍了进行数据库设计的一般步骤。讲述了如何使用业务流程图、系统功能结构图和系统功能分析，将需求分析的结果呈现出来；如何根据需求分析的结果绘制 E-R 图来进行概念模型设计；以及如何将概念模型转换为关系模型，并对关系模型进行规范化处理。通过本章的学习，可以使读者对数据库的设计过程有一个清晰的认识。

实训项目

综合实训：对简化的“图书管理系统”进行数据库设计

实训目标：掌握业务流程图和系统功能结构图的画法，会进行系统功能分析；掌握 E-R 图的画法，会进行概要模型设计；掌握将概要模型转换为关系模型的方法，会对转换后的关系进行规范化处理。

实训要求：对简化的“图书管理系统”进行数据库设计。

实训操作步骤：

步骤 1：绘制“图书管理系统”的业务流程图。

启动 Microsoft Office Visio，单击主菜单“文件”|“新建”|“流程图”|“基本流程图”，新建一个业务流程图文件。在左边的“基本流程图形状”窗格上单击“进程”（矩形）标签，并将其拖动到绘图页上表示业务流程图的“活动”；单击工具栏中的“连接线工具”，可以在绘图页上绘制业务流程图的“逻辑关系线”，单击工具栏中的“线条粗细”“线型”和“线端”，对逻辑关系线进行相关设置；单击绘图页中的形状，即可在其中输入文字，单击工具栏中的“A

文本工具”，可在形状上输入文字。可以使用复制、粘贴的功能绘制相同的形状，也可以单击工具栏中的“绘图工具”，手动绘制矩形、圆形、椭圆形、直线、曲线等形状。选中要进行布局的形状，单击主菜单“形状”|“对齐形状”，可进行形状的布局；选择主菜单或快捷菜单的“格式”|“文本”/“线条”/“填充”等可进行形状的格式化。最终绘制好的“图书管理系统”的业务流程图如图 1-9 所示。

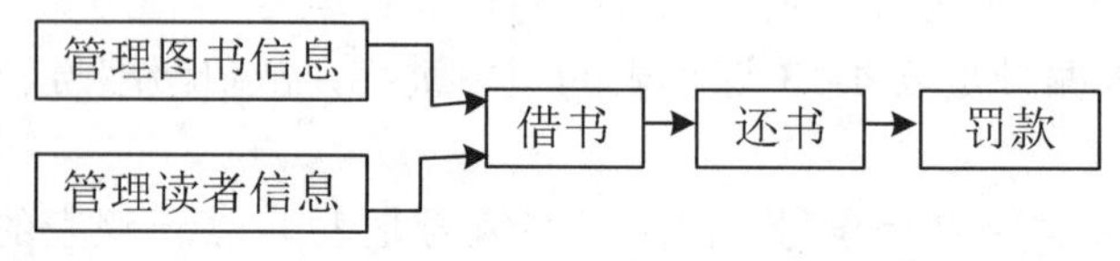

图 1-9 “图书管理系统”业务流程图

步骤 2：绘制“图书管理系统”的系统功能结构图。

启动 Microsoft Office Visio，单击主菜单“文件”|“新建”|“流程图”|“基本流程图”，新建一个系统功能图文件。在左边的“基本流程图形状”窗格上单击“进程”（矩形）标签，并将其拖动到绘图页上表示系统功能结构图的“功能”；单击工具栏中的“连接线工具”，可以在绘图页上绘制箭头，表示系统功能结构图中各功能之间的从属关系。单击工具栏中的“线条粗细”“线型”和“线端”，对箭头线进行相关设置；单击绘图页中的形状，即可在其中输入文字，单击工具栏中的“A 文本工具”，可在形状上输入文字。还可以使用复制、粘贴的功能绘制相同的形状，也可以单击工具栏中的“绘图工具”，手动绘制矩形、圆形、椭圆形、直线、曲线等形状。选中要进行布局的形状，单击主菜单“形状”|“对齐形状”，可进行形状的布局；选择主菜单或快捷菜单的“格式”|“文本”/“线条”/“填充”等可进行形状的格式化。最终绘制好的“图书管理系统”的系统功能结构图如图 1-10 所示。

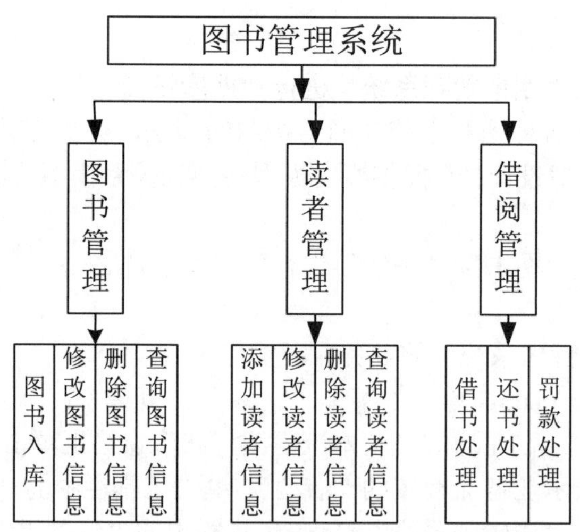

图 1-10 “图书管理系统”的系统功能结构图

步骤 3：进行“图书管理系统”的系统功能分析。从图 1-10 可以得出系统的功能需求如下：

图书管理功能：用于添加、修改、删除和查询图书信息。

读者管理功能：用于添加、修改、删除和查询读者信息。

借阅管理功能：用于对借书、还书和罚款进行处理。

本系统是简化的“图书管理系统”，故并未考虑该系统的操作员管理和权限管理。读者可以在该简化系统的基础上，进行系统扩展。

步骤 4：绘制 E-R 图，进行“图书管理系统”的概要模型设计。

启动 Microsoft Office Visio，单击主菜单“文件”|“新建”|“流程图”|“基本流程图”，新建一个系统 E-R 图文件。在左边的“基本流程图形状”窗格上单击“进程”（矩形）、“判定”（菱形）标签，并将其拖动到绘图页上表示系统 E-R 图的“实体”和“联系”；单击工具栏中的“绘图工具”，手动绘制椭圆形，表示 E-R 图的“属性”；单击工具栏中的“连接线工具”，可以在绘图页上绘制系统 E-R 图的无向边，单击工具栏中的“线条粗细”和“线型”可对无向边进行相关设置；单击绘图页中的形状，即可在其中输入文字，单击工具栏中的“A 文本工具”，可在绘图页上输入文字。还可以使用复制、粘贴的功能绘制相同的形状，也可以单击工具栏中的“绘图工具”，手动绘制矩形、椭圆形和无向边等形状。选中要进行布局的形状，单击主菜单“形状”|“对齐形状”，可进行形状的布局；选择主菜单或快捷菜单的“格式”|“文本”/“线条”/“填充”等可进行形状的格式化。“图书管理系统”的完整 E-R 图如图 1-11 所示。

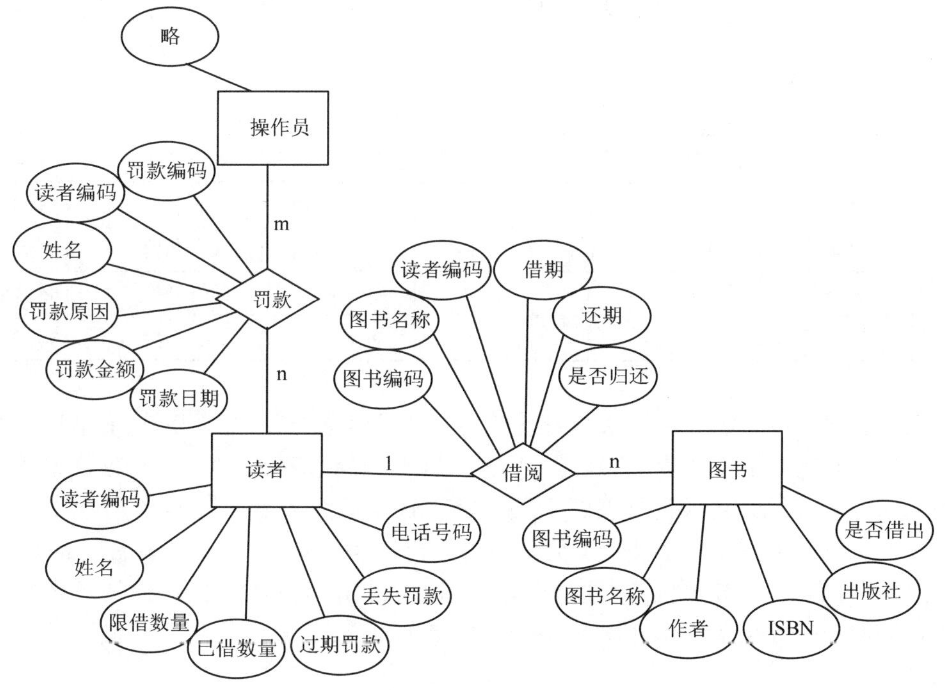

图 1-11 “图书管理系统”的完整 E-R 图

步骤 5：将绘制好的 E-R 图转换成“图书管理系统”的关系模型。

根据“图书管理系统”的 E-R 图，将实体“图书”转换为一个关系，关系名为“图书信息表”。将该实体的属性“图书编码”“图书名称”“作者”“ISBN”“出版社”“是否借出”转换为关系的列，将该实体的主关键字“图书编码”转换为关系的主关键字。转换后的关系如表 1-22 所示。

表 1-22　图书信息表

图书编码	图书名称	作者	ISBN	出版社	是否借出
00000001	Oracle 数据库应用教程	朱亚兴	9787560619781	西安电子科技大学出版社	是
00000002	Web 应用程序开发教程	唐笑林	9787040269710	高等教育出版社	是
00000003	SQL Server 2005 数据库及应用	徐人凤	9787040372052	高等教育出版社	是
00000004	Visual C#.NET 面向对象程序设计教程	赵卫伟	978111187646	机械工业出版社	是

将实体“读者”转换成一个关系，关系名为“读者信息表”。将该实体的属性“读者编码”“姓名”“限借数量”“已借数量”“限借天数”“逾期罚款”“丢失罚款”“电话号码”转换成关系的列，将该实体的主关键字“读者编码”转换为关系的主关键字。转换后的关系如表 1-23 所示。

表 1-23　读者信息表

读者编码	姓名	限借数量	已借数量	限借天数	逾期罚款	丢失罚款	电话号码
00001	秦伊诺	10	2	7	每天 2 角	2 倍书价	15565589908
00002	张航	10	0	7	每天 2 角	2 倍书价	15837653470
00003	李小飞	10	1	7	每天 2 角	2 倍书价	15637616784
00004	赵文婷	10	1	7	每天 2 角	2 倍书价	13403768907

将联系“借阅”转换成一个关系，关系名为“借阅信息表”。将该联系的属性“图书编码”“图书名称”“读者编码”“借期”“还期”“是否归还”转换成关系的列，将该联系的主关键字（图书编码，读者编码）转换为关系的主关键字。转换后的关系如表 1-24 所示。

将联系“罚款”转换成一个关系，关系名为“罚款信息表”。将该联系的属性“罚款编码”“读者编码”“姓名”“罚款原因”“罚款金额”“罚款日期”转换成关系的列，将该联系的主关键字“罚款编码”转换为关系的主关键字。转换后的关系如表 1-25 所示，其中的罚款金额的单位是元。

表 1-24 借阅信息表

图书编码	图书名称	读者编码	借期	还期	是否归还
00000001	Oracle 数据库应用教程	00001	2014-04-15	2014-04-22	是
00000002	Web 应用程序开发教程	00003	2014-04-16	2014-04-23	是
00000003	SQL Server2005 数据库及应用	00001	2014-04-16	2014-04-23	是
00000004	Visual C#.NET 面向对象程序设计教程	00004	2014-04-17	2014-04-23	否

表 1-25 罚款信息表

罚款编码	读者编码	姓名	罚款原因	罚款金额	罚款日期
20140424001	00001	秦伊诺	逾期 2 天还书	0.4	2014-04-24
20140428001	00004	赵文婷	丢失图书	40	2014-04-28

步骤 6：对转换后的关系模型进行规范化处理。

首先将所有关系规范到 1NF。表 1-22 图书信息表，表 1-23 读者信息表，表 1-24 借阅信息表，表 1-25 罚款信息表，这些表的所有属性都不可再分，故它们均符合 1NF 的要求。

其次将所有关系规范到 2NF。表 1-22 图书信息表，表 1-23 读者信息表，表 1-25 罚款信息表，这些表的非主属性都完全函数依赖于主关键字，故它们均符合 2NF 的要求。

表 1-24 借阅信息表的主关键字是（图书编码，读者编码），而图书名称属性只依赖于图书编码，和主关键字中的读者编码无关，也就是说图书名称属性只部分函数依赖于主关键字（图书编码，读者编码）。故表 1-24 不符合 2NF 的要求，需对其进行规范化处理。首先将有部分函数依赖关系的图书编码和图书名称分离出来组成一个关系，由于分离出来的图书编码和图书名称在图书信息表中已存在，所以可删除这个由刚分离属性组成的关系。在原有的表中去除图书名称属性，规范后的关系如表 1-26 所示。

最后将所有关系规范到 3NF。表 1-22 图书信息表，表 1-23 读者信息表，表 1-26 借阅信息表，这些表的任何一个非主属性都不传递函数依赖于主关键字，故它们均符合 3NF 的要求。

表 1-26 借阅信息表

图书编码	读者编码	借期	还期	是否归还
00000001	00001	2014-04-15	2014-04-22	是
00000002	00003	2014-04-16	2014-04-23	是
00000003	00001	2014-04-16	2014-04-23	是
00000004	00004	2014-04-17	2014-04-23	否

表 1-25 罚款信息表的主关键字是罚款编码，罚款编码可以唯一确定一个与它对应的读者编码，而读者编码又可以唯一确定一个与它对应的姓名。也就是说姓名是通过读者编码的传递

而完全函数依赖于罚款编码的，所以罚款编码和姓名之间存在着传递函数依赖关系。故表 1-25 不符合 3NF，需对其进行规范化处理。首先将具有传递函数依赖关系的读者编码和姓名分离出来组成一个关系，由于分离出来的读者编码和姓名在读者信息表中已存在，所以可删除这个由刚分离属性组成的关系。去除表 1-25 中的姓名属性，规范化后的关系如表 1-27 所示。

表 1-27 罚款信息表

罚款编码	读者编码	罚款原因	罚款金额	罚款日期
20140424001	00001	逾期 2 天还书	0.4	2014-04-24
20140428001	00004	丢失图书	40	2014-04-28

步骤 7：指出规范化后的各个关系的主关键字和外关键字。

表 1-22 图书信息表的主关键字是图书编码，该表无外关键字。

表 1-23 读者信息表的主关键字是读者编码，该表无外关键字。

表 1-26 借阅信息表的主关键字是（图书编码，读者编码），由于图书编码是表 1-22 图书信息表的主关键字，读者编码是表 1-23 读者信息表的主关键字，所以图书编码和读者编码是该表的外关键字。

表 1-27 罚款信息表的主关键字是罚款编码，由于读者编码是表 1-23 读者信息表的主关键字，所以读者编码是该表的外关键字。

2

SQL Server 2008 概述

任务 1　SQL Server 2008 简介及安装

2.1.1　相关知识

1. SQL Server 的发展

SQL Server 是关系数据库管理系统，最初由 Microsoft、Sybase 和 AshtonTate 三家公司共同开发。

SQL Server 6.0 是第一个完全由 Microsoft 公司开发的版本。

1996 年，Microsoft 公司推出 SQL Server 6.5 版本。

1998 年，Microsoft 公司又推出了 7.0 版。

2000 年 9 月，发布 SQL Server 2000。

2005 年，推出 SQL Server 2005。

2008 年第三季度，SQL Server 2008 正式发布。

SQL Server 2008 是一个高效的智能数据平台，开发人员可以利用它开发强大的下一代数据库应用程序。

2. SQL Server 的版本

Microsoft 公司推出了 5 种不同的 SQL Server 版本，如表 2-1 所示。

表 2-1　SQL Server 版本

版本	说明	适用范围
企业版 Enterprise Edition	一个全面的数据管理和商业智能平台，提供企业级的可扩展性、高可用性和高安全性以运行企业关键业务应用	大规模联机事务处理（OLTP） 大规模报表 先进的分析 数据仓库

续表

版本	说明	适用范围
标准版 Standard Edition	一个完整的数据管理和商业智能平台，提供最好的易用性和可管理性来运行部门级应用	部门级应用 中小型规模 OLTP 报表和分析
工作组版 Workgroup Edition	一个可信赖的数据管理和报表平台，提供各分支应用程序以安全、远程同步和管理功能	分支数据存储 分支报表 远程同步
学习版 Express Edition	提供学习和创建桌面应用程序和小型应用程序，并可被 ISV（独立软件开发商）重新发布的免费版本	入门级&学习 免费的 ISV 重发 丰富的桌面应用
移动版 Compact Edition	一个免费的嵌入式 SQL Server 数据库，可创建移动设备、桌面端和 Web 端独立运行和偶尔连接的应用程序	独立嵌入式开发 断开式连接客户端

3. SQL Server 2008 的体系结构

- 数据库引擎组件：数据库引擎是 SQL Server 最核心的组件，提供用于存储、处理和保护数据的核心服务。
- 报表服务组件：提供了基于服务器的报表平台（Reporting Services，RS），为各种数据源提供完善的报表功能。
- 分析服务组件：分析服务（Analysis Services，AS）是 SQL Server 2008 提供的微软商务智能解决方案之一，包括多维数据模型和数据挖掘这两项在决策支持系统中的重要应用。
- 集成服务组件：集成服务（Integration Services，IS）是用于生成企业级数据集成和数据转换解决方案的平台，是从原来的数据转换服务派生并重新以.NET 改写而成。
- 其他组件：包括复制服务、服务代理、通知服务和全文检索服务等功能组件，共同构成完整的服务架构。

4. SQL Server 2008 安装要求

（1）硬件要求

- CPU：推荐使用 2GHz 的处理器。
- 内存：微软推荐 1GB 或者更大的内存。
- 硬盘空间：完全安装 SQL Server 将需要 1GB 以上的硬盘空间。

（2）操作系统要求

- PC 机：可在 Windows XP、Windows Vista Home Basic、Windows 7 及更高版本上运行。
- 服务器端：可在 Windows Server 2003 SP2、Windows XP Professional 的 64 位操作系统，以及 Windows Server 2008 的 64 位版本上运行。

2.1.2 任务实施

注意：确保以管理员身份登录，从而能够在机器上创建文件和文件夹，这是成功安装所必需的。

步骤 1：如果当前没有安装 Microsoft .NET Framework 3.5 版，则会出现如图 2-1 所示的安装提示对话框。

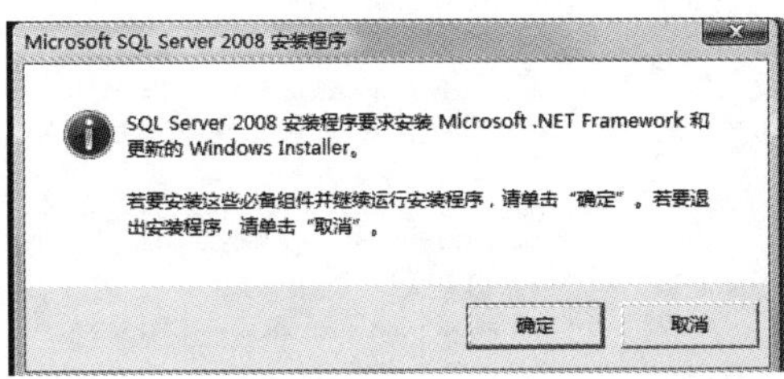

图 2-1　Microsoft .NET Framework 3.5 提示框

按照安装向导完成 Microsoft .NET Framework 3.5 的安装，完成窗口如图 2-2 所示。

图 2-2　Microsoft .NET Framework 3.5 安装完成提示

步骤 2：运行安装程序。

运行可执行的安装程序 setup.exe，出现如图 2-3 所示的“SQL Server 安装中心”窗口。

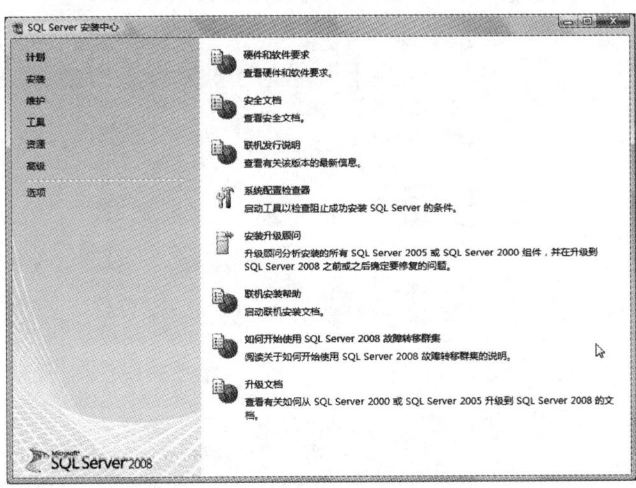

图 2-3　SQL Server 安装中心

步骤 3：安装中心——安装页。

单击左边的“安装”条目，然后选择“全新 SQL Server 独立安装或向现有安装添加功能”，开始 SQL Server 2008 的安装，如图 2-4 所示。

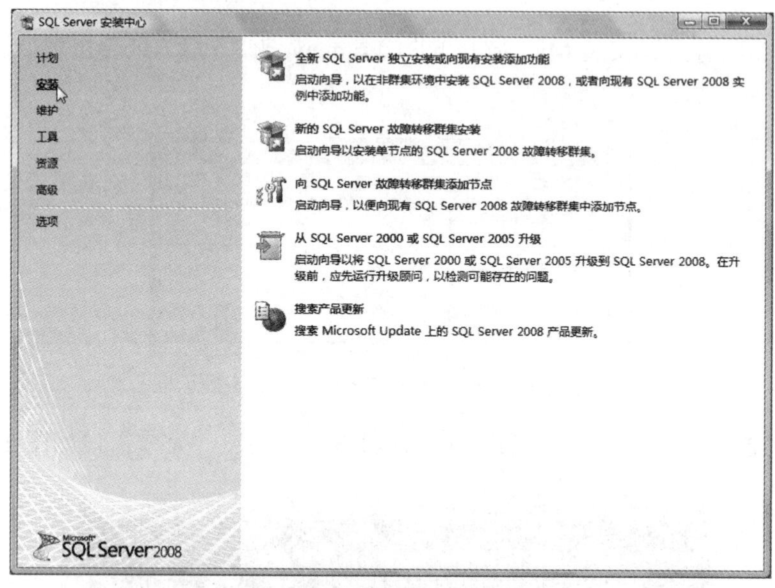

图 2-4　开始安装

步骤 4：系统进行安装程序支持规则检查，如图 2-5 所示。

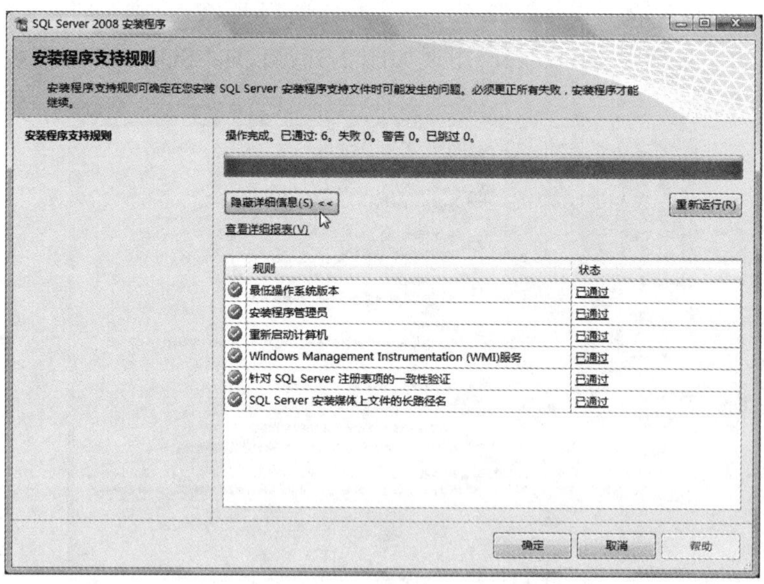

图 2-5　规则检查

步骤 5：选择安装组件。

至少需要安装：数据库引擎服务、Reporting Services、客户端工具、Business Intelligence Development Studio 等，如图 2-6 所示。

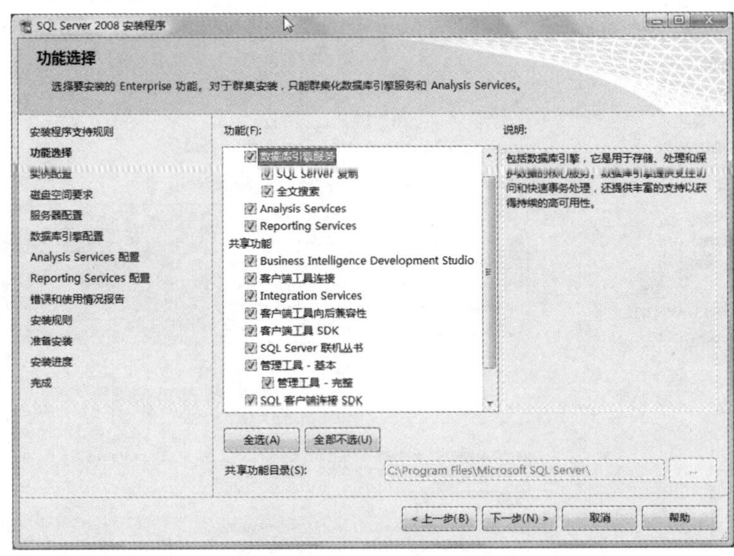

图 2-6　选择安装组件

步骤 6：定义安装实例。

每一个安装称为一个实例（instance），每个实例必须有属于它的唯一的名字，如图 2-7 所示。

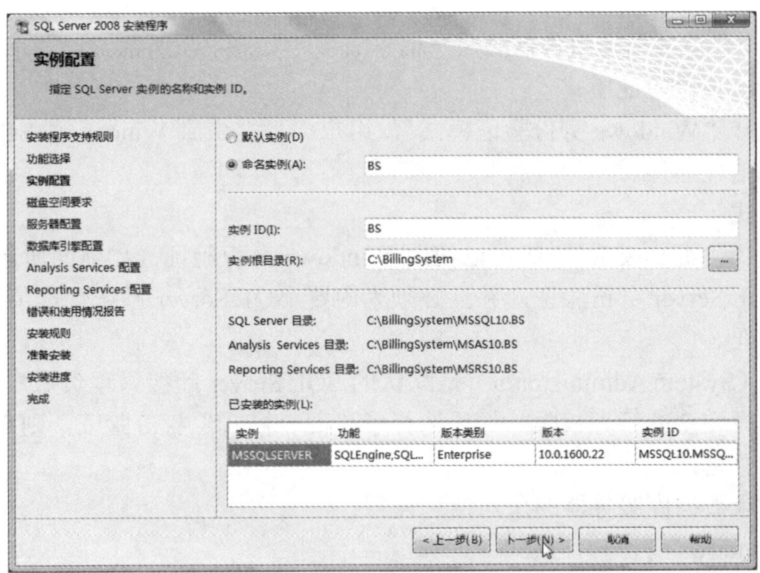

图 2-7　定义安装实例

步骤 7：指定 SQL Server 服务的登录账户。

指定启动类型：建议向 SQL Server 服务授予它们完成各自任务所需的最低权限，如图 2-8 所示。

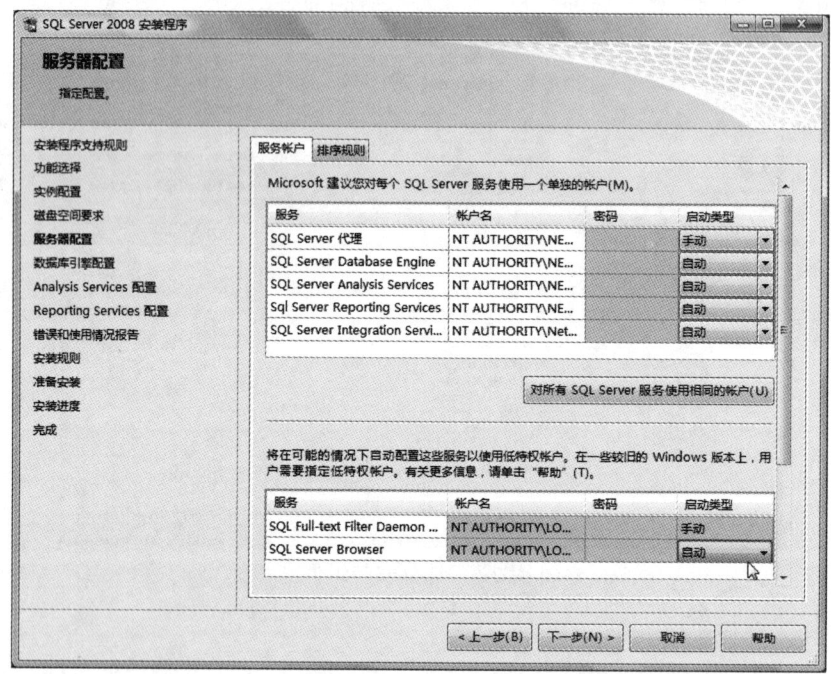

图 2-8　指定 SQL Server 服务的登录账户

步骤 8：指定登录数据库服务器的账户信息设置，如图 2-9 所示。

- Windows 身份验证模式
  - 选择“Windows 身份验证模式”，用户一旦登录到 Windows，SQL Server 就将使用信任连接。
- 混合模式
  - 选择“混合模式”，既可以使用 Windows 身份验证（如前面所述），也可以使用 SQL Server 身份验证，并且必须为内置 SQL Server 系统管理员账户提供一个强密码。
  - sa（System Administrator）是默认的 SQL Server 超级管理员账户，对 SQL Server 具有完全的管理权限。如果选择了“混合模式”身份验证，则必须为 sa 账户设置强密码。
- 指定登录数据库服务器的账户信息设置
  - Windows 身份验证模式
  - 混合模式

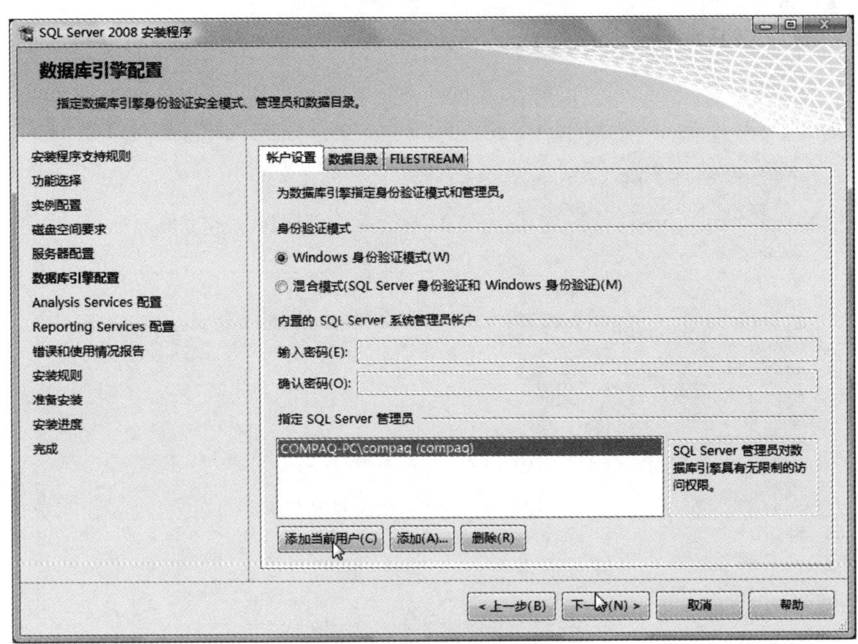

图 2-9　数据库引擎设置

步骤 9：设置 SQL Server 的数据目录，如图 2-10 所示。

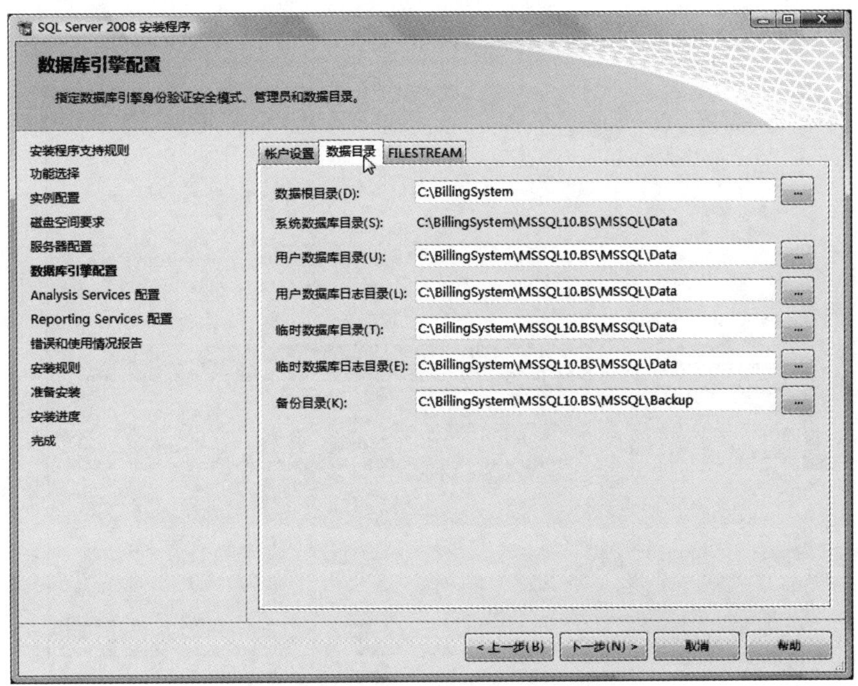

图 2-10　设置 SQL Server 的数据目录

步骤 10：指定将拥有 Analysis Services 的管理员权限的用户或账户，以及数据文件夹的位置，如图 2-11 所示。

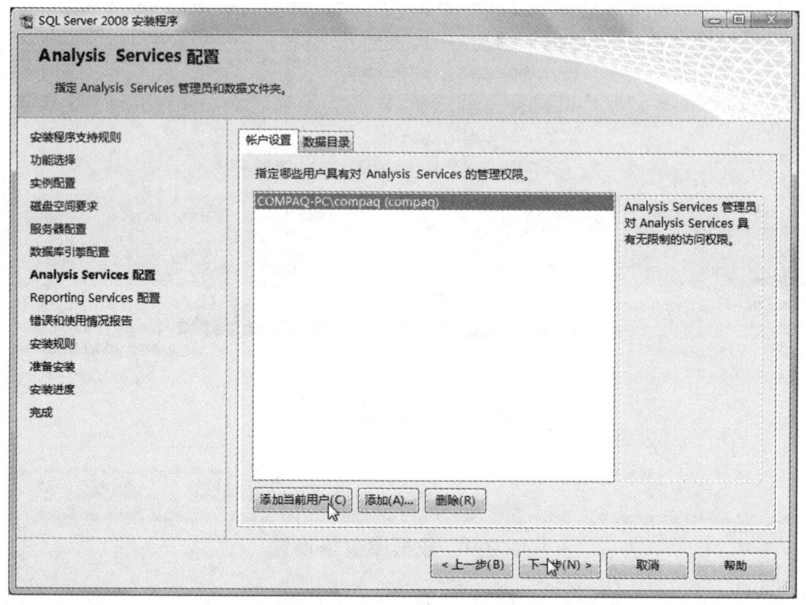

图 2-11　Analysis Services 配置

步骤 11：指定创建 Reporting Services 安装的类型，如图 2-12 所示。

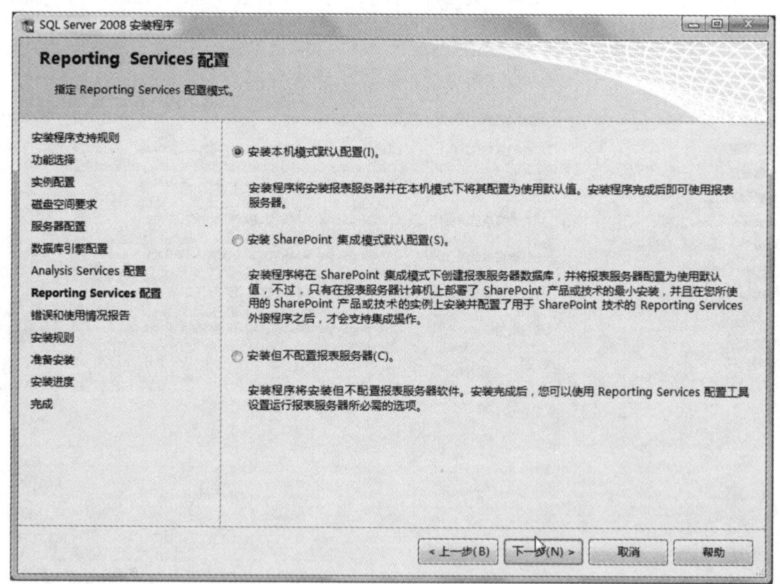

图 2-12　Reporting Services 配置

步骤 12：指定要发送到 Microsoft 以帮助改善 SQL Server 的信息。

步骤 13：在“准备安装”页显示在安装过程中指定的安装选项的树视图，安装程序再一次对系统配置进行规则检查。单击“安装”按钮进行安装。完成后进入“完成”页，至此，SQL Server 2008 安装完毕，如图 2-13 所示。

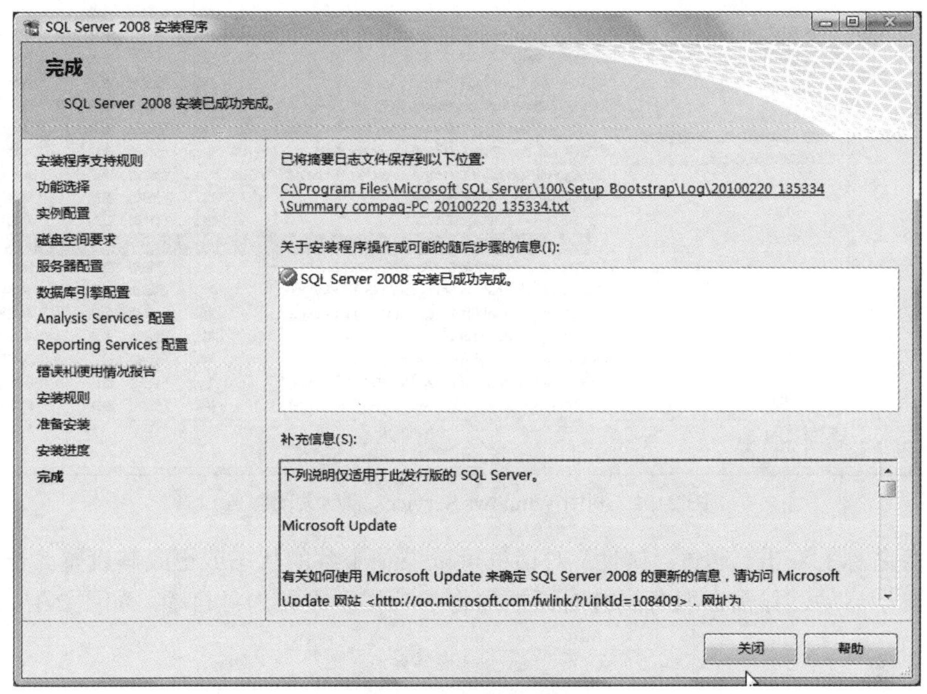

图 2-13　安装完成提示

任务 2　SQL Server 2008 启动/关闭

SQL Server 数据库服务器服务是整个 SQL Server 最核心的服务，它负责管理所有组成数据库的文件、处理 T-SQL 语句与执行存储过程等功能。

系统可以通过 Windows Services、SQL Server Configuration Manager、系统命令行来启动 SQL Server 2008 数据库服务器服务。

任务实施

方法 1．利用 Windows Services

单击 Windows 系统的“开始”菜单|“控制面板”|“管理工具”|“服务”，打开如图 2-14 所示界面。在服务列表中，按照你安装所用的实例名，查找 SQL Server（实例名）服务。

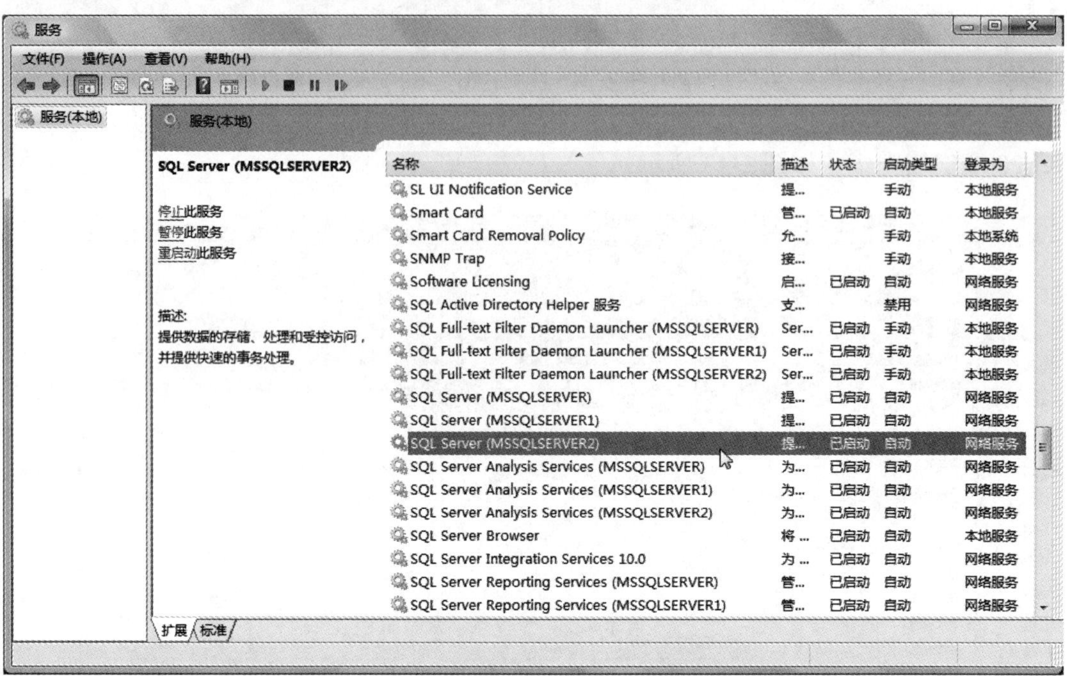

图 2-14 利用 Windows Services 启动关闭服务

在服务名称上双击，通过“属性”对话框可以控制服务的状态或更改其设置。若需设置服务开机时自动启动，只需在服务属性对话框内将启动类型设置为：自动，如图 2-15 所示。

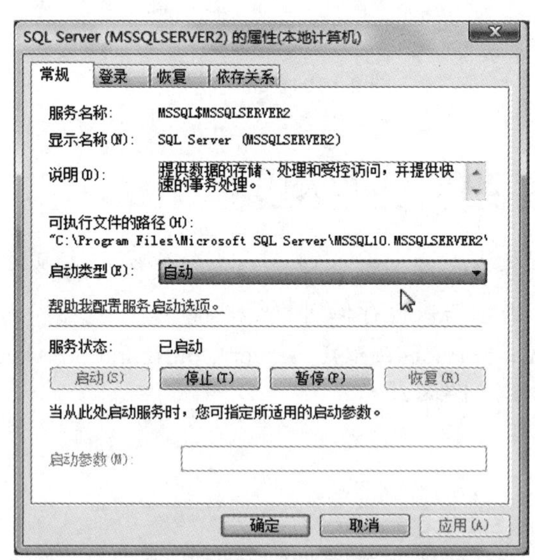

图 2-15 服务属性

若需要停止 SQL Server 服务，则在上述属性对话框中，单击“停止”按钮即可。

方法 2. 利用 SQL Server Configuration Manager

单击 Windows“开始”|“程序”|“Microsoft SQL Server 2008”|“配置工具”|“SQL Server 配置管理器”，打开 SQL Server Configuration Manager 管理工具，在 SQL Server 服务列表中，找到对应数据库实例的服务，在右键菜单单击“启动”命令，即可开启 SQL Server 服务，如图 2-16 所示。

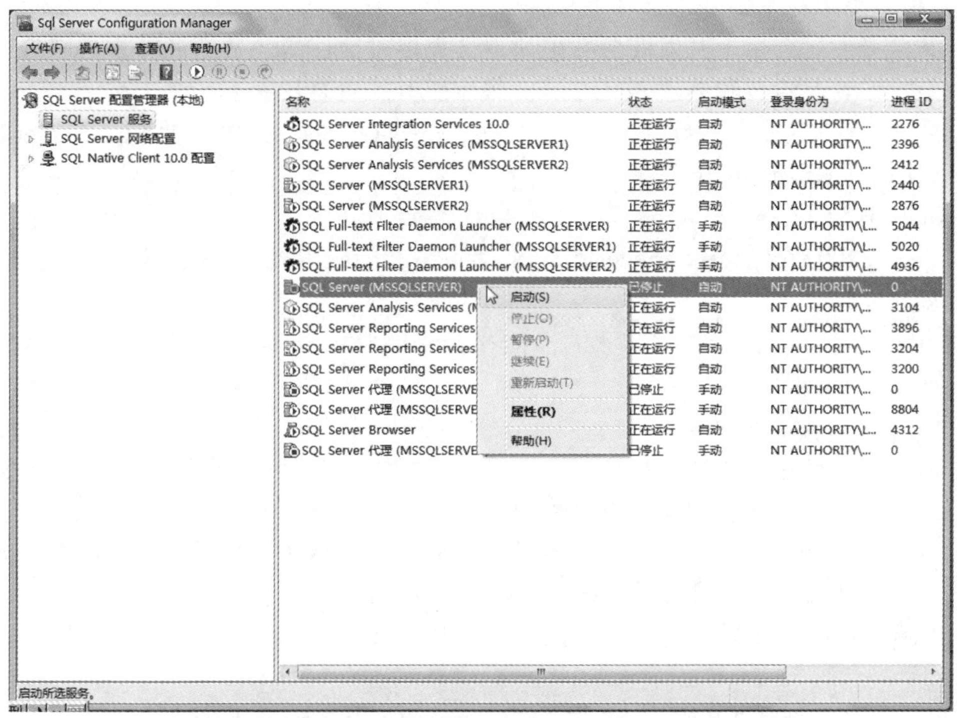

图 2-16　SQL Server Configuration Manager 启动关闭服务

若需要停止 SQL Server 服务，则在上述服务列表的右键菜单中，单击“停止”命令即可。

方法 3. 利用命令行

在命令提示符窗口中使用 NET 命令，命令格式为：NET START 服务名称。

例如，SQL Server 服务名称为 MSSQLSERVER，则操作步骤为：

（1）依次选择“开始”|“程序”|“附件”|“命令提示符”命令，进入 Windows 命令提示符窗口。

（2）在闪烁的光标处输入：NET START MSSQLSERVER（回车）。

若需关闭 SQL Server 服务，则键入命令：NET STOP MSSQLSERVER（回车）。

任务 3　认识 SQL Server 2008 管理工具

2.3.1　相关知识

1. 商务智能开发平台

商务智能开发平台用于开发商务智能构造（如多维数据集、数据源、报告和 Integration Services 软件包），是设计和创建 SQL Server 报表服务的主要开发工具。

启动方法：依次选择“开始”|“程序”|“Microsoft SQL Server 2008”|“SQL Server Business Intelligence Development Studio”。

2. Analysis Services

SQL Server 2008 Analysis Services（SSAS）为商务智能应用程序提供联机分析处理（OLAP）和数据挖掘功能。

启动方法：依次选择“开始”|“程序”|“Microsoft SQL Server 2008”|“Analysis Services”|“Deployment Wizard”。

3. SQL Server 配置管理器

SQL Server 配置管理器用于管理与 SQL Server 相关联的服务、配置 SQL Server 使用的网络协议以及从 SQL Server 客户端计算机管理网络连接配置。

SQL Server 服务包括 SQL Server 数据库服务器服务、服务器代理、全文检索、报表服务和分析服务等。SQL Server 网络配置是指服务器端网络配置。

SQL Native Client 10.0 配置是指运行客户端程序的计算机网络配置，配置过程与服务器端相似。

启动方法：依次选择“开始”|“程序”|“Microsoft SQL Server 2008”|“配置工具” |“SQL Server 配置管理器”。

4. SQL Server 文档和教程

SQL Server 2008 提供了大量的联机帮助文档。

启动方法：依次选择“开始”|“程序”|“Microsoft SQL Server 2008”|“文档和教程”；或者，在 SSMS 的“帮助”菜单中选择“教程”。

2.3.2　任务实施：启动 SQL Server Management Sudio（SSMS）

SQL Server Management Sudio（SSMS）是一个集成的可视化管理环境。用于访问、配置、控制和管理所有 SQL Server 组件，是最常用的管理控制平台。

首次启动 SSMS 时间会长点。依次选择“开始”|“程序”|“Microsoft SQL Server 2008”|“SQL Server Management Studio”命令，打开如图 2-17 所示登录界面。

图 2-17　启动 SQL Server Management Studio

单击“选项”按钮，切换到“连接属性”选项卡，设置连接属性，如图 2-18 所示。

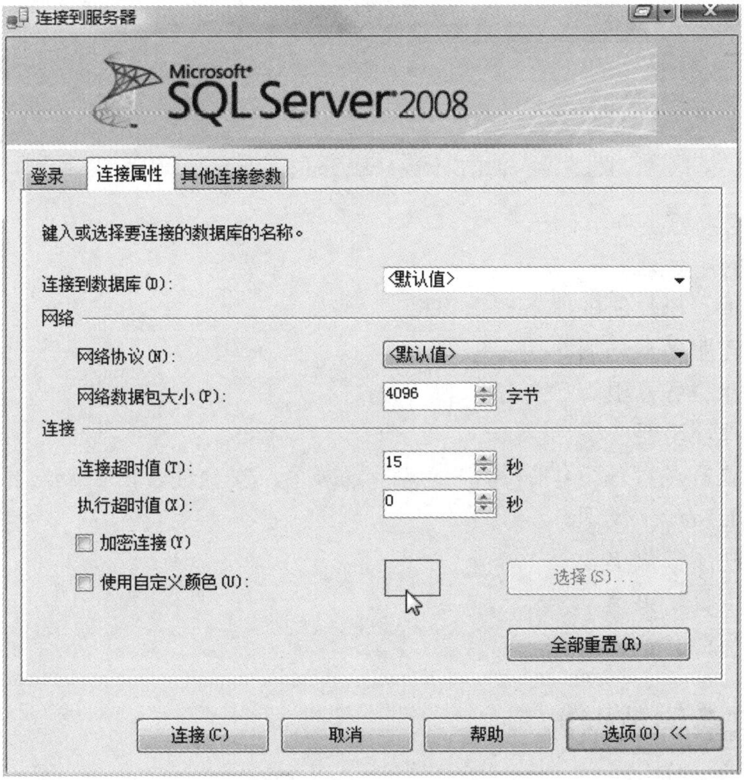

图 2-18　连接属性

正常连接后的 SSMS 窗口如图 2-19 所示。

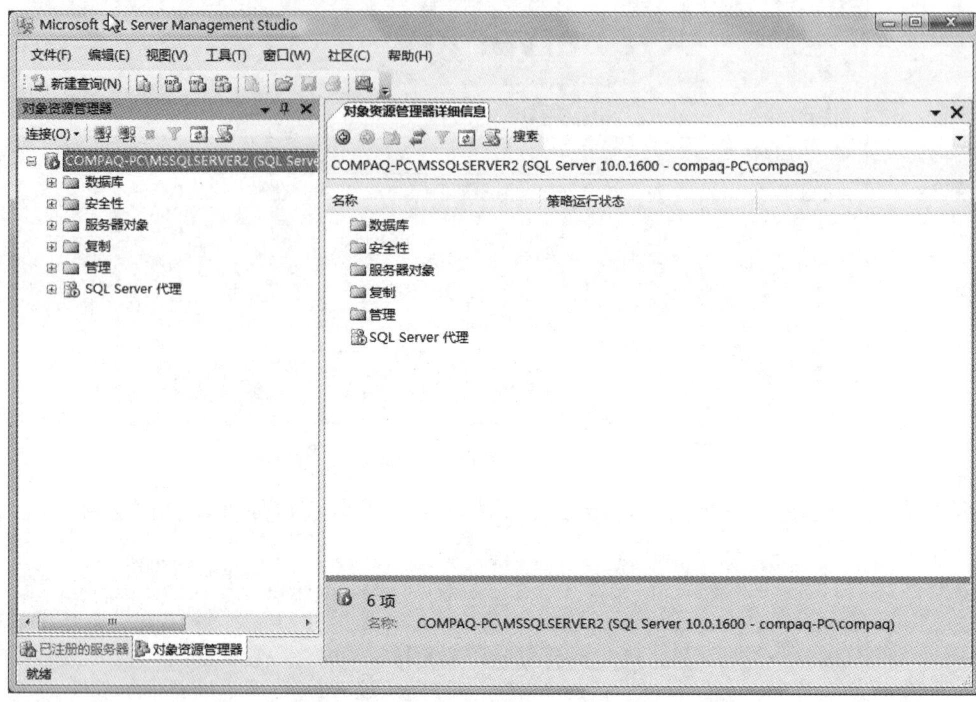

图 2-19 SQL Server Management Sudio 管理器

SSMS 窗口的主要工具组件：

- 已注册的服务器
  - 显示“已注册的服务器”窗格。
  - 新建服务器注册。
  - 新建服务器组。
- 对象资源管理器
  - 对象资源管理器中的各个节点：数据库、安全性、服务器对象、复制、管理、SQL Server 代理。
  - “视图”菜单。
  - “工具”菜单。
  - SSMS 的选项。

任务 4 认识系统数据库

SQL Server 数据库可分为：系统数据库、用户数据库、示例数据库。

系统数据库：是 SQL Server 自己使用的、存储有关数据库系统的信息的数据库。

用户数据库：是由用户自己建立的数据库，存储用户使用的数据信息。

示例数据库：安装系统时，在默认情况下是不安装的。

其中，SQL Server 2008 中的系统数据库主要包括：Master 数据库、TempDB 数据库、Model 数据库、MSDB 数据库、Resource 数据库。

SQL Server 的任何一个版本都存在一组系统数据库。系统数据库中保存的系统表用于系统的总体控制，包括系统运行及对用户数据的操作等基本信息，系统数据库分别是 master、model、msdb 和 empdb。这些数据库的文件存储在 SQL Server 的默认安装目录的 MSSQL 子目录 Data 文件夹中。

项目小结

- SQL Server 2008 简介
  - SQL Server 数据库的发展，SQL Server 2008 版本介绍。
  - SQL Server 2008 安装要求：
    - 硬件要求：CPU，内存，硬盘空间。
    - 操作系统要求。
  - SQL Server 2008 的体系结构。
- SQL Server 2008 安装
  - 如果当前机器没有安装 Microsoft .NET Framework，系统会要求安装。
  - 主要过程：
    - 安装准备
    - 开始安装
    - 选择要安装的功能
    - 为实例命名
    - 配置设置
    - 配置错误和使用情况报告
    - 实施安装
- SQL Server 2008 的启动与关闭
- SQL Server 2008 主要管理工具
- SQL Server 2008 系统数据库

实训项目

实训内容：SQL Server 2008 安装

实训目标：能独立安装 SQL Server 2008；会操作 SQL Server 2008 中的主要管理工具；会查看系统数据库。

实训要求：下载 SQL Server 2008；安装 SQL Server 2008；熟悉 SQL Server 2008 的 SSMS 工具的使用。

3

数据库管理

任务 1　创建 Student 数据库

创建名为 Student 的数据库，包含一个主文件和一个事务日志文件，主文件的逻辑文件名为 Student，物理文件名为 Student.mdf，初始大小为 10MB，最大尺寸为无限大，增长速度为 10%；事务日志文件的逻辑文件名为 Student_log，物理文件名为 Student_log.ldf，初始大小为 1MB，最大容量为 5MB，每次的增长量为 1MB。

3.1.1　相关知识

SQL Server 2008 将数据库映射为一组操作系统文件，数据和日志信息在不同的文件中，并且各文件仅在一个数据库中使用。

1. 数据库文件

（1）主数据文件（Primary DataBase File）

数据库文件是存放数据库数据和数据库对象的文件，每个数据库至少包含两个相关联的存储文件：主数据文件和事务日志文件。主数据文件主要存储数据库的启动信息，并指向数据库的其他文件，一个数据库有且只有一个主数据文件，主数据文件的扩展名为.mdf。

（2）次要数据文件（Secondary DataBase File）

除了主数据文件以外的所有其他数据文件称为次要数据文件（辅助数据文件），一个数据库既可以没有次要数据文件，也可以有多个次要数据文件。根据需要可以建立多个次要文件，这样可以实现将数据分散到不同的磁盘中，次要数据文件的扩展名为.ndf。

（3）事务日志文件（Transaction Log File）

包含用于恢复数据库的所有日志信息。每个数据库必须至少有一个事务日志文件，也可以有多个。事务日志文件的扩展名为.ldf。

（4）逻辑文件名和物理文件名

SQL Server 文件有两个名称，即逻辑文件名和物理文件名。为了在逻辑结构中引用物理文件，SQL Server 为这些物理文件起了逻辑名称。数据库创建后，T-SQL 命令就是通过引用逻辑名称来实现对数据库的操作的。默认名称与数据库名称相同，也可以修改，但是逻辑名称是唯一的。物理文件名是文件存储在磁盘上的文件名，包括文件的具体存放目录。

（5）数据库文件组（DataBase File Group）

为了便于分配和管理，SQL Server 允许将多个文件归纳为一组，并赋予一个名称，这就是文件组。文件组分为主文件组和用户定义文件组。主文件组包含主数据文件和任何没有明确分配给其他文件组的其他文件，系统表的所有页均分配在主文件组中。用户定义文件组是通过在 create database 或 alter database 语句中使用 filegroup 关键字指定的任何文件组。

日志文件不包含在文件组内。

（6）文件大小

数据库文件所占磁盘空间的大小，单位为 MB，默认大小为 3MB，创建数据库时可适当设置初始大小。当数据总量超过最大文件大小时，可以设置文件的大小为自动增长，也可以设置数据文件的最大值。

2. 系统数据库

在 SQL Server 2008 中，系统数据库是 SQL Server 2008 自带的数据库，分别是 master、model、msdb、tempdb 和 resource 五个系统数据库。在创建任何数据库之前，利用 Microsoft SQL Server Management Studio 工具，可以看到前四个系统数据库，但 resource 数据库不显示在“对象资源管理器”中，因为它在 sys 框架中。

（1）master 数据库

master 数据库记录 SQL Server 2008 实例的所有系统级信息，master 数据库记录了 SQL Server 的初始化信息，记录了实例范围的元数据、端点、链接服务器和系统配置设置，记录了其他所有数据库是否存在以及这些数据库文件的位置等信息。如果 master 数据库不可用，会导致 SQL Server 无法启动。

（2）model 数据库

model 数据库为 SQL Server 2008 实例上创建的所有数据库的模板，对 model 数据库的修改将应用于此后创建的所有数据库。当创建数据库时，将通过复制 model 数据库的内容来创建数据库，新创建的数据库与 model 数据库完全一样。

（3）msdb 数据库

msdb 数据库用于 SQL Server 代理计划警报和作业等。

（4）tempdb 数据库

tempdb 数据库用于存放所有连接系统的用户使用的全局资源和 SQL Server 产生的临时表

格、临时存储过程等。每次启动 SQL Server 时会重新创建 tempdb，在断开连接时，会自动删除临时表和临时存储过程，并且在系统关闭后没有活动连接。

（5）resource 数据库

resource 数据库是只读数据库，包含 SQL Server 2008 中的所有系统对象。系统对象在物理上保留在 resource 数据库中，但在逻辑上显示在每个数据库的 sys 架构中。

3. 数据库对象

SQL Server 2008 数据库中的数据在逻辑上被组织成一系列的对象，当用户连接到数据库后，看到的是数据库对象，而不是数据库文件。SQL Server 2008 数据库的对象主要包括以下几种：

（1）表：用于存储数据，由行和列组成，每一列代表一个相同类型的数据。

（2）记录：表中的一行数据就是一条记录。

（3）主键：表中一列或多列的组合，它的值能唯一地确定一条记录。

（4）外键：表中一列或多列的组合，它同时存在于两个表中，假设为 A 表和 B 表，这一列或者多列的组合是 A 表的主键，但不是 B 表的主键，则称这一列或者列的组合是 B 表相对于 A 表的外键。外键主要用于实现表与表之间的参照完整性约束。

（5）视图：视图是虚表，是查看一个或多个表的一种方式。

（6）索引：表中一列或若干列值的集合和相应的执行表中物理标识的数据页的逻辑指针列表，使用索引可以加快数据的检索速度。

（7）约束：实现数据完整性和一致性的方法。

（8）默认值：在数据表中输入数据时，没有指定具体值的字段，数据库会自动插入默认的数据。

（9）规则：用于限制表中列的取值范围，实现数据完整性的一种方式。

（10）存储过程：经过编译的可重复使用的 T-SQL 语句的集合，因为是经过编译后存储到数据库中，因此运行速度比执行相同的 SQL 语句快。

（11）触发器：是一种特殊的存储过程，与某种操作关联，当操作影响到其保护的数据时，会被触发，并自动执行。

4. 数据库创建命令 CREATE DATABASE

使用 CREATE DATABASE 命令创建数据库，基本语法如下：

```
CREATE DATABASE database_name
  [ ON
    [<filespec>[,…n]]
    [,<filegroup>[,…n]]
  ]
  [LOG ON{<filespec>[,…n]}]
  [COLLATE collation_name]
```

其中<filespec>定义为：

```
[PRIMARY]
([NAME=logical_file_name,]
FILENAME='OS_file_name'
[,SIZE=size]
[,MAXSIZE={max_size|UNLIMITED}]
[,FILEGROWTH=growth_increment])[,...n]
```

其中<filegroup>定义为：

```
FILEGROUP filegroup_name<filespec>[,…n]
```

语法中的符号及参数说明如下：

（1）[ ]：可选语法选项，省略时参数为默认值。

（2）[,…n]：前面的内容可以重复多次。

（3）{ }：必选项。

（4）< >：在实际的语句中要用相应的内容替代。

（5）大写字母：该文字为 T-SQL 关键字。

（6）小写字母：该文字为用户提供的 T-SQL 参数。

（7）database_name：用户创建的数据库名称。

（8）ON：指定显式定义用来存储数据库数据部分的数据文件信息。

（9）LOG ON：指定日志文件的明确定义。

（10）COLLATE collation_name：指定数据库默认排序规则。

（11）<filespec>：指定文件的属性。

（12）NAME=logical_file_name：数据文件的逻辑文件名。

（13）FILENAME='OS_file_name'：数据文件的物理名称，包括物理文件的路径和文件名。

（14）SIZE=size：文件的初始大小，指定为整数，单位可以使用 KB、MB、GB 或 TB 后缀，默认值为 MB。

（15）MAXSIZE=max_size|UNLIMITED：文件可以增长到的最大值，单位与文件初始大小的要求相同。如果没有指定或者写 UNLIMITED，文件会增长到磁盘空间变满为止。

（16）FILEGROWTH=growth_increment：定义文件的自动增长值。

（17）filegroup：定义对文件组的控制。

3.1.2 任务实施

方法 1. 用 SSMS 创建 Student 数据库

步骤 1：在桌面上选择“开始”|“所有程序”|“Microsoft SQL Server 2008”|“SQL Server Management Studio”，打开 SQL Server Management Studio 窗口，设置服务器类型、服务器名称、身份验证、用户名和密码，单击“连接”按钮。

步骤 2：在“对象资源管理器”窗格里选择“数据库”节点并右击，在弹出的快捷菜单中选择“新建数据库”命令，如图 3-1 所示。

步骤 3：弹出“新建数据库”窗口，窗口由“常规”“选项”和“文件组”三个选项卡组成。在“数据库名称”文本框中输入“Student”，并重新设置文件路径为 F:/data，如图 3-2 所示。

图 3-1 “对象资源管理器”窗格

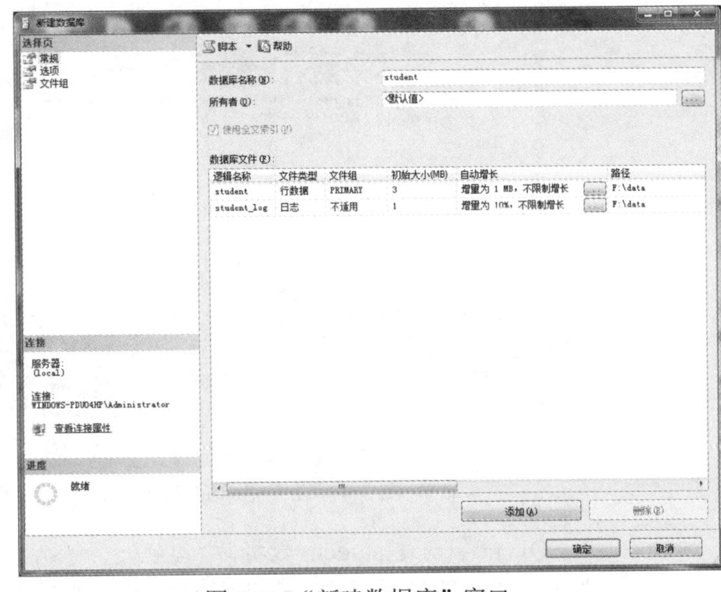

图 3-2 “新建数据库”窗口

步骤 4：单击“自动增长”列下的按钮，弹出如图 3-3 所示对话框，设置主数据文件最大尺寸为“不限制文件增长”，增长速度为 10%。按照同样的方法设置事务日志文件的最大容量为 5MB，每次的增长量为 1MB，设置完成后如图 3-4 所示。

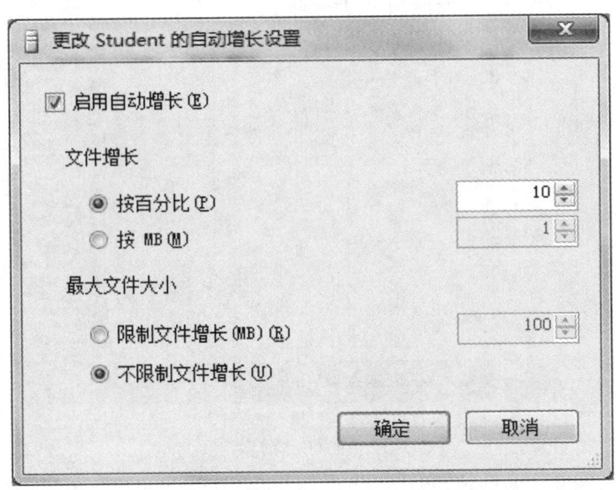

图 3-3 “更改 Student 的自动增长设置”对话框

步骤 5：单击“确定”按钮，完成 Student 数据库的创建。

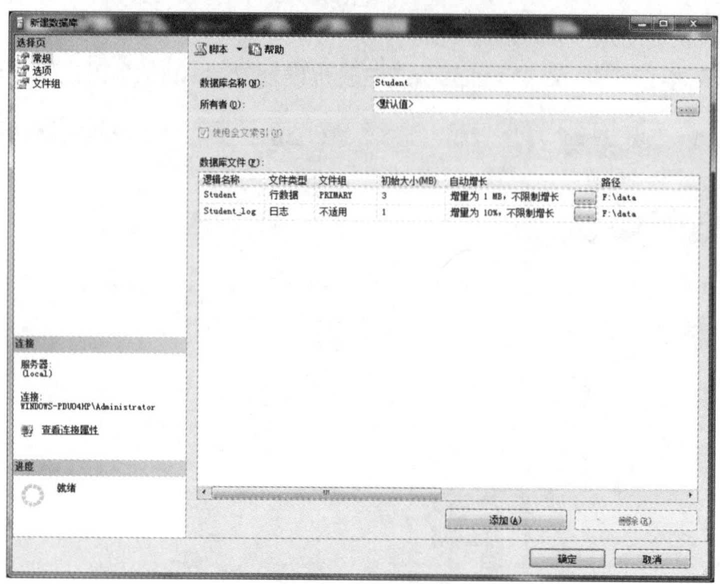

图 3-4　设置完成的“新建数据库”窗口

方法 2. 用 SQL 命令创建 student 数据库

步骤 1：进入 SSMS 管理界面后，在工具栏中单击“新建查询”按钮，打开查询编辑器窗口，如图 3-5 所示。

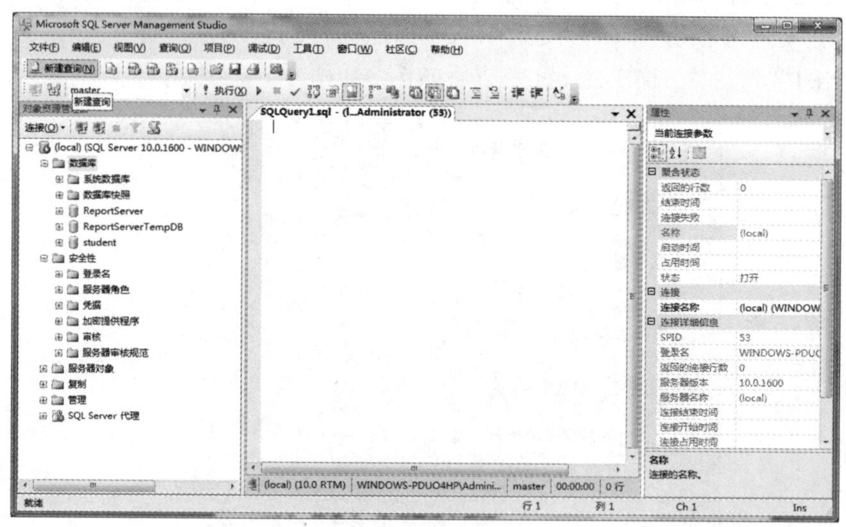

图 3-5　查询编辑器窗口

步骤 2：编写 SQL 命令，在查询编辑器窗口输入建立 Student 数据库命令，代码如下：

```
CREATE DATABASE Student
ON
```

```
(NAME='Student',
FILENAME='f:\data\Student.mdf',
SIZE=10MB,
MAXSIZE=unlimited,
FILEGROWTH=10%)
LOG ON
(NAME='Student_log',
FILENAME='f:\data\Student_log.ldf',
SIZE=1MB,
MAXSIZE=5MB,
FILEGROWTH=1MB)
```

步骤 3：单击菜单栏的“查询”|“执行”命令，或者单击工具栏的“执行”按钮，或者按快捷键 F5，执行命令后完成数据库的创建，结果如图 3-6 所示，右击“数据库”节点选择“刷新”命令，可看到 Student 数据库节点，说明 Student 数据库已成功创建。

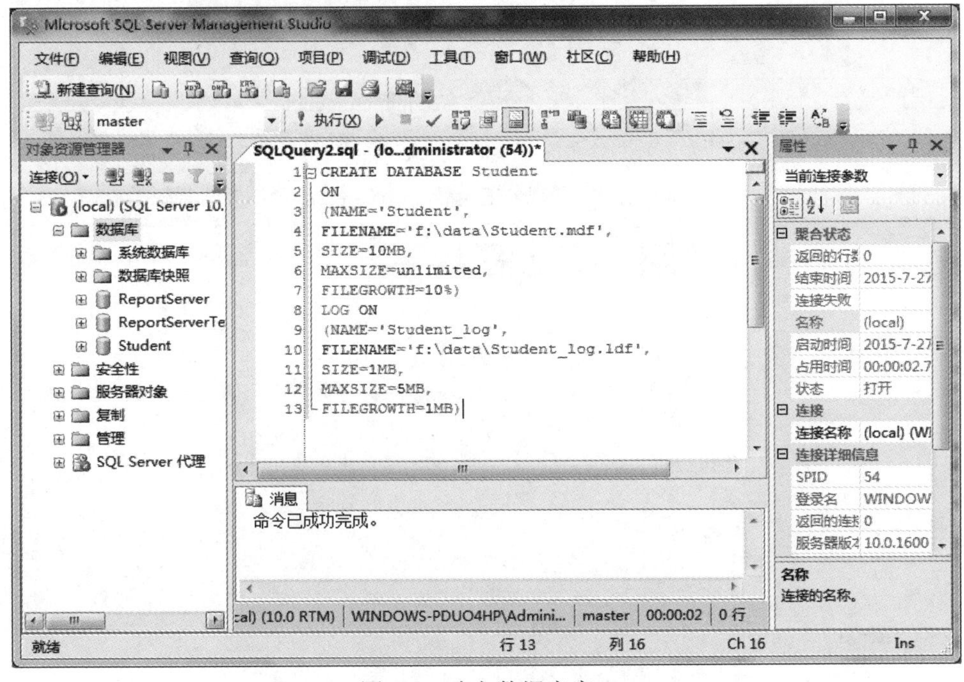

图 3-6　建立数据库窗口

任务 2　修改 Student 数据库

用 T-SQL 命令将 Student 数据库重命名为“学生数据库”。

3.2.1 相关知识

创建数据库后，就可以使用数据库了，通常有打开、查看、修改和删除等几种方式可对数据库进行管理和维护。

1. 打开数据库

T-SQL 命令打开并切换数据库的语法格式为：

```
use database_name
```

database_name：要打开并切换的数据库名称。

例如：use Student 命令打开并切换到 Student 数据库。

2. 查看数据库信息

（1）使用 SSMS 查看数据库信息

在 SSMS 中，右击数据库名称，在弹出的快捷菜单中选择“属性”命令，弹出如图 3-7 所示的“数据库属性”窗口，该窗口显示了数据库上次备份日期、数据库日志上次备份日期、名称、状态、所有者等信息。

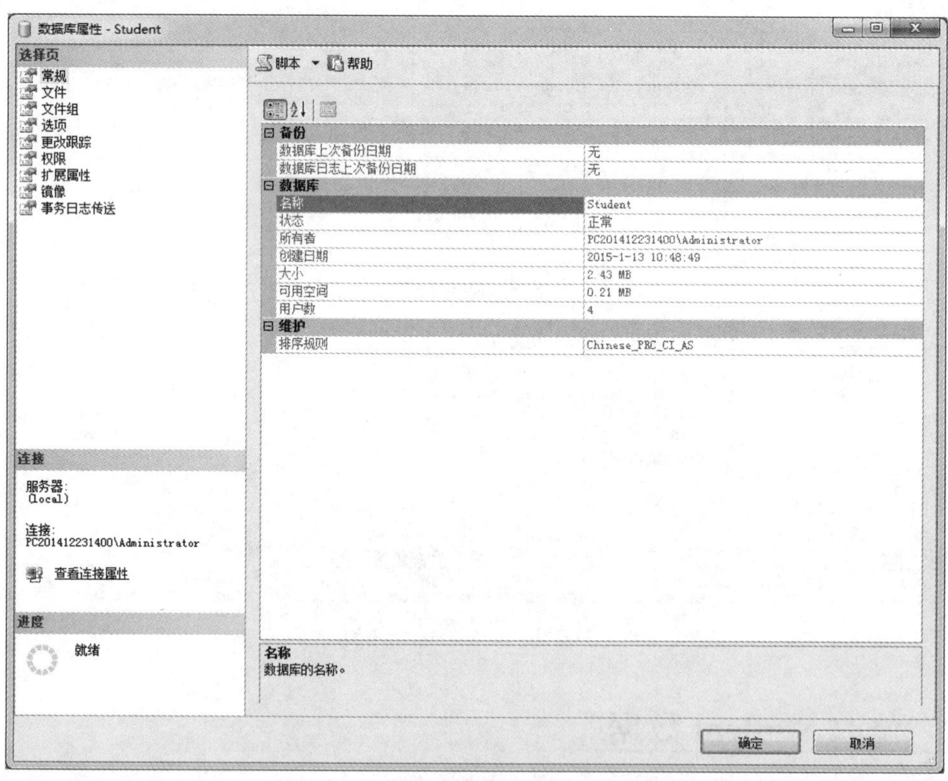

图 3-7 “数据库属性-student”窗口

单击“文件”“文件组”“选项”等选项，可以查看数据库文件、文件组、选项等属性。

（2）使用 T-SQL 语句查看数据库信息

使用系统存储过程 sp_helpdb 也可以查看数据库信息，语法格式如下：

```
[execute] sp_helpdb [数据库名]
```

例如：sp_helpdb Student

该命令显示的是 Student 数据库的相关信息，如果省略 Student，则会显示所有数据库的信息。

3. 修改数据库信息

（1）SSMS 修改数据库配置

操作与用 SSMS 方式查看数据库过程类似，修改参数类似于通过 SSMS 方式创建数据库，不再赘述。

（2）T_SQL 命令修改数据库配置

```
ALETER DATABASE database_name
{ADD FILE <filespec>[,…n]
        [TO FILEGROUP filegroup_name]
|ADD LOG FILE <filespec>[,…n]
|REMOVE FILE logical_file_name
|ADD FILEGROUP filegroup_name
|REMOVE FILEGROUP filegroup_name
|MODIFY FILE <filespec>
|MODIFY NAME=new_database_name
|MODIFY FILEGROUP filegroup_name{filegroup_property|NAME=new_filegroup_name}
}
```

①ADD FILE <filespec>[,…n] [TO FILEGROUP filegroup_name]: 把新数据文件添加到指定的文件组中。

②ADD LOG FILE <filespec>[,…n]：增加日志文件。

③REMOVE FILE logical_file_name：从数据库系统表中删除文件描述和物理文件。

④ADD FILEGROUP filegroup_name：增加一个文件组。

⑤REMOVE FILEGROUP filegroup_name：删除一个文件组。

⑥MODIFY FILE <filespec>：修改物理文件。

⑦MODIFY NAME=new_database_name：修改数据库的名称。

⑧MODIFY FILEGROUP filegroup_name：修改文件组的属性。

3.2.2 任务实施

步骤 1：进入 SSMS 管理界面后，在工具栏中单击“新建查询”按钮，打开查询编辑器窗口。

步骤 2：编写 SQL 命令，在查询编辑器窗口输入 T-SQL 命令，代码如下：

```
ALTER DATABASE Student
MODIFY NAME=学生数据库
```

步骤 3：单击菜单栏的“查询”｜“执行”命令，或者单击工具栏的“执行”按钮，或者按快捷键 F5，执行命令后完成数据库的修改，结果如图 3-8 所示。右击“数据库”节点选择“刷新”命令，可看到“Student”数据库的名称改变为“学生数据库”，说明 Student 数据库被重命名成功。

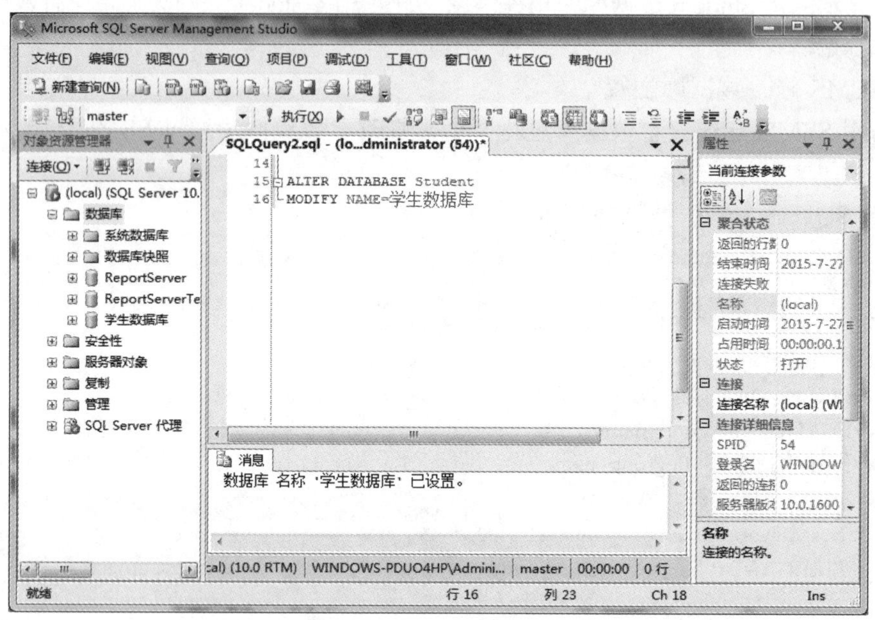

图 3-8　修改数据库名称窗口

任务 3　删除学生数据库

删除学生数据库。

3.3.1　相关知识

如果数据库不再需要了，则应该删除。

删除数据库表示删除数据库中的所有对象，包括表、视图、约束、索引、存储过程和触发器等，如果数据库没有备份，则无法再恢复。

在删除数据库时要根据用户的权限删除，既不能删除当前正在使用的数据库，也不能删除系统数据库。

删除数据库的命令格式如下：

```
DROP DATABASE database_name [,…n]
```

3.3.2 任务实施

方法 1. 在 SSMS 中删除数据库

步骤 1：在 SSMS 中右击要删除的“学生数据库”，在弹出的快捷菜单中选择“删除”菜单项，弹出如图 3-9 所示的窗口。

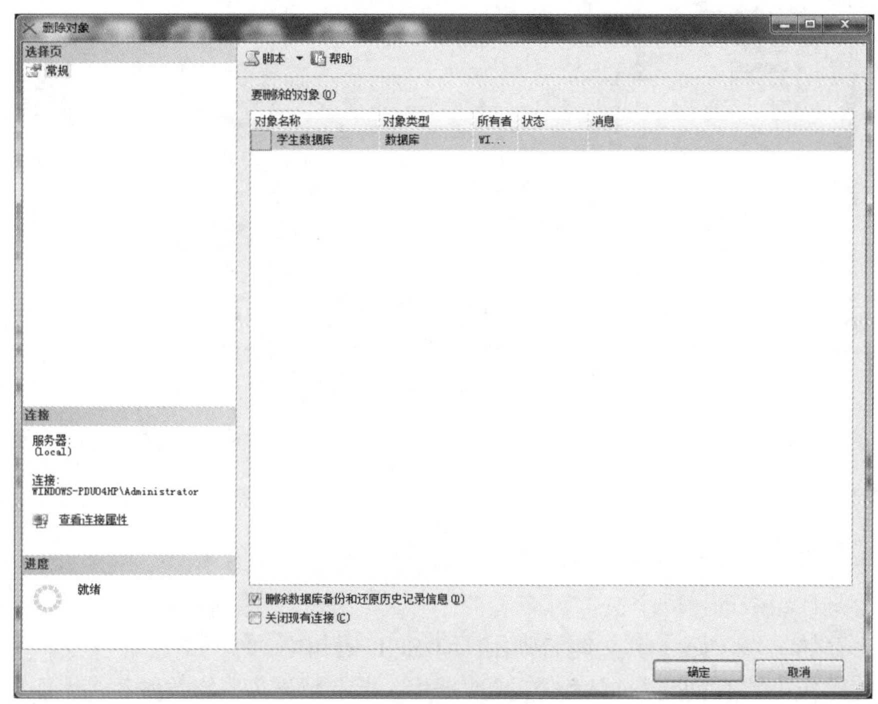

图 3-9 “删除对象”窗口

步骤 2：单击“确定”按钮，完成学生数据库的删除。

方法 2. 用 T-SQL 语句删除数据库

步骤 1：进入 SSMS 管理界面后，在工具栏中单击“新建查询”按钮，打开查询编辑器窗口。

步骤 2：编写 SQL 命令，在查询编辑器窗口输入 T-SQL 命令，代码如下：

```
DROP DATABASE 学生数据库
```

步骤 3：单击菜单栏的“查询”｜“执行”命令，或者单击工具栏的“执行”按钮，或者按快捷键 F5，执行命令后完成数据库的删除，结果如图 3-10 所示。右击“数据库”节点选择“刷新”命令，看到学生数据库已被成功删除。

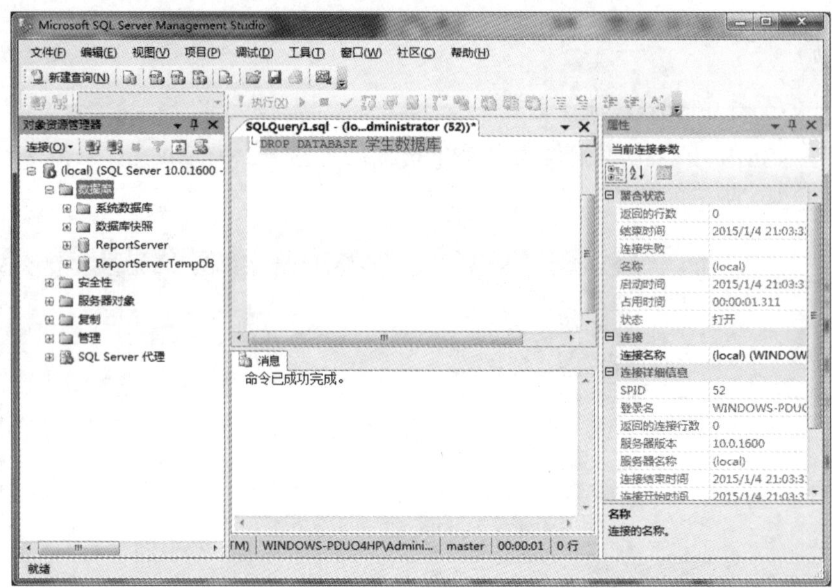

图 3-10　删除学生数据库命令窗口

项目小结

本项目主要讲述了 SQL Server 2008 数据库的基本概念和基本操作。SQL Server 2008 的数据库是由多个文件组成的，每个文件对应着两个名称：逻辑文件名和物理文件名。物理文件名用于在磁盘上存储文件，而逻辑文件名则用于 T-SQL 语句中。

数据库的操作主要有创建数据库、打开数据库、查看数据库、修改数据库、删除数据库等，每种操作均可以用两种方式实现，一种是使用 SSMS，一种是使用 T-SQL 语句。

T-SQL 命令总结如下：

CREATE DATABASE：创建数据库

USE DATABASE：打开数据库

ALTER DATABASE：修改数据库

DROP DATABASE：删除数据库

实训项目

综合实训 1：创建 library 数据库

实训目标：掌握数据库的创建

实训要求：创建名为 library 的数据库，包含一个主文件和一个事务日志文件，主文件的逻辑名为 library，物理文件名为 library.mdf，初始大小为 5MB，最大尺寸为无限大，增长速度为 10%; 事务日志文件的逻辑名为 library_log，物理文件名为 library_log.ldf，初始大小为 3MB，最大容量为 10MB，每次的增长量为 1MB。

实训操作步骤：

步骤 1：进入 SSMS 管理界面后，在工具栏中单击“新建查询”按钮，打开查询编辑器窗口，如图 3-11 所示。

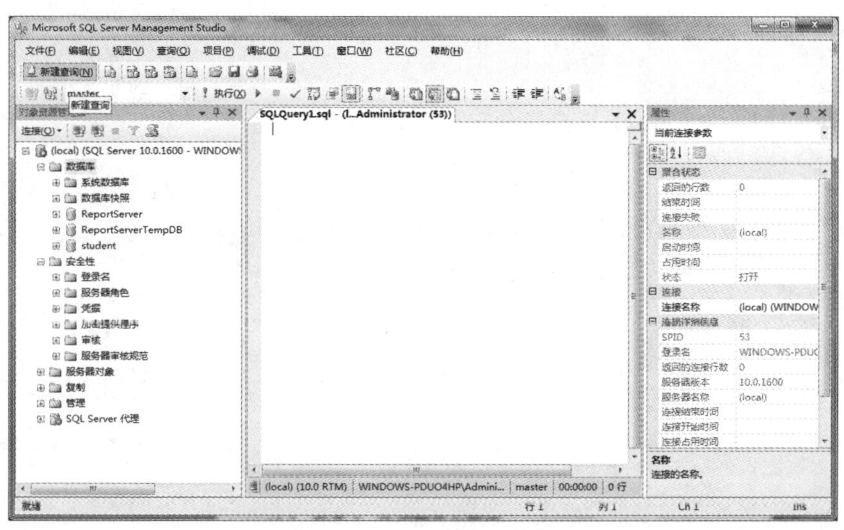

图 3-11　查询编辑器窗口

步骤 2：编写 SQL 命令，在查询编辑器窗口输入建立 library 数据库命令，代码如下：

```
CREATE DATABASE library
ON
(NAME='library',
FILENAME='f:\data\library.mdf',
SIZE=5MB,
MAXSIZE=unlimited,
FILEGROWTH=10%)
LOG ON
(NAME='library_log',
FILENAME='f:\data\ library_log.ldf',
SIZE=3MB,
MAXSIZE=10MB,
FILEGROWTH=1MB)
```

步骤 3：单击菜单栏的“查询”｜“执行”命令，或者单击工具栏的“执行”按钮，或者按快捷键 F5，执行命令后完成数据库的创建，结果如图 3-12 所示。右击“数据库”节点选择“刷新”命令，可看到 library 数据库节点，说明 library 数据库已成功建立。

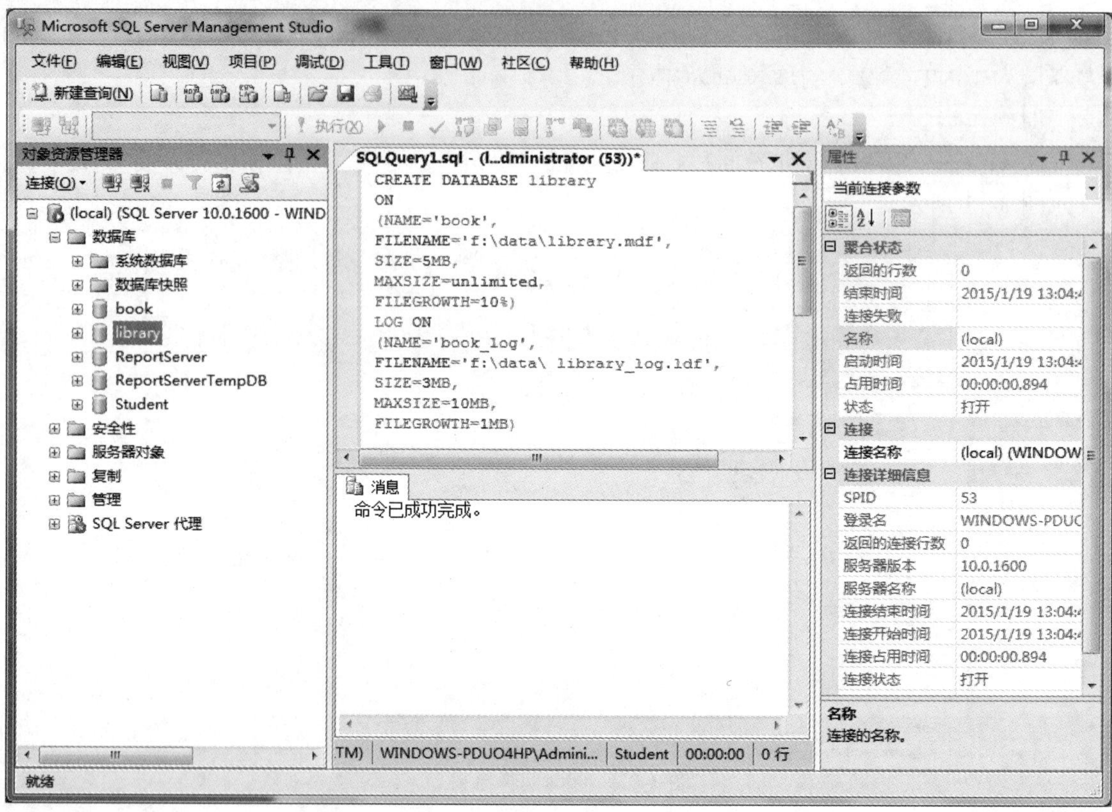

图 3-12　建立 library 数据库窗口

4

数据库表的管理

任务 1　创建表

在项目三中我们创建了数据库 Student，但它还只是个没有数据的空壳。前期数据库设计阶段，已经明确了数据库中各表的表名、字段名、数据类型、主键、外键、索引等，以及表间关系。本任务中我们要根据数据库设计的要求在数据库中创建表，为这些表创建关系图，以及输入表中数据。

4.1.1　相关知识

数据库由包含数据的表集合和其他对象（数据库关系图、视图、存储过程）等组成，目的是为执行与数据有关的活动提供支持。数据表是数据库中一个非常重要的对象，是数据直接存储的地方，也是其他对象的基础。

1. 表

表是指这个数据库表的名字，包含哪些字段，哪些字段是主键、外键等，这是主要的信息。更加详细的，说明了字段的数据类型和约束信息等。

2. 数据库关系图

在数据库关系图内，每种关系都带有三种不同的功能出现。

（1）终结点：线的终结点表示关系是一对一还是一对多关系。如果关系在一个终结点有键，另一个终结点处有无穷符号，则表明是一对多关系。如果两个终结点都有键，则是一对一关系。

（2）线性：线本身（非终结点）表示当向外键表添加新数据时，数据库管理系统（DBMS）是否强制关系的引用完整性。如果为实线，则当在外键表中添加或修改行时，DBMS 将强制关系的引用完整性；如果为点线，则当在外键表中添加或者修改行时，DBMS 不强制关系的引用完整性。

（3）相关表：关系线表示两个表之间存在外键关系。对于一对多关系，外键表是靠近线的无穷符号的那个表。如果线的两个终结点连接到同一个表，则该关系是自反关系。

3. 记录

数据库中表的列为字段，行为记录，记录就是存放在数据表里的数据。如果表之间有关联性存在，如表 A 依赖于 B 表，则必须先输入 B 表数据，然后才能输入 A 表数据，否则会出错。如果被依赖表的数据删除，那么依赖表的数据就会跟着被删除；为了保证数据的完整性，依赖表的数据不允许删除。

4. 表有关的命令

（1）删除：DROP TABLE 表名

（2）创建索引：CREATE [UNIQUE] INDEX 索引名 ON 表名（字段名称）

更多内容详见项目九。

4.1.2 任务实施

1. 创建表

步骤 1：在“对象资源管理器”窗口里展开数据库，找到项目三中创建的数据库 Student 下面的“表”，如图 4-1 所示，右击，选择“新建表”。

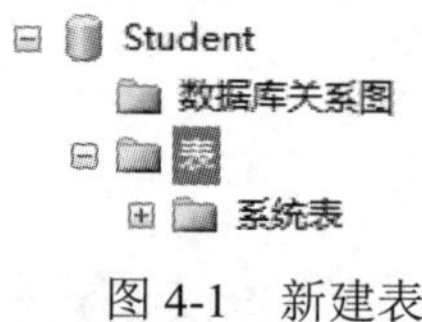

图 4-1 新建表

步骤 2：在出现的图 4-2 界面中，按照前期的数据库设计依次输入第一张表（学生表）的字段名（列名）、对应的数据类型以及是否允许 Null（空值），每选中一行在下面都会出现该字段属性（列属性），可以对某些值进行修改。

步骤 3：在图 4-2 中，选择“学号”列，右击弹出如图 4-3 所示菜单，选择“设置主键”，在该列名左侧就会出现一把黄色钥匙，说明设置主键成功。

步骤 4：单击“保存”按钮，输入表的名称“学生表”，即完成第一张表的创建。

与此类似，Student 数据库中其他 6 张表也用此方法创建。

RJ49.Student - dbo.学生表

列名	数据类型	允许 Null 值
学号	varchar(12)	☐
姓名	nvarchar(10)	☐
性别	char(2)	☑
出生日期	datetime	☑
政治面貌	nvarchar(10)	☑
班级编号	varchar(8)	☑
家庭住址	nvarchar(50)	☑
邮编	char(6)	☑
备注	nvarchar(200)	☑
		☐

列属性

⊟ (常规)	
(名称)	学号
长度	12
默认值或绑定	
数据类型	varchar
允许 Null 值	否
⊟ 表设计器	
RowGuid	否
⊞ 标识规范	否
不用于复制	否
大小	12
⊞ 计算列规范	
简洁数据类型	varchar(12)
具有非 SQL Server 订阅服务器	否
排序规则	<数据库默认设置>

图 4-2　表的列属性

图 4-3　设置主键

除了手动创建外，也可以使用命令创建表。下面就是在数据库中创建了 Student 表，设置了主键并对部分字段设置了限定范围和默认值。

```
CREATE TABLE 学生表(
    学号 VARCHAR(12)NOT NULL PRIMARY KEY,
    姓名 NVARCHAR(10)NOT NULL,
    性别 CHAR(2),
    出生日期 DATETIME,
    政治面貌 NVARCHAR(10),
    班级编号 VARCHAR(8),
    家庭住址 NVARCHAR(50),
    邮编 CHAR(6),
    备注 NVARCHAR(200)
)
```

说明：

①NOT NULL 表示某字段的值不允许为空。

②Unique 表示某字段值不允许重复。

③Check 会检查某字段的值，必须符合某些条件。

④主键（Primary key）表示该字段在表中的值唯一。

⑤外键（Foreign key）外键是一个或者数个指向另一个数据表主键的字段，作用是确定限制输入的参考完整性，只有允许的字段值才会被存入数据库内。

2. 创建数据库关系图

步骤 1：在“对象资源管理器”窗口里找到 Student 数据库下面的“数据库关系图”，右击，选择“新建数据库关系图”。

步骤 2：在弹出的图 4-4 对话框中依次选择需要创建关系的表，单击“添加”按钮。我们发现创建的 6 张表在数据库设计中均有关系，所以将 6 张表都添加。

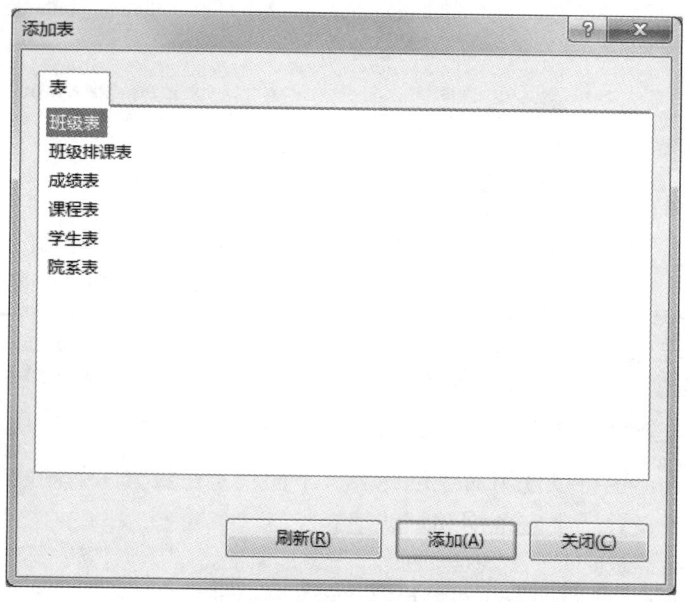

图 4-4　选择要建关系的表

步骤 3：单击“关闭”按钮后，出现如图 4-5 所示界面，只不过现在 6 张表之间还没有连线。以“院系表”“班级表”建立联系为例。选择“院系表”所在的“院系编号”左侧的主键位置，按住鼠标左键拖动到“班级表”所在的“院系编号”位置释放，出现如图 4-6 所示对话框。

步骤 4：图 4-6 显示，主键表是“院系表”，外键表是“班级表”，两表关联字段必须相同，这里都是“院系编号”，单击“确定”按钮后出现如图 4-5 所示界面，只不过目前只有“院系表”和“班级表”之间出现了一条连线，关系连线中一头是钥匙符号，一头是无穷符号，说明两表间是一对多的关系。按照前面的数据库设计要求，用相同方法为其他表创建关系，最后显示如图 4-5 所示。

步骤 5：单击“保存”按钮，输入数据库关系图名即可。若要删除关系，则只要右击关系连线，单击“删除”即可。

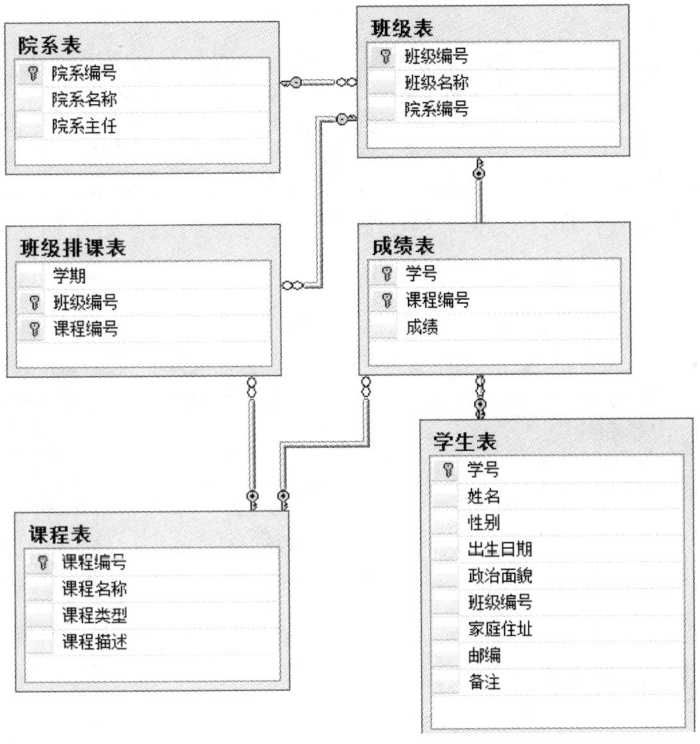

图 4-5　建立表间关系

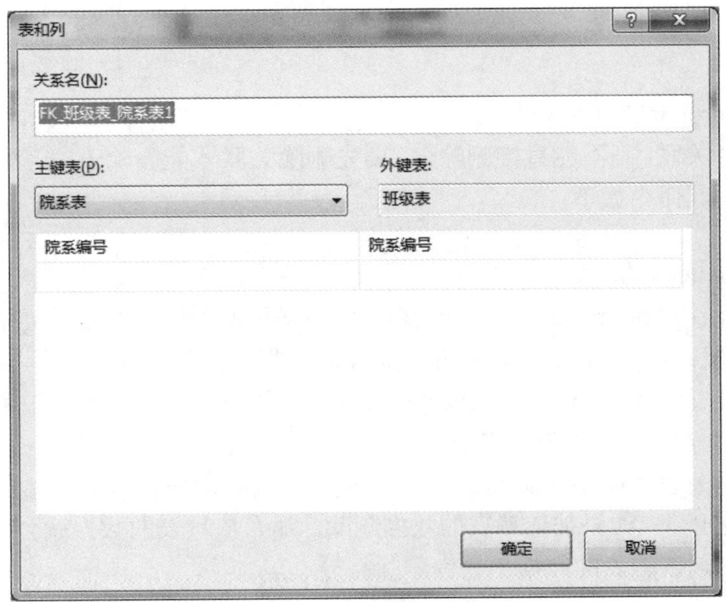

图 4-6　设置主键表和外键表

3. 输入记录

步骤 1：选择要输入记录的表，如学生表，右击，选择“编辑前 200 行”，如图 4-7 所示。

步骤 2：弹出记录输入窗口，如图 4-8 所示，在对应的列上输入相应的表记录即可，新增、修改、删除表的记录等相关操作也都在这个窗口进行，记录无须专门保存。

说明：记录受到数据库的完整性约束，如设为主键字段，记录不能有重复，如“院系表”的“院系编号”不能重复；所关联的外键表记录受主键表约束，如先输入主键表“院系表”的记录后才能输入外键表“班级表”中的记录。

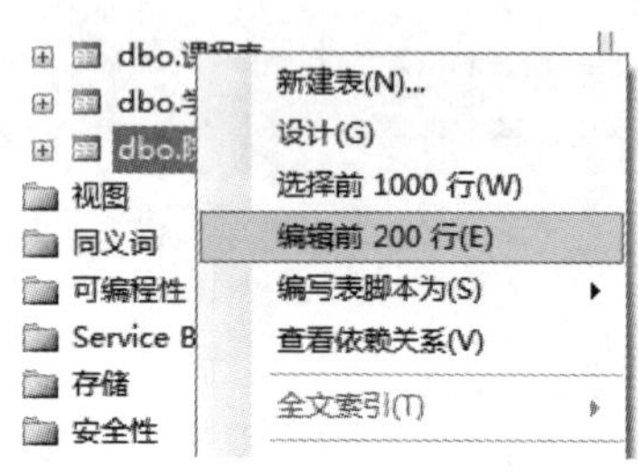

图 4-7 编辑记录

RJ49.Student - dbo.院系表 | RJ49.Student - Diagram_0*

	院系编号	院系名称	院系主任
▶	01	计算机科学系	张敏
	02	规划设计系	程明亮
	03	外语系	苏晴
	04	管理系	李力
*	NULL	NULL	NULL

图 4-8 输入记录

任务 2 表的其他操作

数据库表的其他操作还包括：删除表、修改表，记录的新增、修改、删除等，本任务全部针对学生表进行操作。

4.2.1 相关知识

1. 删除表（drop table）

若表与其他表关联，则不能直接删除表，要先删除关联才能删除表；若表与其他表无关联，则可以直接删除。其命令如下：

```
drop table 表名
```

2. 修改表（Alter Table）

（1）新增字段：Alter table 表名 add 字段 1 数据类型，字段 2 数据类型……;

（2）删除字段：Alter table 表名 drop column 字段 1,字段 2……;

（3）更改字段：Alter table 表名 change 字段 1 新字段 数据类型;

3. 记录的增加、删除、修改和查询

如果表之间有关联性存在，如表 A 依赖于 B 表，则必须先输入 B 表数据，然后才能输入 A 表数据，否则会出错。如果被依赖表的数据删除，那么依赖表的数据就会跟着被删除；为了保证数据的完整性，依赖表的数据不允许删除。

（1）插入记录

```
insert into 表名 values(值 1,值 2,……);
```

（2）修改记录

```
update 表名
set 字段名=值 where 条件;
```

（3）删除记录

```
delete from 表名 where 条件;
```

（4）查询记录

```
select 字段 1,字段 2…… from 表名 where 条件;
```

有关记录的更多命令将在项目九里讲到。

4.2.2 实施步骤

1. 删除表

步骤 1：在数据库中，选择需要删除的表“学生表”，右击选择“删除”。

步骤 2：在出现的窗口（见图 4-9）中单击“确定”按钮即可删除表。

若删除失败，则单击右下角的“显示依赖关系”按钮，即出现如图 4-10 所示界面。这里显示了该表所依赖或者被依赖的对象。为了保证数据完整性，不允许删除和其他表关联的表。若真要删除必须在数据库关系图里删除与该表关联的关系后才能删除。

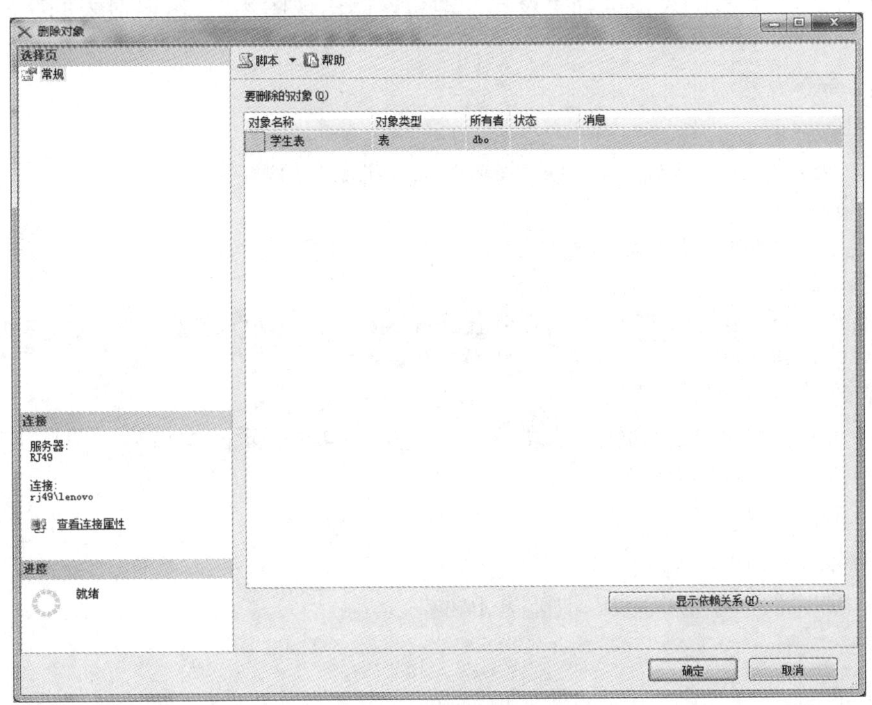

图 4-9 删除表

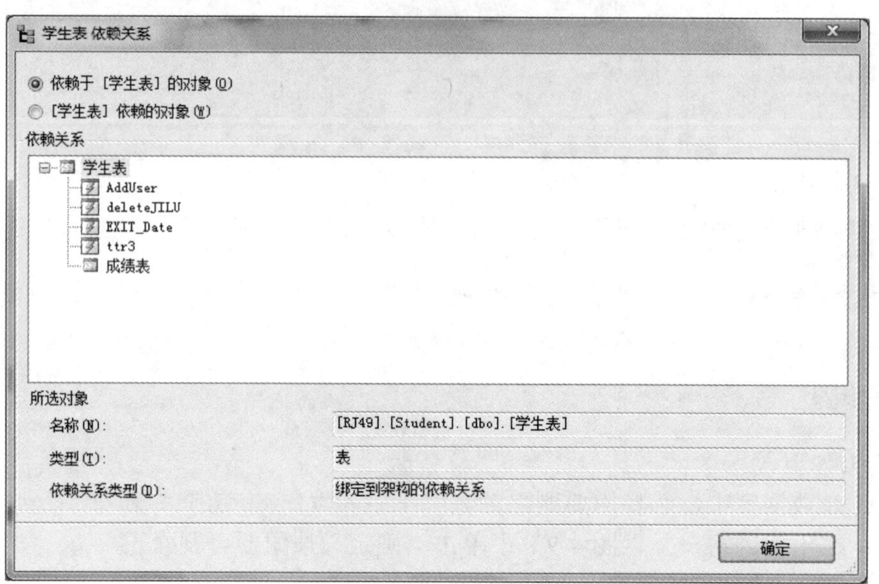

图 4-10 学生表的依赖关系

2. 修改表

方法 1：右击要修改的表，选择“设计”即可，即出现图 4-2，可以对表的字段进行新增、删除或修改。

方法 2：命令方法

（1）新增字段

```
Alter table 学生表 add 手机号 char(11); /*增加 11 位手机号码字段*/
```

（2）删除字段

```
Alter table 学生表 drop 家庭住址; /*删除地址字段*/
```

（3）更改字段

```
Alter table 学生表 change 家庭住址 常住地址 nvarchar(60); /*修改“家庭住址”名为“常住地址”，并将数据类型改为 nvarchar(60)*/
```

3. 记录的增加、删除、修改

方法 1：步骤同任务 1 中的输入表的记录，进入图 4-9 所示的窗口后，即可很简单地完成记录的增加、删除、修改等操作。

方法 2：命令方式

（1）插入记录

```
insert into 学生表 values(20150110,'孙皓','男',1999-2-1,'团员'……);
```

（2）修改记录

```
update 学生表
set 班级编号='01201401' where 政治面貌='党员';
                /*将政治面貌为党员的同学班级编号修改为 01201401*/
```

（3）删除记录

```
delete from 学生表 where 班级编号='01201401'; /*删除学生表中班级编号为 01201401 的记录*/
```

项目小结

本项目主要讲述了 SQL Server 2008 数据表、关系图的创建，以及表记录的输入等基本操作。对表的修改、删除，记录的新增、修改和删除的方法也作了讲解。这些操作也可以用 T_SQL 命令来实现。

数据库的操作主要有创建数据库、打开数据库、查看数据库、修改数据库、删除数据库等，每种操作均可以用两种方式实现，一种是使用 SSMS，一种是使用 T-SQL 语句。

表操作 T-SQL 命令总结如下：

CREATE TABLE：创建数据表

ALTER TABLE：修改数据表

DROP TABLE：删除数据表

记录操作的 T-SQL 命令总结如下：

INSERT INTO TABLE：插入记录

UPDATE TABLE：更新表记录

DELETE FROM TABLE：删除表

实训项目

综合实训 1：创建 library 数据库的表

实训目标：继项目三中建立数据库 library 后，开始建立该数据库的表，并建立数据库关系图，以及输入相应记录。

实训操作步骤：

步骤 1：建表

在前面的项目中已经建好的 Library 数据库中创建以下 4 个表：

（1）图书信息表（Book_Info）

列名	中文	数据类型	是否空	主键/外键
Book_NO	图书编码	Varchar(8)	NOT NULL	PK
Book_Name	图书名称	Varchar(50)	NOT NULL	
Author	作者	Nvarchar(50)	NOT NULL	
ISBN	ISBN	Varchar(20)	NOT NULL	
publisher	出版社	Nvarchar(30)	NOT NULL	
Is_borrow	是否借出	Nchar(1)	NOT NULL	

（2）借阅信息表（Borrow_Info）

列名	中文	数据类型	是否空	主键/外键
Book_NO	图书编码	Varchar(8)	NOT NULL	PK/FK
Reader_NO	读者编码	Varchar(5)	NOT NULL	PK/FK
Borrow_Date	借期	Datetime	NOT NULL	
Return_Date	还期	Datetime	NOT NULL	
Is_Return	是否归还	Nchar(1)	NOT NULL	

（3）罚款信息表（Fine_Info）

列名	中文	数据类型	是否空	主键/外键
Fine_NO	罚款编码	Varchar(11)	NOT NULL	PK
Reader_NO	读者编码	Varchar(5)	NOT NULL	FK
Fine_Reason	罚款原因	Nvarchar(30)	NOT NULL	
Fine_money	罚款金额	Float	NOT NULL	
Fine_Date	罚款日期	Datetime	NOT NULL	

（4）读者信息表（Reader_Info）

列名	中文	数据类型	是否空	主键/外键
Reader_NO	读者编码	Varchar(5)	NOT NULL	PK
Reader_Name	姓名	Nvarchar(10)	NOT NULL	
Limit_No	限借数量	Smallint	NOT NULL	
Borrow_No	已借数量	Smallint	NOT NULL	
Limit_Day	限借天数	Smallint	NOT NULL	
Overdue_Fine	逾期罚款	Nvarchar(20)	NOT NULL	
Lose_Fine	丢失罚款	Nvarchar(20)	NOT NULL	
Tel	电话号码	Varchar(20)	NOT NULL	

步骤 2：建立表间关系

（1）Book_Info 表与 Borrow_Info 表 Book_NO 字段相互建立关联

（2）Reader_Info 表与 Borrow_Info 表 Reader_NO 字段相互建立关联

（3）Reader_Info 表与 Fine_Info 表 Reader_NO 字段相互建立关联

步骤 3：输入记录

（1）图书信息表（Book_Info）

图书编码	图书名称	作者	ISBN	出版社	是否借出
00000001	Oracle 数据库应用教程	朱亚兴	9787560619781	西安电子科技大学出版社	是
00000002	Web 应用程序开发教程	唐笑林	9787040269710	高等教育出版社	是
00000003	SQL Server 2005 数据库及应用	徐人凤	9787040372052	高等教育出版社	是
00000004	Visual C#.NET 面向对象程序设计教程	赵卫伟	978111187646	机械工业出版社	是

（2）读者信息表（Reader_Info）

读者编码	姓名	限借数量	已借数量	限借天数	逾期罚款	丢失罚款	电话号码
00001	秦伊诺	10	2	7	每天 2 角	2 倍书价	15565589908
00002	张航	10	0	7	每天 2 角	2 倍书价	15837653470
00003	李小飞	10	1	7	每天 2 角	2 倍书价	15637616784
00004	赵文婷	10	1	7	每天 2 角	2 倍书价	13403768907

（3）借阅信息表（Borrow_Info）

图书编码	读者编码	借期	还期	是否归还
00000001	00001	2014-04-15	2014-04-22	是
00000002	00003	2014-04-16	2014-04-23	是
00000003	00001	2014-04-16	2014-04-23	是
00000004	00004	2014-04-17	2014-04-23	否

（4）罚款信息表（Fine_Info）

罚款编码	读者编码	罚款原因	罚款金额	罚款日期
20140424001	00001	逾期 2 天还书	0.4	2014-04-24
20140428001	00004	丢失图书	40	2014-04-28

5

数据完整性

任务 1　数据完整性的概念

相关知识

数据库中的数据质量很大程度上决定了依赖于这些数据的应用程序的有用程度和效率，它对企业或商业活动的成败起着重要作用。为了提高数据质量，需要采用某些特定的方式对数据进行约束，以保证数据值的完整性，维护高质量数据。

不论是首次输入信息或收集，直至存储，都应在数据的所有级别强制实施数据完整性。

1．数据完整性的概念

数据完整性是指数据是否正确和是否可靠，以防止数据库中的数据存在错误并防止因错误信息的输入输出造成数据库的无效操作或错误信息。

2．数据完整性的分类

在 SQL Server 2008 中，数据完整性主要分为以下三类：域完整性（列）、实体完整性（行）、引用完整性（表之间或同表的列之间），其中：

（1）域完整性

域完整性也称为列完整性，它主要是指定对列有效的一组数据值，并确定是否允许 NULL 值。域完整性通常是使用验证检查实施的，并且可通过限制列允许的数据类型、格式或可能的值的范围来进行约束。

（2）实体完整性

实体完整性也称为表完整性，主要是要求表中的所有行都有唯一的标识符，也称为主键值。

主键值是否可以更改，或者整行数据是否可以删除，都取决于主键与任何其他表之间所需的完整性级别。

（3）引用完整性

引用完整性主要是确保主键（在被引用表中）和外键（在引用表中）之间的关系是否总能得以维持。如果外键引用某一行数据，那么除非级联操作允许，否则不可以删除被引用表中这一行的数据，也不可以更改主键。引用完整性还可以被用来定义同表中或异表间数据的引用关系。

域完整性、实体完整性、引用完整性三者之间的关系如图 5-1 所示。

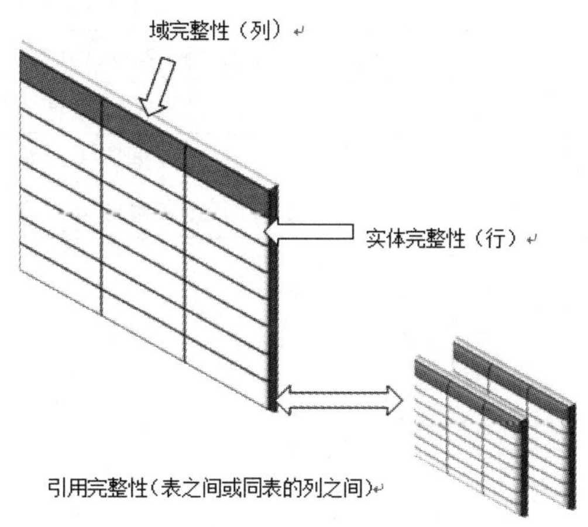

图 5-1　数据完整性关系图

3. 主键与外键

（1）主键

主关键字是表中的一个或多个字段，它的值用于唯一地标识表中的某一条记录。在两个表的关系中，主关键字用来在一个表中引用来自于另一个表中的特定记录。主关键字是一种唯一关键字，是表定义的一部分。一个表不能有多个主关键字，并且主关键字的列不能包含空值。主关键字是可选的，可在 CREATE TABLE 或 ALTER TABLE 语句中定义。

（2）外键

如果公共关键字在一个关系中是主关键字，那么这个公共关键字被称为另一个关系的外键。由此可见，外键表示了两个关系之间的联系。以另一个关系的外键作主关键字的表被称为主表，具有此外键的表被称为主表的从表。外键又称作外关键字。换而言之，如果关系模式R中的某属性集不是 R 的主键，而是另一个关系 R1 的主键，则该属性集是关系模式 R 的外键，通常在数据库设计中缩写为 FK。

任务 2 强制性完整性的选项

相关知识

强制性保障数据完整性的方式有很多，具体如表 5-1 所示：

表 5-1 强制性保障数据完整性方式

方式	说明
数据类型	用于定义可存储在列中的数据的类型
规则	定义可插入列中的可接受值
默认值	定义未指定列值时应取的列值
约束	定义数据库引擎如何强制实施数据完整性
触发器	定义在修改表时自动执行的代码

任务 3 实现约束

5.3.1 相关知识

1．实现约束的主要类型

数据约束是实现数据完整性的首选方法。约束能确保有效的数据值输入列，并保持表间关系。

约束的类型有很多，总体来说数据库约束分为以下五种：唯一性和主键约束、外键约束、检查约束、空值约束、默认值约束。主要的关键字包括：UNIQUE 和 PRIMARY KEY，FOREIGN KEY，CHECK，NOT NULL，DEFAULT。

约束的分类如表 5-2 所示。

表 5-2 约束分类

完整性类型	约束类型	说明
域	DEAULT	指定列的默认值
	CHECK	指定列的允许值
	FOREIGN	指定必须有值存在的列
	NULL	指定是否允许 NULL
实体	PRIMARY	唯一标识每一行
	UNIQE	防止非主键重复

续表

完整性类型	约束类型	说明
引用	FOREIGN KEY	定义值必须与此表的主键匹配的列
	CHECK	指定列的允许值必须基于另一个列的内容

2. 实现约束的主要方式

实现数据约束的主要方式包括两种，即利用 SMSS 工具和 T-SQL 语句。

3. 创建约束的语法

创建约束的语法如下：

（1）创建主键约束

```
CREATE TABLE(Table_Name)
(……
PRIMARY KEY (Key_Name)
……)
```

（2）创建外键约束

```
ALT TABLE
ALTER TABLE (Table_Name)
ADD FOREIGN KEY (ID)
REFERENCES Table_Name (ID)
```

（3）创建 DEAULT 约束

```
ALTER TABLE (Table_Name)
ADD CONSTRAINT 字段名 DEFAULT '值'  FOR 字段名
```

（4）创建 CHECK 约束

```
ALTER TABLE (Table_Name)
ADD CONSTRAINT 字段 CHECK (性别='值 1' OR 性别='值 2')
```

（5）创建 UNIQUE 约束

```
ALTER TABLE (Table_Name)
ADD UNIQUE (字段名)
```

4. 删除约束的语法

```
ALTER TABLE (Table_Name)
DROP PRIMARY KEY 约束名
DROP FOREIGN KEY 约束名
```

5.3.2 任务实施

1. 键约束

PRIMARY KEY 约束与 FOREIGN KEY 约束也被称为键约束，其中 PRIMARY KEY 约束又称为主键约束，FOREIGN KEY 约束称为外键约束。

PRIMARY KEY 约束定义表中构成主键的一列或多列。每个表只能有一个 PRIMARY KEY

约束，并且不能允许 NULL 值。

（1）主键约束

方法 1：使用 SSMS 创建主键约束

步骤 1：在“SQL Server Management Studio”管理工具中展开数据库对象文件夹，选择并展开要创建视图的数据库，如“Student”。新建表“社团”，包括“姓名”“社团名称”“社团编号”“院系名称”“性别”等字段，如图 5-2 所示。

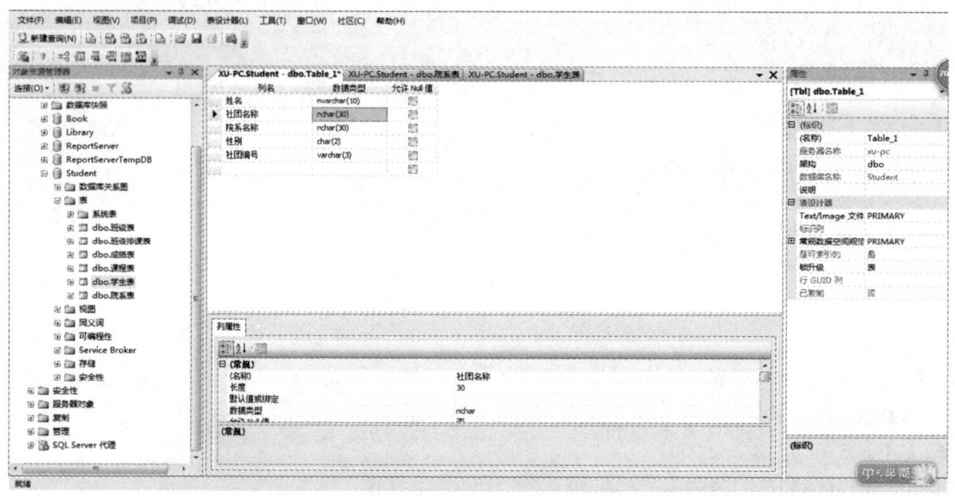

图 5-2　新建社团表

步骤 2：设置“社团编号”为主键，创建 PRIMARY KEY 约束。可以在“社团编号”上单击图标 ，也可以右击“社团编号”，选择“设置主键”，如图 5-3 所示。

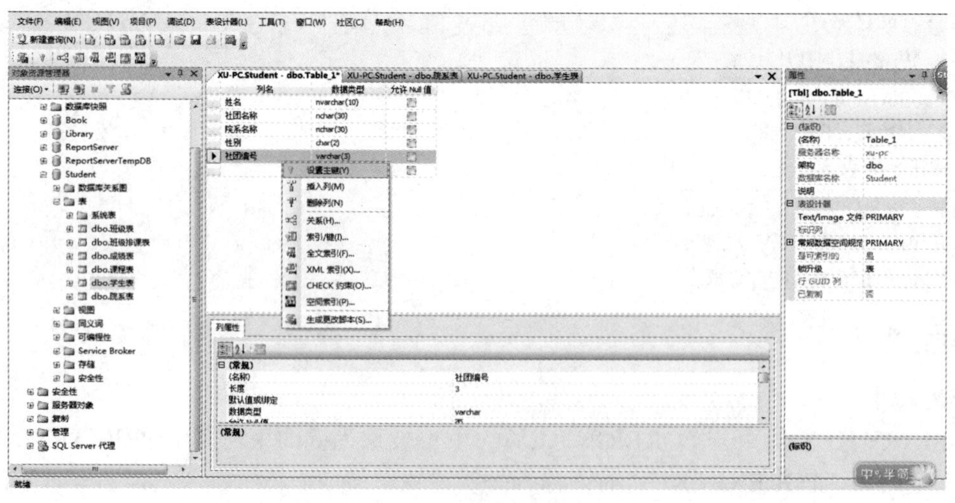

图 5-3　设置主键约束

方法 2：使用 T-SQL 创建主键约束

在数据库（Student）中，创建社团表，并建立 PRIMARY KEY 约束，执行语句如下：

```
USE Student
GO
CREATE TABLE 社团
(社团编号 varchar(3) NOT NULL,
社团名称 nchar(30) NOT NULL,
院系名称 nchar(30),
性别 char(2),
姓名 nvarchar(10),
PRIMARY KEY (社团编号)
)
```

更新数据库表节点，可以看到新建了一张社团表，并创建了相应的约束条件，如图 5-4 所示。

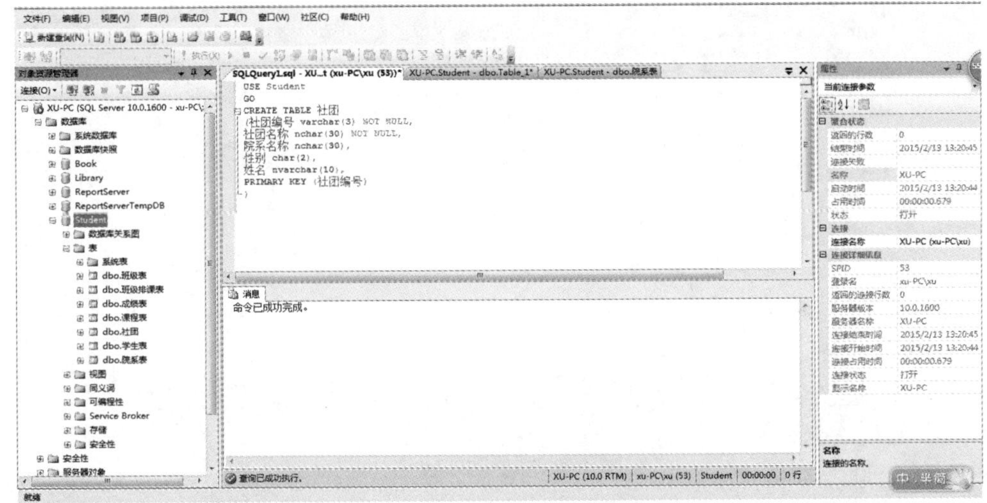

图 5-4　建立 PRIMARY KEY 约束

（2）外键约束

FOREIGN KEY 约束，用于建立和强制实施两个表中数据之间的关联。主要用于同表或异表中的列之间的引用，此外 FOREIGN KEY 必须采用 PRIMARY KEY 或 UNIQUE 约束。

方法 1：使用 SSMS 创建外键约束

在数据库中将班级表的主键（班级编号）作为学生表的外键并创建外键约束。

步骤 1：打开班级表和学生表，确定要建立外键关系的列与主键表中的数据类型完全一致，如图 5-5、图 5-6 所示。

步骤 2：在外键表上任意列单击右键，选择“关系”选项，进入“外键关系”对话框，如图 5-7 所示。

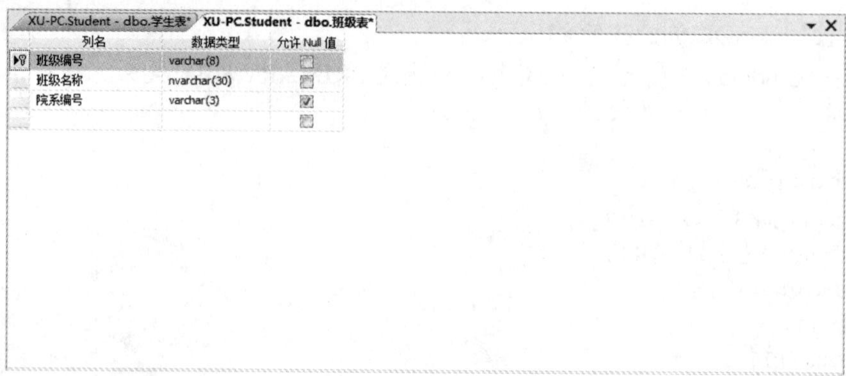

图 5-5　主键表数据列

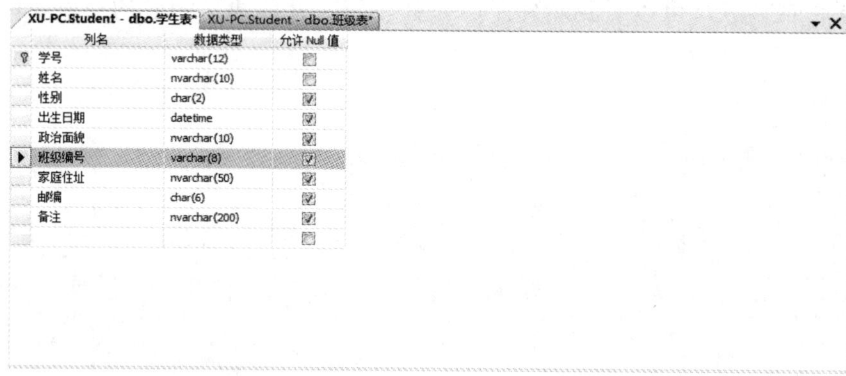

图 5-6 外键表数据列

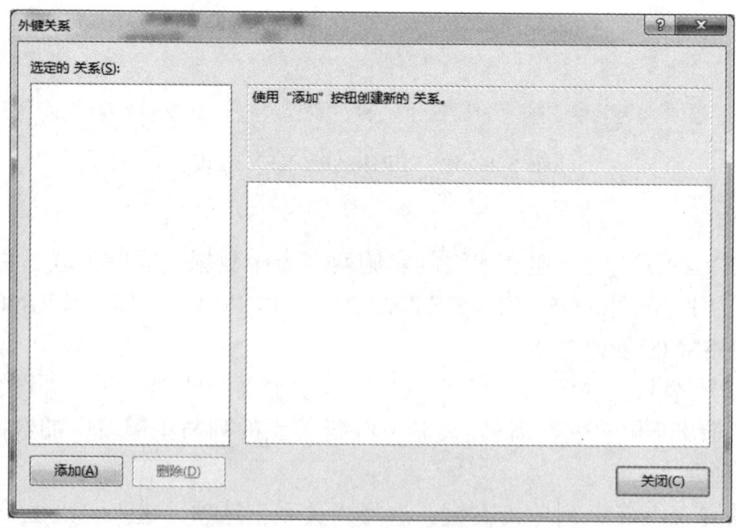

图 5-7　“外键关系”对话框

步骤 3：单击“添加”按钮，并在“表和列规范”中单击右侧按钮，如图 5-8 所示。

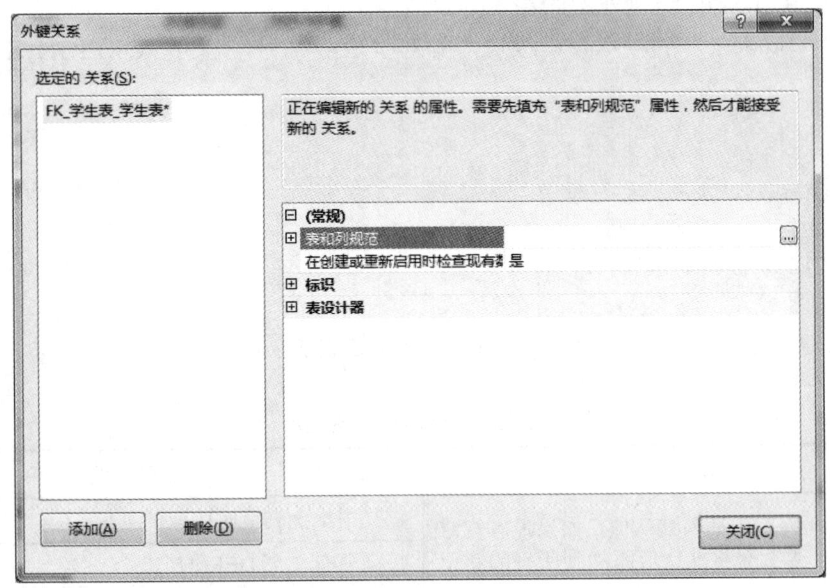

图 5-8 创建外键关系

步骤 4：在“表和列”对话框中选择主键表为“班级表”，并在下拉列表中选择“班级编号”；在外键表中选择“学生表”，并在下拉列表中选择“班级编号”，如图 5-9 所示。

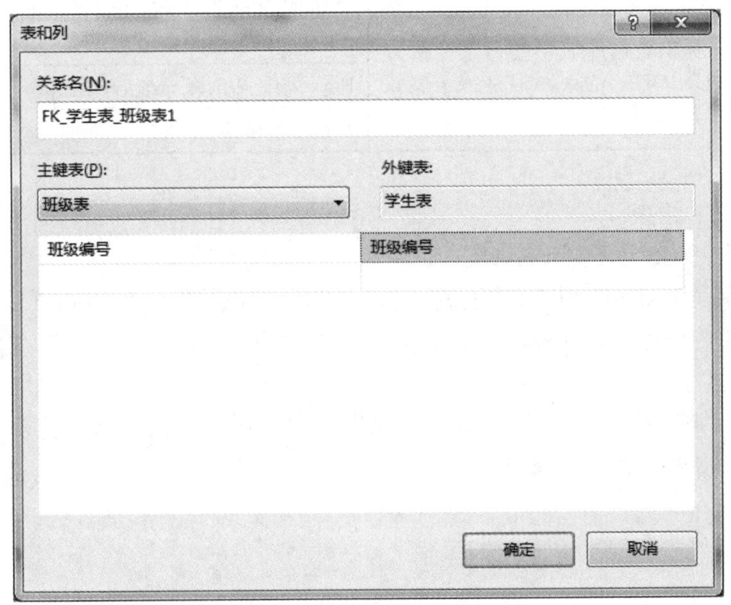

图 5-9 “表和列”对话框

步骤 5：单击“确定”按钮，即成功创建外键约束。

方法 2：使用 T-SQL 创建外键约束

在数据库（Student）中，修改班级表，并对“班级编号”建立 FOREIGN KEY 约束，执行语句如下：

```
USE Student
GO
ALTER TABLE 学生表
ADD FOREIGNKEY (班级编号)
REFERENCES 班级表(班级编号)
```

2. 其他约束

在创建其他约束时需要注意以下几方面情况，如表 5-3 所示。

表 5-3 其他约束注意事项

约束	注意事项
DEFAULT（用于向列中插入默认值，如果没有规定插入其他的值，那么会将默认值添加到所有的新记录）	定义未指定列值时应取的列值
	每列只有一个 DEFAULT
	允许某些系统函数
CHECK（用于限制列中的值的范围）	限制可输入列的值
	每列允许多个 CHECK 约束
	可引用同表中的列，无子查询
UNIQUE（用于唯一标识数据库表中的每条记录。每个表可以有多个 UNIQUE 约束，但是每个表只能有一个 PRIMARY KEY 约束）	确保列中的每一个值都是唯一的
	唯一列中只允许一个 NULL 值
	可包含一列或多列

（1）DEFAULT 约束

方法 1：使用 SSMS 创建 DEFAULT 约束

为学生数据库（Student）中的学生表，将“邮编”列设置为“310000”。

步骤 1：打开数据库（Student），右键单击“学生表”，选择“设计”，打开设计窗口，如图 5-10 所示。

步骤 2：选择“邮编”列，在下方的“列属性”中选择“默认值或绑定”，输入“310000”，即完成 DEFAULT 约束设置，如图 5-11 所示。

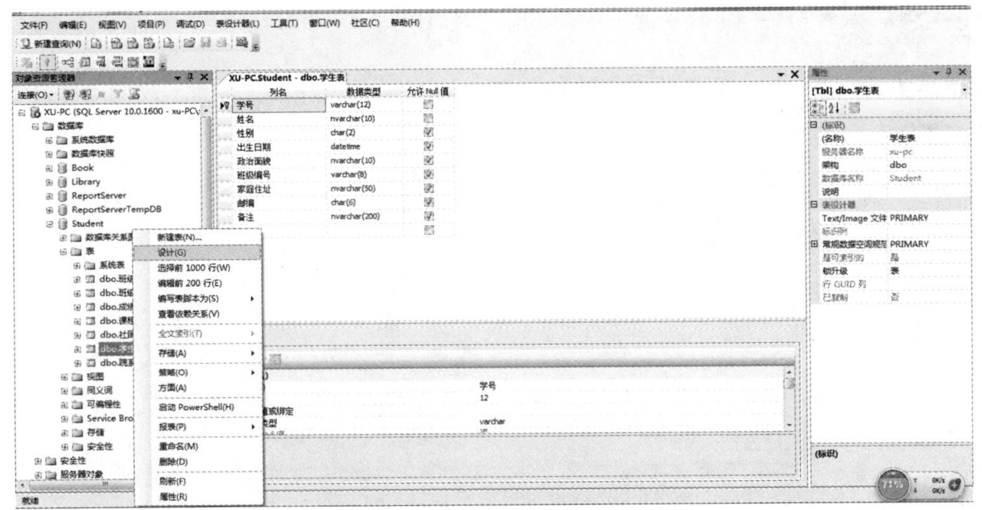

图 5-10　学生表设计窗口

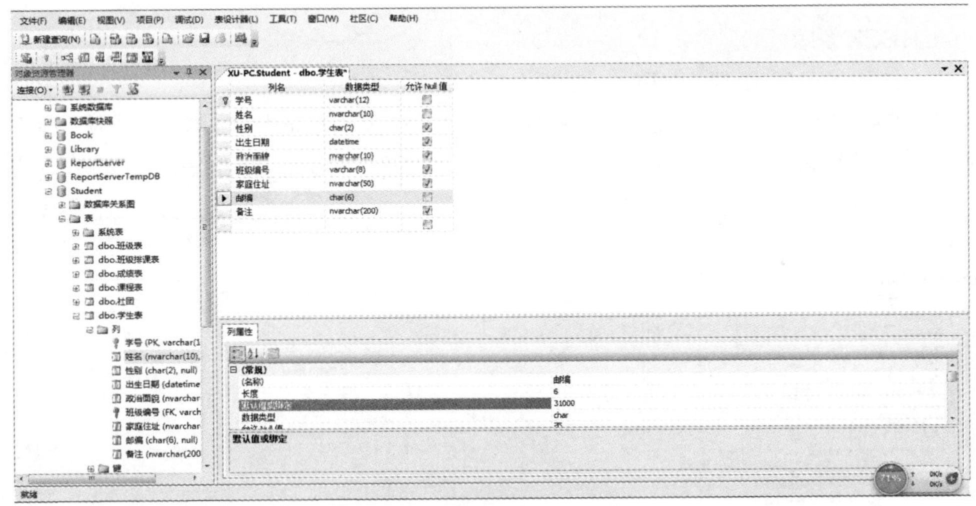

图 5-11　设置 DEFAULT 约束

方法 2：使用 T-SQL 语句创建 DEFAULT 约束

在学生数据库（Student）中的学生表，对“性别”列设置 DEFAULT 约束，将性别默认为“男”，执行语句如下：

```
USE Student
GO
ALTER TABLE 学生表
ADD CONSTRAINT 性别 DEFAULT '男' FOR 性别
```

如图 5-12 所示。

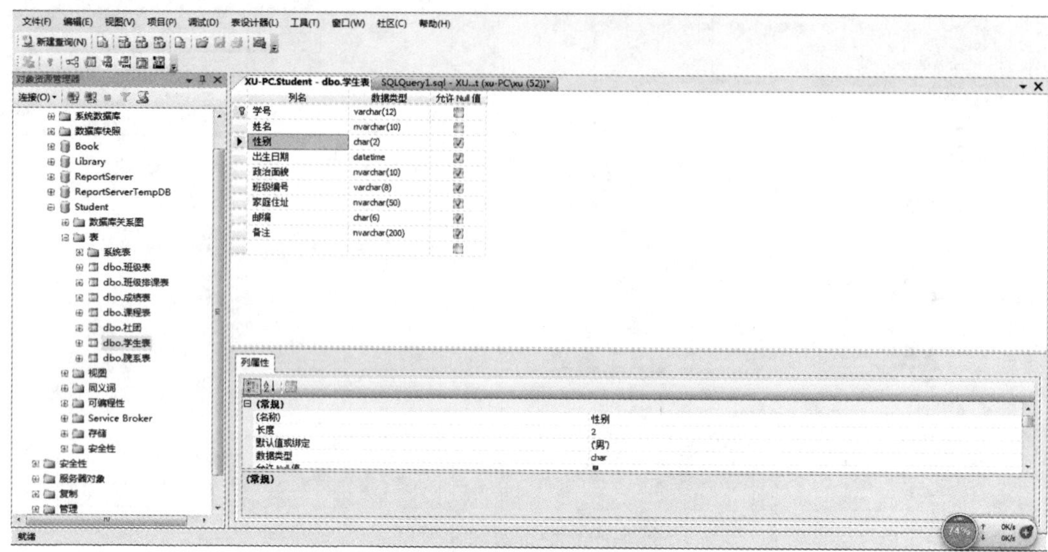

图 5-12　为性别列设置 DEFAULT 约束

（2）CHECK 约束

方法 1：使用 SSMS 创建 CHECK 约束

为院系表中的“院系名称”列添加 CHECK 约束，约束为只能是“建筑系”或“信息系”。

步骤 1：在学生数据库（Student）中单击“院系表”，打开表设计器，如图 5-13 所示。

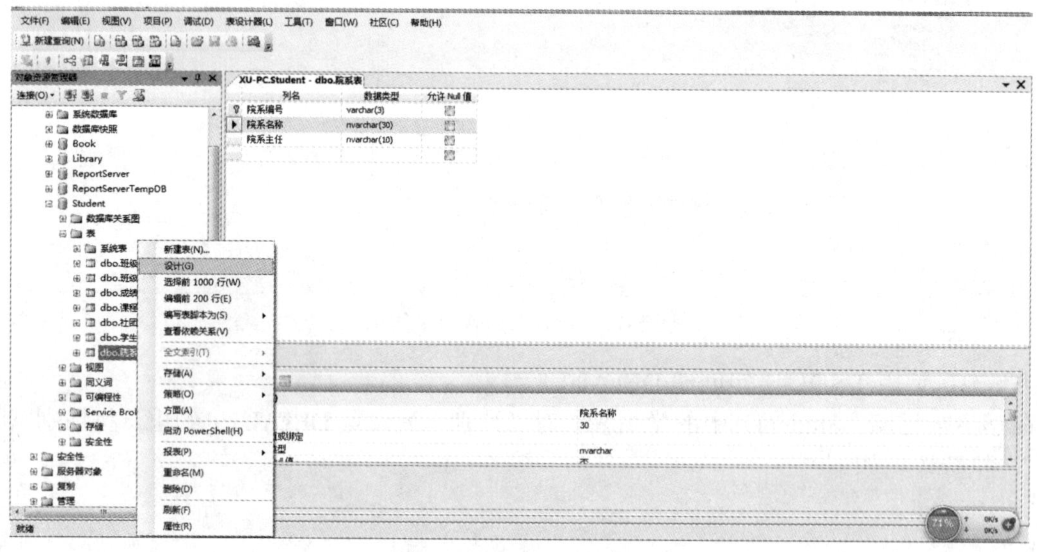

图 5-13　院系表设计器

步骤 2：右击“院系名称”列，选择“CHECK 约束”，打开“CHECK 约束”编辑器，如图 5-14 所示。

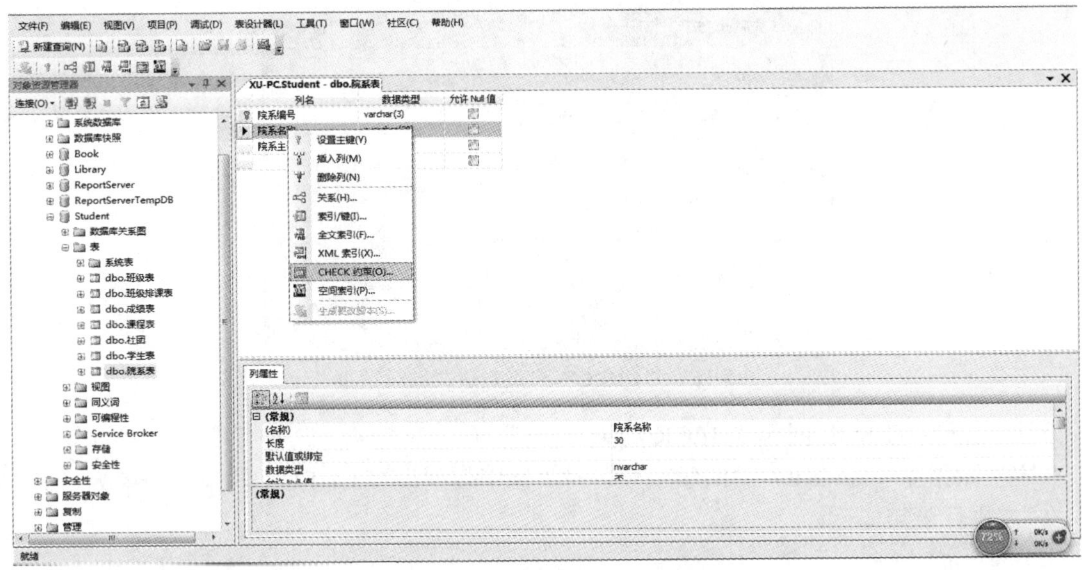

图 5-14　打开 CHECK 约束编辑器

步骤 3：在“CHECK 约束”对话框中单击“添加”按钮，在“表达式”行中单击“编辑”按钮，打开“CHECK 约束表达式”对话框，如图 5-15 所示。

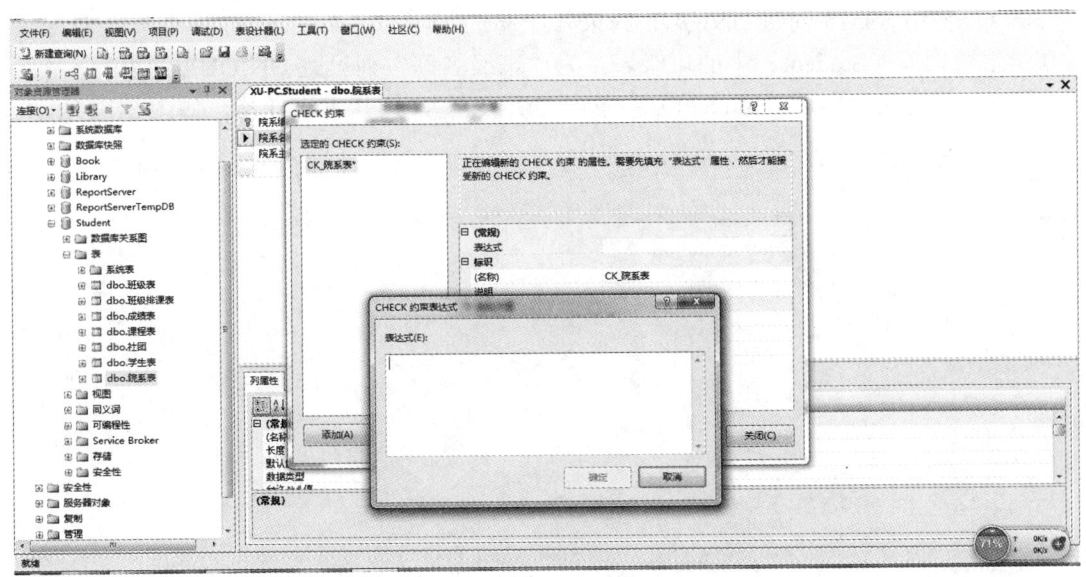

图 5-15　“CHECK 约束表达式”对话框

步骤 4：在“CHECK 约束表达式”对话框中添加约束条件，并单击“确定”按钮，如图 5-16 所示。

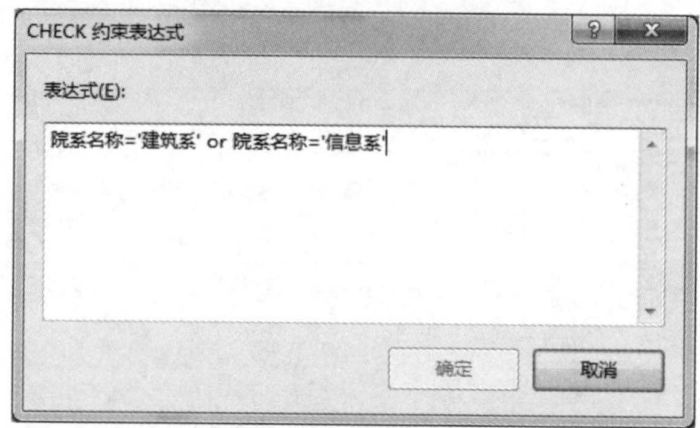

图 5-16 “CHECK 约束表达式”对话框

方法 2：使用 T-SQL 创建 CHECK 约束

在学生数据库（Student）中的学生表，对“性别”列设置 CHECK 约束，约束为“男”或者“女”，执行语句如下：

```
USE Student
GO
ALTER TABLE 学生表
ADD CONSTRAINT 性别 CHECK (性别='男'OR 性别='女')
```

（3）UNIOUE 约束

方法 1：使用 SSMS 创建 UNIQUE 约束

在学生数据库（Student）中的班级表，为“班级名称”列设置 UNIQUE 约束。

步骤 1：在学生数据库（Student）中单击“班级表”，打开表设计器，如图 5-17 所示。

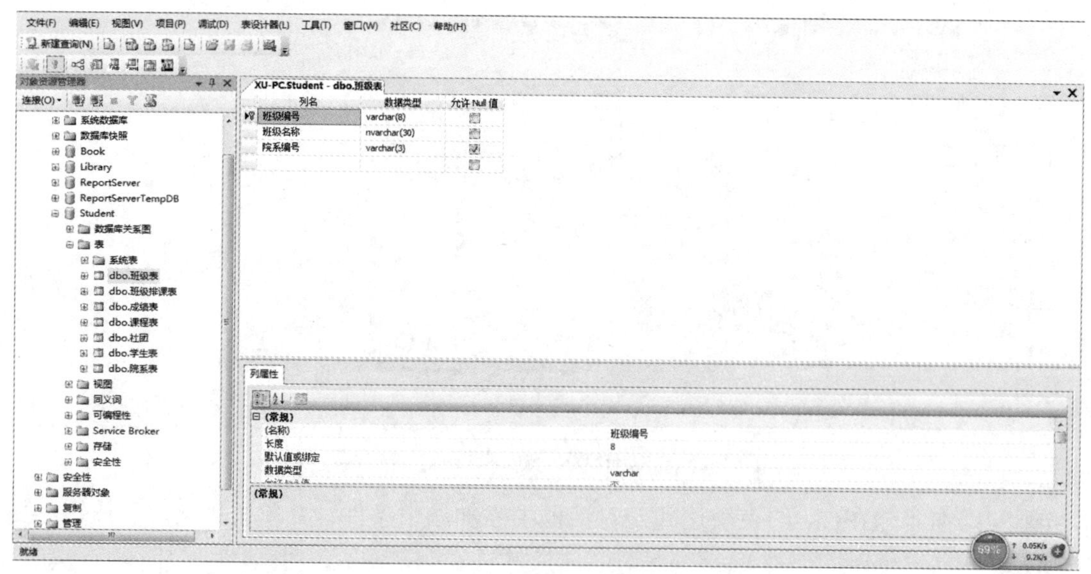

图 5-17 班级表编辑器

步骤 2：右击“班级名称”列，选择“索引/键”选项，如图 5-18 所示。

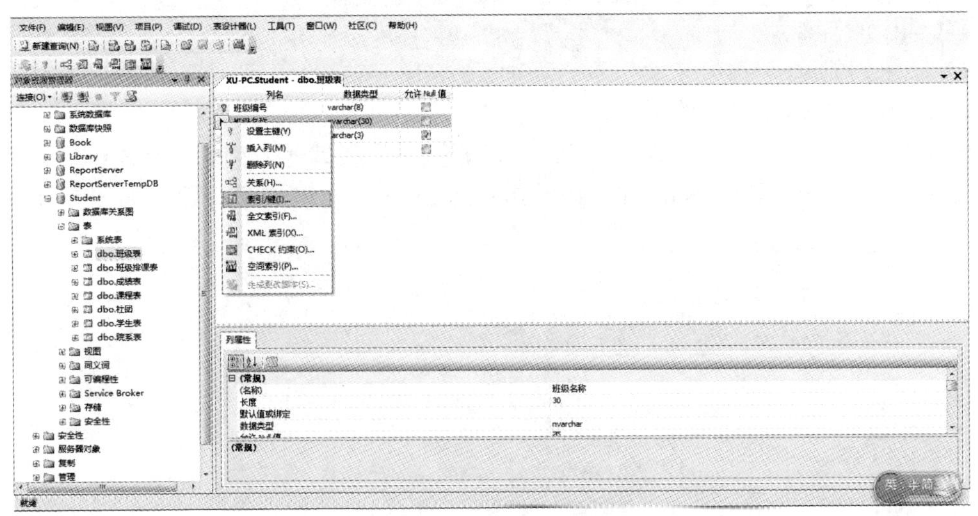

图 5-18　“索引/键”选项

步骤 3：在“索引/键”对话框中选择“班级名称”列，在右侧展开的“常规”选项下，单击“是唯一的”选项右侧的下拉列表，选择“是”，即完成约束设置，如图 5-19 所示。

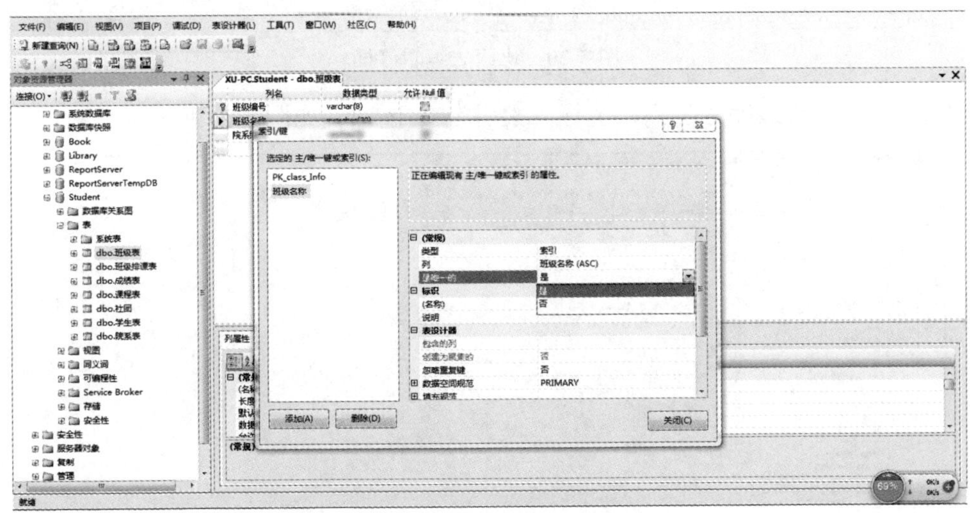

图 5-19　设置 UNIQUE 约束

方法 2：使用 T-SQL 创建 UNIQUE 约束

学生数据库（Student）中的“院系表”，对“院系编号”列设置 UNIQUE 约束，执行语句如下：

```
USE Student
```

```
GO
ALTER TABLE 院系表
ADD UNIQUE(院系编号)
```

（4）约束的删除

方法 1：使用 SSMS 删除约束

在学生数据库（Student）中的“班级表”，删除“班级编号”列的 PRIMARY KEY 约束。

步骤 1：在学生数据库（Student）中单击“班级表”，打开表设计器，如图 5-20 所示。

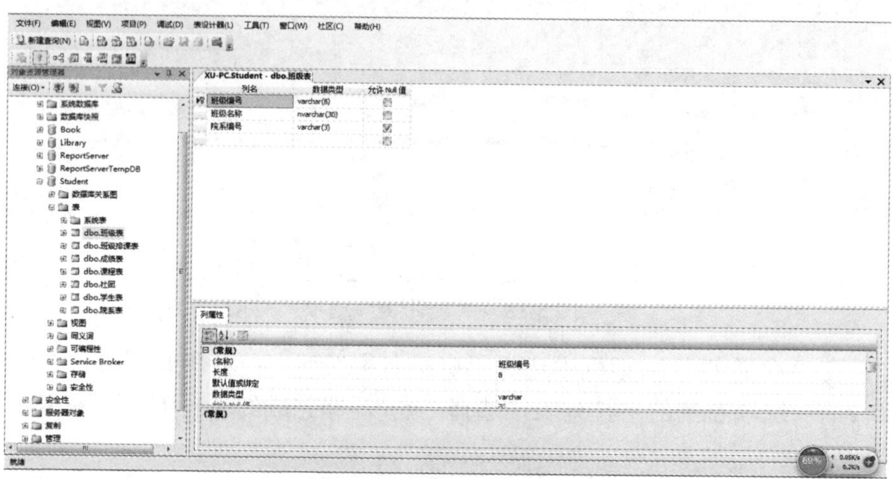

图 5-20　班级表编辑界面

步骤 2：右击“班级编号”列，选择“索引/键”选项，如图 5-21 所示。

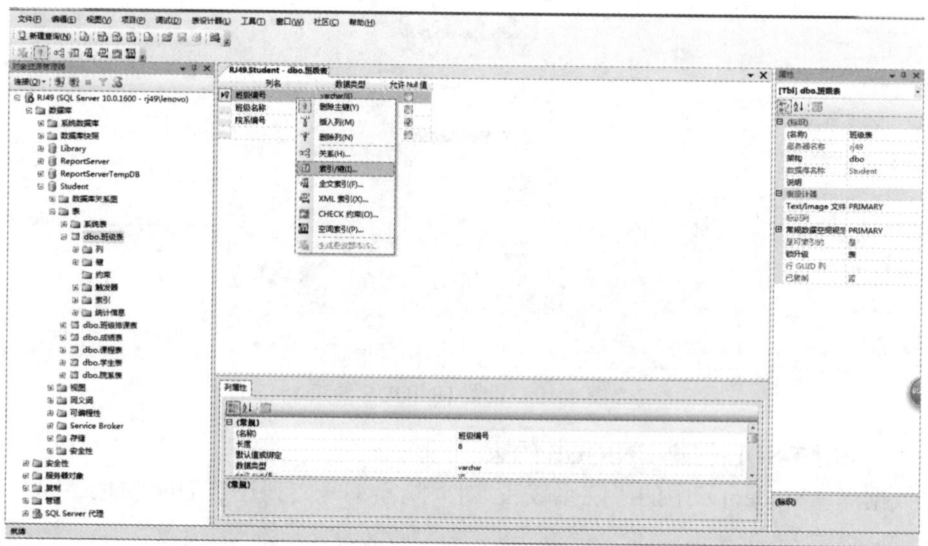

图 5-21　班级编号索引编辑

步骤 3：在“索引/键”对话框中选择索引名称，单击下方的“删除”按钮，即完成约束的删除，如图 5-22 所示。

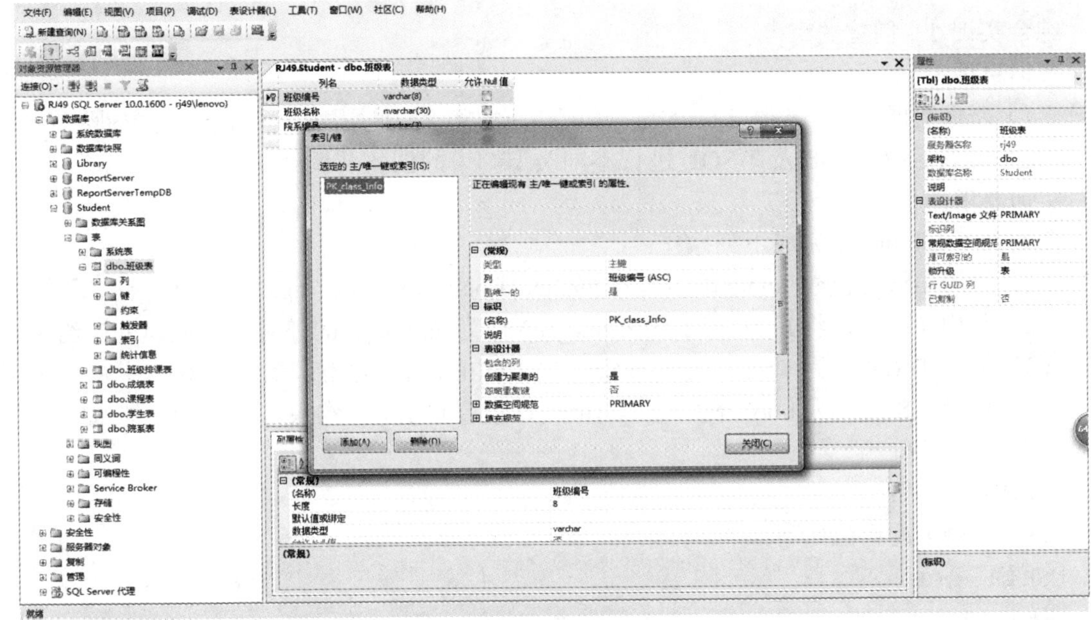

图 5-22 约束删除

方法 2：使用 T-SQL 删除约束

学生数据库（Student）中的院系表，删除为“院系编号”列设置的 UNIQUE 约束，执行语句如下：

```
USE Student
GO
ALTER TABLE 院系表
DROP UNIQUE 约束名称
```

项目小结

本章主要介绍了保证数据完整性的重要性，以及数据完整性的分类，同时介绍了数据完整性的主要保证手段，接着介绍了数据约束的分类。数据完整性总的来说有五种：唯一性和主键约束、外键约束、检查约束、空值约束、默认值约束。主要的关键字包括：UNIQUE 和 PRIMARY KEY、FOREIGN KEY、CHECK、NOT NULL、DEFAULT。接下来主要介绍了如何使用 SSMS 以及 T-SQL 语句创建约束，以及如何利用 SSMS 和 SQL 语句完成约束的删除。

实训项目

综合实训 1：创建约束

实训目标：

（1）掌握数据完整性的概念及分类，理解约束的概念和使用约束保证数据完整性的方法。

（2）掌握运用 SSMS 及 T-SQL 进行不同类型约束的创建及调试。

实训要求：

在数据库 Library 中完成下列操作：

（1）利用 T-SQL 创建 author 表，包括 Name，Book_No，Sex，age，Country 等字段。

（2）利用 T-SQL，将 book 表中的 Book_NO 作为 author 表的外键，并创建外键约束。

（3）利用 T-SQL，为 author 表中的 Sex 设置 DEFAULT 约束，默认约束条件为“Man”。

（4）利用 T-SQL，为 book 表中的 Is_Borrow 设置 CHECK 约束，约束为只能填“是”或者“否”。

实训操作步骤：

（1）主键创建语法如下：

```
USE Library
GO
CREATE TABLE author
(Name nchar(30) NOT NULL,
Book_No varchar(8) NOT NULL,
Sex char(2),
age char(5),
Country nchar(30),
PRIMARY KEY (Name)
)
```

（2）外键创建语法如下：

```
USE Library
GO
ALTER TABLE author
ADD FOREIGNKEY (Book_No)
REFERENCES Book_Info(Book_No)
```

（3）设置 DEFAULT 约束的语法如下：

```
USE Library
GO
ALTER TABLE author
ADD CONSTRAINT Sex DEFAULT 'Man' FOR Sex
```

（4）设置 CHECK 约束的语法如下：

```
USE Library
GO
ALTERTABLE Book_Info
ADD CONSTRAINT Is_Borrow CHECK (Is_Borrow='是' OR Is_Borrow='否')
```

6

数据查询

数据查询是数据库系统应用的主要内容，保存数据就是为了使用，要使用数据首先必须查找到需要的数据。在 T-SQL 中使用 SELECT 语句实现数据查询。用户通过 SELECT 语句可以从数据库中搜索用户所需要的数据，也可以进行数据的统计汇总并返回给用户。SELECT 语句是数据库操作中使用频率最高的语句，也是 SQL 的灵魂。

通过学习本章，读者应该掌握以下内容：

- 利用 SELECT 语句进行单表查询的方法
- 利用 SELECT 语句进行多连接查询的方法
- 嵌套查询的方法

本项目将以 Student 数据库为例，在班级表、排课表、学生表、院系表、课程表、成绩表的基础上介绍有关数据查询的技术，包括基本查询和高级查询。在进行查询之前，各表中一定要已输入相应记录，各表中的记录分别如图 6-1 至图 6-6 所示。

	班级编号	班级名称	院系编号
▶	01201401	14级计算机应…	01
	01201402	14级计算机网…	01
	01201403	14级图形图像…	01
	01201404	14级电子信息…	01
	01201405	14级水利水电…	NULL
*	NULL	NULL	NULL

图 6-1　班级表中的记录

	学期	班级编号	课程编号
▶	2013-2	01201401	001
	2013-2	01201401	002
	2014-1	01201401	003
	2014-1	01201401	004
*	NULL	NULL	NULL

图 6-2　排课表中的记录

	学号	课程编号	成绩
▶	01201401001	001	90
	01201401001	002	90
	01201401001	003	90
	01201401001	004	90
	01201401002	001	90
	01201401002	002	90
	01201401002	003	90
	01201401002	004	90
	01201401003	001	90
	01201401003	002	90
	01201401003	003	90
	01201401003	004	90
	01201401004	001	90
	01201401004	002	90
	01201401004	003	90
	01201401004	004	90
*	NULL	NULL	NULL

图 6-3 成绩表中的记录

	课程编号	课程名称	课程类型	课程描述
▶	001	网络数据库	考试	讲述SQL Serve...
	002	网页设计与制作	考试	基于ASP.NET...
	003	Java程序设计	考试	基本JAVA的应...
	004	高等数学	考试	高等数学是学...
	005	职业素养	考查	大学生职业素...
	006	英语(1)	考试	大学英语
	007	英语(2)	考试	大学英语
*	NULL	NULL	NULL	NULL

图 6-4 课程表中的记录

学号	姓名	性...	出生日期	政...	班级编号	家庭住址	邮编	备注
01201401001	秦伊诺	女	1995-10-...	团员	01201401	河南省信阳市	464000	品学兼优
01201401002	张航	男	1994-05-...	团员	01201401	吉林省长春市	130000	吃苦耐劳
01201401003	李小飞	男	1996-12-...	团员	01201401	江西省赣州市	341000	动手能力强
01201401004	赵文婷	男	1995-08-...	团员	01201401	福建省福州市	350000	组织能力强
NULL	NULL	NULL	NULL	NULL	NULL	NULL	NULL	NULL

图 6-5 学生表中的记录

	院系编号	院系名称	院系主任
▶	01	计算机科学系	张敏
	02	规划设计系	程明亮
	03	外语系	苏晴
	04	管理系	李力
*	NULL	NULL	NULL

图 6-6 院系表中的记录

任务 1　简单查询

6.1.1　相关知识

我们使用 SQL 语句对数据库中的信息进行查询，在数据表接受查询请求时，就可以简单地理解为“它将逐条判断”，判断是否符合查询条件。如果符合查询条件就提取出来，然后把所有的行组织在一起，形成另外一个类似表的结构，构成查询的结果，通常叫做记录集。

SQL 查询的事情很简单，但是常常会因为是很简单的事情而出错。遇到一些比较复杂的查询我们更是忘记了 SQL 查询的基本语法。

1. 基本查询

从表中查询某些列的值，这是最基本的查询语句。

```
SELECT 列名 1,列名 2  FROM 表名
```

2. Where（条件）

作用：按照一定的条件查询数据

语法：

```
SELECT 列名 1,列名 2  FROM 表名 WHERE 列名 1 运算符 值运算符
```

其中的“运算符”可以是表 6-1 中的任一种。

表 6-1　运算符

运算符	描述
=	等于
<>	不等于
>	大于
<	小于
>=	大于等于
<=	小于等于
BETWEEN	在某个范围内
LIKE	搜索某种模式

3. BETWEEN

在两个值之间，比如从学生中查询 1990－1996 年出生的学生信息的 SQL 查询语句为：

```
SELECT *  FROM 学生表 WHERE 出生日期 BETWEEN '1990-01-01' AND '1996-12-31'
```

4. LIKE

作用：模糊查询。LIKE 关键字通常与通配符一起使用。

主要的通配符如表 6-2 所示。

表 6-2 通配符

通配符	描述
%	替代一个或多个字符
_	仅替代一个字符
[charlist]	字符列中的任何单一字符
[^charlist]或[!charlist]	不在字符列中的任何单一字符

（1）查询姓氏为张的学生信息

```
SELECT * FROM 学生表 WHERE 姓名 LIKE '张%'
```

（2）查询名字最后一个字为“生”的同学

```
SELECT * FROM 学生表 WHERE 姓名 LIKE '%生'
```

（3）查询名字中含有“生”字的学生信息

```
SELECT * FROM 学生表 WHERE 姓名 LIKE '%生%'
```

（4）查询姓名为两个字，且姓张的学生信息

```
SELECT * FROM 学生表 WHERE 姓名 LIKE '张_'
```

（5）查询姓氏为张、李的学生信息

这个可以使用 OR 关键字实现，但是使用通配符更简单高效

```
SELECT * FROM 学生表 WHERE 姓名 LIKE '[张李]%'
```

（6）查询姓氏非张、李的学生信息

这个也可以使用 NOT LIKE 来实现，但用下面的方法更好。

```
SELECT * FROM 学生表 WHERE 姓名 LIKE '[^张李]%'
```

或者：

```
SELECT * FROM 学生表 WHERE 姓名 LIKE '[!张李]%'
```

5. AND

AND 可用于在 WHERE 子语句中把两个或多个条件结合起来，表示并且的意思，即多个条件都成立。如查询出生年月在 1995 年之后并且姓张的学生信息的 SQL 查询语句为：

```
SELECT * FROM 学生表 WHERE 姓名 LIKE '张%' AND 出生日期>'1995-01-01'
```

6. OR

OR 可用于在 WHERE 子语句中把两个或多个条件结合起来，即或关系，表示多个条件，只有一个符合即可。如查询姓氏为张、李的学生信息的 SQL 查询语句为：

```
SELECT * FROM 学生表 WHERE 姓名 LIKE '张%' OR 姓名 LIKE '李%'
```

7. NOT

NOT 是对于条件的否定，即取非。比如查询非姓张的学生信息的 SQL 查询语句为：

```
SELECT * FROM 学生表 WHERE 姓名 NOT LIKE '张%'
```

8. ORDER BY（排序）

需要对查询后的结果集进行排序，排序依据标识如表 6-3 所示。

表 6-3 排序依据

标识	含义	说明
ASC	升序	默认
DESC	倒序	

（1）查询学生信息表的学号、姓名、出生日期，并按“出生日期”升序排列

```
SELECT * FROM 学生表 ORDER BY 出生日期 e
```

或指明 ASC

```
SELECT * FROM 学生表 ORDER BY 出生日期 ASC
```

（2）查询学生信息，并按出生日期倒序排列

```
SELECT * FROM 学生表 ORDER BY 出生日期 DESC
```

除了指定某个列排序外，还能指定多列排序，每个排序字段可以单独指定排序规则。

说明：优先第一列排序，如果第一列相同，则按照第二列排序规则执行，以此类推。

（3）查询学生的信息，按照总成绩倒序、学号升序排列

```
SELECT * FROM 成绩表 ORDER BY 成绩 DESC,学号 ASC
```

9. AS（Alias）

可以为列名称和表名称指定别名（Alias）。比如：

```
SELECT 学号 AS 学生学号,姓名 AS 学生姓名 FROM 学生表 s
```

10. Distinct（不同的）

查询时忽略重复值。

语法：

```
SELECT DISTINCT 列名称 FROM 表名称
```

实例：

```
SELECT DISTINCT 姓名 FROM 学生表 t
```

11. TOP

TOP 子句用于规定要返回的记录的数目，对于大数据是很有用的，在分页时也会常常用到。比如：

```
SELECT TOP 3 姓名,学号 FROM 学生表
```

6.1.2 任务实施

步骤 1：在桌面上选择“开始”|“所有程序”|“Microsoft SQL Server 2008”|“SQL Server Management Studio”，打开 SQL Server Management Studio 窗口，设置服务器类型、服务器名称、身份验证、用户名和密码，单击“连接”按钮。

步骤 2：单击数据库栏目中的 Student 数据库中的表，找到班级表、学生表或课程表，用鼠标右键单击打开表，如图 6-7 所示。

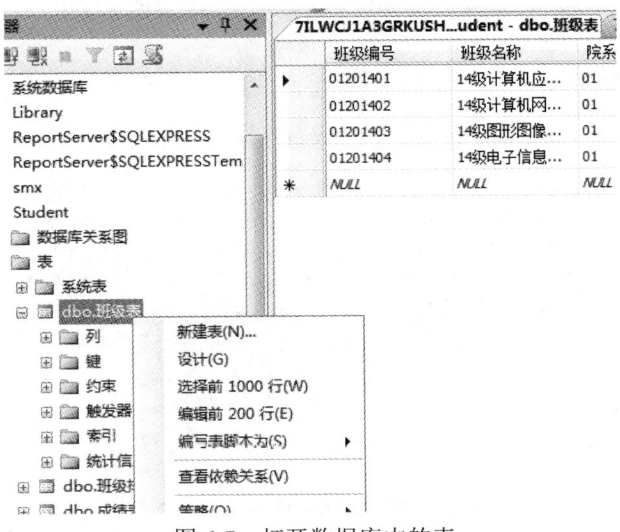

图 6-7 打开数据库中的表

步骤 3：单击工具栏中的 SQL 按钮，如图 6-8 所示。

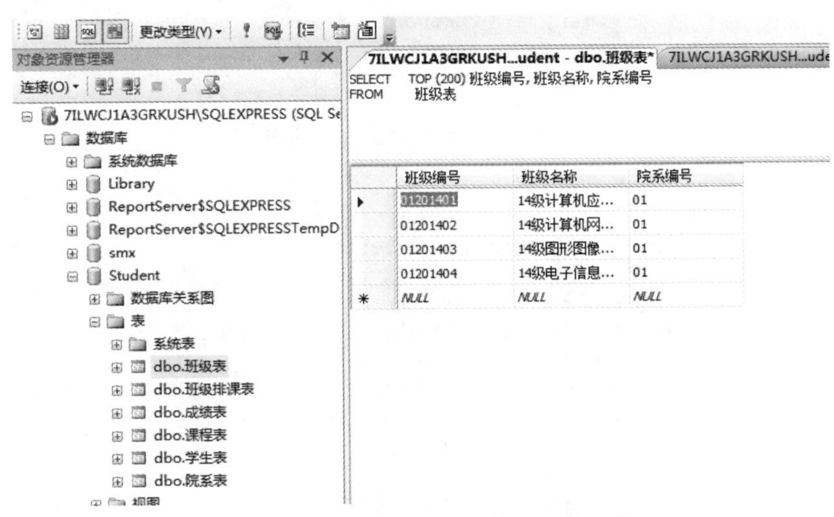

图 6-8 单击工具栏 SQL 写入 SQL 语句

步骤 4：在右上角编写以下项目内容的不同 SQL 代码，编写完后单击工具栏中的“！”按钮即可执行并查看运行结果。

1. 选择列表

选择列表（Select_list）指出所查询列，它可以由一组列名列表、星号、表达式、变量（包括局部变量和全局变量）等构成。

（1）选择所有列

例如，下面的语句显示学生表、班级排课表、班级表中所有列的数据，如图 6-9 至图 6-11 所示。

```
SELECT * FROM  学生表
```

SELECT 学号, 姓名, 性别, 出生日期, 政治面貌, 班级编号, 家庭住址, 邮编, 备注
FROM 学生表

	学号	姓名	性...	出生日期	政...	班级编号	家庭住址
▶	01201401001	秦伊诺	女	1995-10-...	团员	01201401	河南省信阳市
	01201401002	张航	男	1994-05-...	团员	01201401	吉林省长春市
	01201401003	李小飞	男	1996-12-...	团员	01201401	江西省赣州市
	01201401004	赵文婷	男	1995-08-...	团员	01201401	福建省福州市
*	NULL	NULL	NULL	NULL	NULL	NULL	NULL

图 6-9　选择学生表中的列表

```
SELECT * FROM  班级排课表
```

SELECT TOP (200) 学期, 班级编号, 课程编号
FROM 班级排课表

	学期	班级编号	课程编号
▶	2013-2	01201401	001
	2013-2	01201401	002
	2014-1	01201401	003
	2014-1	01201401	004
*	NULL	NULL	NULL

图 6-10　选择班级排课表中的列表

```
SELECT * FROM  班级表
```

SELECT TOP (200) 班级编号, 班级名称, 院系编号
FROM 班级表

	班级编号	班级名称	院系编号
▶	01201401	14级计算机应...	01
	01201402	14级计算机网...	01
	01201403	14级图形图像...	01
	01201404	14级电子信息...	01
*	NULL	NULL	NULL

图 6-11　选择班级表中的列表

（2）选择部分列并指定它们的显示次序

查询结果集合中数据的排列顺序与选择列表中所指定的列名排列顺序相同。例如：

```
SELECT  学号, 姓名, 性别, 出生日期, 政治面貌, 班级编号, 家庭住址, 邮编, 备注 FROM 学生表
```

查询结果如图 6-12 所示。

```
SELECT 学号,姓名,性别,出生日期,政治面貌,班级编号,家庭住址,邮编,备注
FROM 学生表
```

	学号	姓名	性别	出生日期	政治面貌	班级编号
▶	01201401001	秦伊诺	女	1995-10-08 00:0...	团员	01201401
	01201401002	张航	男	1994-05-02 00:0...	团员	01201401
	01201401003	李小飞	男	1996-12-21 00:0...	团员	01201401
	01201401004	赵文婷	男	1995-08-15 00:0...	团员	01201401
*	NULL	NULL	NULL	NULL	NULL	NULL

图 6-12　选择部分列并指定它们的显示次序

（3）更改列标题

在选择列表中可重新指定列标题。定义格式为：列标题=列名。如果指定的列标题不是标准的标识符格式，应使用引号定界符。例如，下列语句使用英文显示列标题，查询结果如图 6-13 所示。

```
SELECT 课程编号 AS No, 课程名称 AS Name, 课程类型 AS Type, 课程描述 AS describe FROM 课程表
```

```
SELECT 课程编号 AS No, 课程名称 AS Name, 课程类型 AS Type, 课程描述 AS describe
FROM 课程表
```

	No	Name	Type	describe
▶	001	网络数据库	考试	讲述SQL Serve...
	002	网页设计与制作	考试	基于ASP.NET...
	003	Java程序设计	考试	基本JAVA的应...
	004	高等数学	考试	高等数学是学...
	005	职业素养	考查	大学生职业素...
	006	英语(1)	考试	大学英语
	007	英语(2)	考试	大学英语
*	NULL	NULL	NULL	NULL

图 6-13　更改列标题

（4）删除重复行

SELECT 语句中使用 ALL 或 DISTINCT 选项来显示表中符合条件的所有行或删除其中重复的数据行，默认为 ALL。使用 DISTINCT 选项时，对于所有重复的数据行在 SELECT 返回的结果集合中只保留一行。例如：

```
SELECT DISTINCT 课程类型 FROM 课程表
```

查询结果如图 6-14 所示。

```
SELECT DISTINCT 课程类型
FROM 课程表
```

	课程类型
▶	考查
	考试

图 6-14　删除重复行 SELECT 语句

（5）限制返回的行数

使用 TOP n [PERCENT]选项可限制返回的数据行数，TOP n 说明返回 n 行，而 TOP n

PERCENT 说明 n 表示一百分数，指定返回的行数占总行数的百分之几。例如：

```
SELECT TOP 2 * FROM  课程表
```

查询结果如图 6-15 所示。

```
SELECT    TOP (2) 课程编号, 课程名称, 课程类型, 课程描述
FROM       课程表
```

	课程编号	课程名称	课程类型	课程描述
▶	001	网络数据库	考试	讲述SQL Serve...
	002	网页设计与制作	考试	基于ASP.NET...
*	NULL	NULL	NULL	NULL

图 6-15　限制返回的行数

2. FROM 子句

FROM 子句指定 SELECT 语句查询及与查询相关的表或视图。在 FROM 子句中最多可指定 256 个表或视图，它们之间用逗号分隔。如图 6-16 所示为从课程表中查询。

```
SELECT    TOP (200) 课程编号, 课程名称, 课程类型, 课程描述
FROM       课程表
```

	课程编号	课程名称	课程类型	课程描述
▶	001	网络数据库	考试	讲述SQL Serve...
	002	网页设计与制作	考试	基于ASP.NET...
	003	Java程序设计	考试	基本JAVA的应...
	004	高等数学	考试	高等数学是学...
	005	职业素养	考查	大学生职业素...
	006	英语(1)	考试	大学英语
	007	英语(2)	考试	大学英语
*	NULL	NULL	NULL	NULL

图 6-16　从课程表中查询的 FROM 语句

或者如图 6-17 所示从成绩表中查询。

```
SELECT    TOP (200) 学号, 课程编号, 成绩
FROM       成绩表
```

	学号	课程编号	成绩
▶	01201401001	001	90
	01201401001	002	90
	01201401001	003	90
	01201401001	004	90
	01201401002	001	90
	01201401002	002	90
	01201401002	003	90
	01201401002	004	90
	01201401003	001	90
	01201401003	002	90
	01201401003	003	90
	01201401003	004	90
	01201401004	001	90
	01201401004	002	90
	01201401004	003	90
	01201401004	004	90
*	NULL	NULL	NULL

图 6-17　从成绩表中查询的 FROM 语句

或者如图 6-18 所示从院系表中查询。

SELECT TOP (200) 院系编号, 院系名称, 院系主任
FROM 院系表

	院系编号	院系名称	院系主任
▶	01	计算机科学系	张敏
	02	规划设计系	程明亮
	03	外语系	苏晴
	04	管理系	李力
*	NULL	NULL	NULL

图 6-18 从院系表中查询的 FROM 语句

3. 使用 WHERE 子句设置查询条件

WHERE 子句用于设置查询条件，过滤掉不需要的数据行。例如下面的语句查询出生年月在 1994 年后的数据：

```
SELECT * FROM 学生 WHERE (出生日期>= '1994-01-01')
```

WHERE 子句还可包括各种条件运算符：

（1）比较运算符（大小比较）：>、>=、=、<、<=、<>、!>、!<，范围运算符（表达式值是否在指定的范围）：BETWEEN…AND…，NOT BETWEEN…AND…。如：

```
SELECT 学号, 姓名, 性别, 出生日期, 政治面貌, 班级编号, 家庭住址, 邮编, 备注 FROM 学生表
WHERE (出生日期 BETWEEN '1994-01-01' AND '1995-12-31')
```

查询结果如图 6-19 所示。

SELECT 学号, 姓名, 性别, 出生日期, 政治面貌, 班级编号, 家庭住址, 邮编, 备注
FROM 学生表
WHERE (出生日期 BETWEEN '1994-01-01' AND '1995-12-31')

	学号	姓名	性别	出生日期
▶	01201401001	秦伊诺	女	1995-10-08 00:00:00.000
	01201401002	张航	男	1994-05-02 00:00:00.000
	01201401004	赵文婷	男	1995-08-15 00:00:00.000
*	NULL	NULL	NULL	NULL

图 6-19 条件语句中的 BETWEEN 语句

```
SELECT * FROM 学生表 WHERE (出生日期>= '1994-01-01' and 出生日期<='1995-12-31')
```

查询结果如图 6-20 所示。

SELECT 学号, 姓名, 性别, 出生日期, 政治面貌, 班级编号, 家庭住址, 邮编, 备注
FROM 学生表
WHERE (出生日期 >= '1994-01-01') AND (出生日期 <= '1995-12-31')

	学号	姓名	性别	出生日期	政治面貌
▶	01201401001	秦伊诺	女	1995-10-08 00:0...	团员
	01201401002	张航	男	1994-05-02 00:0...	团员
	01201401004	赵文婷	男	1995-08-15 00:0...	团员
*	NULL	NULL	NULL	NULL	NULL

图 6-20 条件语句中的比较运算符语句之案例一

```
SELECT * FROM 学生表 WHERE (出生日期> '1994-01-01' and 出生日期<'1994-12-31')
```

查询结果如图 6-21 所示。

```
SELECT  学号, 姓名, 性别, 出生日期, 政治面貌, 班级编号, 家庭住址, 邮编, 备注
FROM    学生表
WHERE   (出生日期 > '1994-01-01') AND (出生日期 < '1994-12-31')
```

	学号	姓名	性别	出生日期	政治面貌
▸	01201401002	张航	男	1994-05-02 00:0...	团员
*	NULL	NULL	NULL	NULL	NULL

图 6-21　条件语句中的比较运算符语句之案例二

```
SELECT * FROM 学生表 WHERE (出生日期<> '1994-05-02')
```

查询结果如图 6-22 所示。

```
SELECT  学号, 姓名, 性别, 出生日期, 政治面貌, 班级编号, 家庭住址, 邮编, 备注
FROM    学生表
WHERE   (出生日期 <> '1994-05-02')
```

	学号	姓名	性别	出生日期
▸	01201401001	秦伊诺	女	1995-10-08 00:00:00.000
	01201401003	李小飞	男	1996-12-21 00:00:00.000
	01201401004	赵文婷	男	1995-08-15 00:00:00.000
*	NULL	NULL	NULL	NULL

图 6-22　条件语句中的比较运算符语句之案例三

（2）模式匹配符（判断值是否与指定的字符通配格式相符）LIKE、NOT LIKE

常用于模糊查找，它判断列值是否与指定的字符串格式相匹配。可用于 char、varchar、text、ntext、datetime 和 smalldatetime 等类型查询。可使用以下通配符：百分号“%”可匹配任意类型和长度的字符，如果是中文，请使用两个百分号即“%%”。如：

```
SELECT * FROM 课程表 WHERE (课程名称 LIKE '英语%')
```

查询结果如图 6-23 所示。

```
SELECT  课程编号, 课程名称, 课程类型, 课程描述
FROM    课程表
WHERE   (课程名称 LIKE '英语%')
```

	课程编号	课程名称	课程类型	课程描述
▸	006	英语(1)	考试	大学英语
	007	英语(2)	考试	大学英语
*	NULL	NULL	NULL	NULL

图 6-23　条件语句中的模式匹配语句之案例一

```
SELECT * FROM 课程表 WHERE (课程名称 LIKE '%设计%')
```

查询结果如图 6-24 所示。

```
SELECT * FROM 课程表 WHERE (课程描述 LIKE '%设计%') AND (课程名称 LIKE '%设计%')
```

查询结果如图 6-25 所示。

```
SELECT   课程编号, 课程名称, 课程类型, 课程描述
FROM     课程表
WHERE    (课程名称 LIKE '%设计%')
```

	课程编号	课程名称	课程类型	课程描述
▶	002	网页设计与制作	考试	基于ASP.NET...
	003	Java程序设计	考试	基本JAVA的应...
*	NULL	NULL	NULL	NULL

图 6-24　条件语句中的模式匹配语句之案例二

```
SELECT   课程编号, 课程名称, 课程类型, 课程描述
FROM     课程表
WHERE    (课程描述 LIKE '%设计%') AND (课程名称 LIKE '%设计%')
```

	课程编号	课程名称	课程类型	课程描述
▶	002	网页设计与制作	考试	基于ASP.NET的网页设计与制作
*	NULL	NULL	NULL	NULL

图 6-25　条件语句中的模式匹配语句之案例三

（3）空值判断符（判断表达式是否为空）：IS NULL、NOT IS NULL

```
SELECT * FROM 班级表 WHERE (院系编号 IS NOT NULL)
```

原表如图 6-26 所示。

	班级编号	班级名称	院系编号
	01201401	14级计算机应用技术	01
	01201402	14级计算机网络技术	01
	01201403	14级图形图像制作	01
▶	01201404	14级电子信息技术	01
	01201405	14级水利水电工程	NULL
*	NULL	NULL	NULL

图 6-26　有空值的原表

查询结果如图 6-27 所示。

```
SELECT   班级编号, 班级名称, 院系编号
FROM     班级表
WHERE    (院系编号 IS NOT NULL)
```

	班级编号	班级名称	院系编号
▶	01201401	14级计算机应...	01
	01201402	14级计算机网...	01
	01201403	14级图形图像...	01
	01201404	14级电子信息...	01
*	NULL	NULL	NULL

图 6-27　剔除空值的表

（4）逻辑运算符（用于多条件的逻辑连接）：NOT、AND、OR 逻辑运算符；优先级依次为 NOT、AND、OR

如对教室编号在 6 以内而且为“考试”课的课程查询，SQL 语句为：

```
SELECT 课程编号, 课程名称, 课程类型, 课程描述 FROM 课程表 WHERE (课程类型 = '考试') AND (课程编号< '006')
```

查询结果如图 6-28 所示。

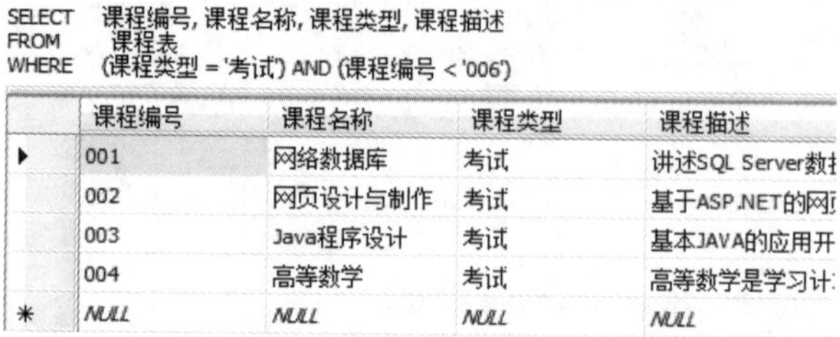

```
SELECT   课程编号, 课程名称, 课程类型, 课程描述
FROM     课程表
WHERE    (课程类型 = '考试') AND (课程编号 < '006')
```

	课程编号	课程名称	课程类型	课程描述
▶	001	网络数据库	考试	讲述SQL Server数扌
	002	网页设计与制作	考试	基于ASP.NET的网页
	003	Java程序设计	考试	基本JAVA的应用开
	004	高等数学	考试	高等数学是学习计
*	NULL	NULL	NULL	NULL

图 6-28　条件语句中的逻辑运算符之案例一

如对课程类型是“考试”或者在课程描述中包含“大学”字样的课程进行查询，SQL 语句：

为 SELECT 课程编号, 课程名称, 课程类型, 课程描述 FROM 课程表 WHERE(课程类型 = '考试') OR (课程描述 LIKE '%大学%')

查询结果如图 6-29 所示。

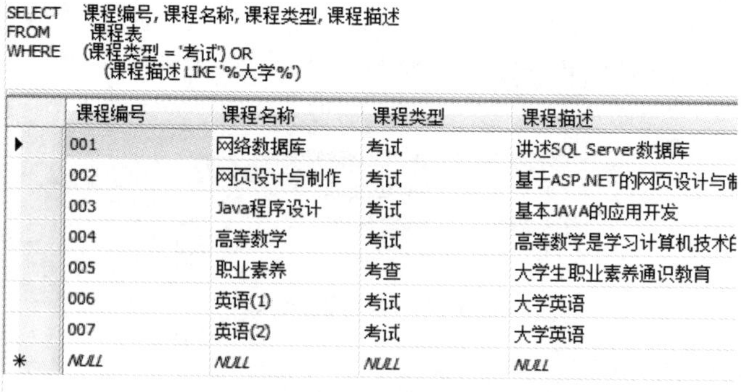

```
SELECT   课程编号, 课程名称, 课程类型, 课程描述
FROM     课程表
WHERE    (课程类型 = '考试') OR
           (课程描述 LIKE '%大学%')
```

	课程编号	课程名称	课程类型	课程描述
▶	001	网络数据库	考试	讲述SQL Server数据库
	002	网页设计与制作	考试	基于ASP.NET的网页设计与制
	003	Java程序设计	考试	基本JAVA的应用开发
	004	高等数学	考试	高等数学是学习计算机技术的
	005	职业素养	考查	大学生职业素养通识教育
	006	英语(1)	考试	大学英语
	007	英语(2)	考试	大学英语
*	NULL	NULL	NULL	NULL

图 6-29　条件语句中的逻辑运算符之案例二

如对课程表中课程描述包含“大学”字样，课程类型为“考试”的课程进行查询，SQL 代码为：

SLECT 课程编号, 课程名称, 课程类型, 课程描述 FROM 课程表 WHERE (课程类型 ='考试') AND (课程描述 LIKE '%大学%')

查询结果如图 6-30 所示。

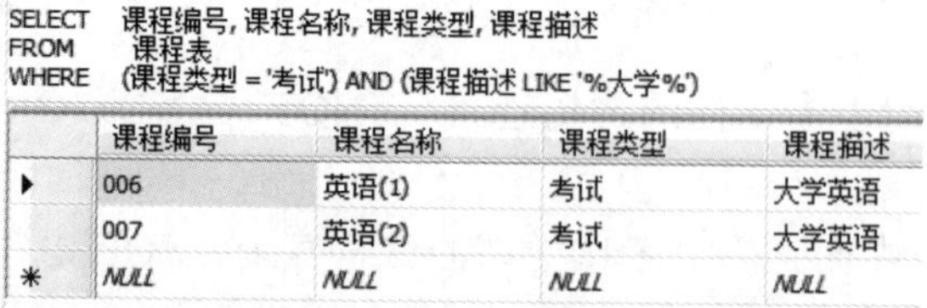

```
SELECT   课程编号, 课程名称, 课程类型, 课程描述
FROM     课程表
WHERE    (课程类型 = '考试') AND (课程描述 LIKE '%大学%')
```

	课程编号	课程名称	课程类型	课程描述
▶	006	英语(1)	考试	大学英语
	007	英语(2)	考试	大学英语
*	NULL	NULL	NULL	NULL

图 6-30　条件语句中的逻辑运算符之案例三

4. 查询结果排序

使用 ORDER BY 子句对查询返回的结果按一列或多列排序。ORDER BY 子句的语法格式为：

```
ORDER BY {column_name [ASC|DESC]} [,…n]
```

其中 ASC 表示升序，为默认值，DESC 表示降序。ORDER BY 不能按 ntext、text 和 image 数据类型进行排序。例如：

```
SELECT * FROM 学生表 ORDER BY 学号,出生日期
```

或者

```
SELECT * FROM 学生表 ORDER BY 学号 Asc,出生日期 Asc
```

查询结果如图 6-31 所示。

```
SELECT   学号, 姓名, 性别, 出生日期, 政治面貌, 班级编号, 家庭住址, 邮编, 备注
FROM     学生表
ORDER BY 学号, 出生日期
```

	学号	姓名	性别	出生日期	政治面貌
▶	01201401001	秦伊诺	女	1995-10-08 00:00:00.000	团员
	01201401002	张航	男	1994-05-02 00:00:00.000	团员
	01201401003	李小飞	男	1996-12-21 00:00:00.000	团员
	01201401004	赵文婷	男	1995-08-15 00:00:00.000	团员
*	NULL	NULL	NULL	NULL	NULL

图 6-31 查询结果排序之案例一

如果将 SQL 语句改为：

```
SELECT * FROM 学生表 ORDER BY 学号 Desc,出生日期 Desc
```

则查询结果如图 6-32 所示。

```
SELECT   学号, 姓名, 性别, 出生日期, 政治面貌, 班级编号, 家庭住址, 邮编, 备注
FROM     学生表
ORDER BY 学号 DESC, 出生日期 DESC
```

	学号	姓名	性别	出生日期	政治面貌
▶	01201401004	赵文婷	男	1995-08-15 00:00:00.000	团员
	01201401003	李小飞	男	1996-12-21 00:00:00.000	团员
	01201401002	张航	男	1994-05-02 00:00:00.000	团员
	01201401001	秦伊诺	女	1995-10-08 00:00:00.000	团员
*	NULL	NULL	NULL	NULL	NULL

图 6-32 查询结果排序之案例二

如果将 SQL 语句改为：

```
SELECT * FROM 学生表 ORDER BY 出生日期 Asc，学号 Asc
```

则查询结果如图 6-33 所示。

如果将 SQL 语句改为：

```
SELECT * FROM 学生表 ORDER BY 出生日期 Desc，学号 Desc
```

则查询结果如图 6-34 所示。

```
SELECT   学号, 姓名, 性别, 出生日期, 政治面貌, 班级编号, 家庭住址, 邮编, 备注
FROM     学生表
ORDER BY 出生日期, 学号
```

	学号	姓名	性别	出生日期	政治面貌
▸	01201401002	张航	男	1994-05-02 00:00:00.000	团员
	01201401004	赵文婷	男	1995-08-15 00:00:00.000	团员
	01201401001	秦伊诺	女	1995-10-08 00:00:00.000	团员
	01201401003	李小飞	男	1996-12-21 00:00:00.000	团员
*	NULL	NULL	NULL	NULL	NULL

图 6-33　查询结果排序之案例三

```
SELECT   学号, 姓名, 性别, 出生日期, 政治面貌, 班级编号, 家庭住址, 邮编, 备注
FROM     学生表
ORDER BY 出生日期 DESC, 学号 DESC
```

	学号	姓名	性别	出生日期	政治面貌
▸	01201401003	李小飞	男	1996-12-21 00:00:00.000	团员
	01201401001	秦伊诺	女	1995-10-08 00:00:00.000	团员
	01201401004	赵文婷	男	1995-08-15 00:00:00.000	团员
	01201401002	张航	男	1994-05-02 00:00:00.000	团员
*	NULL	NULL	NULL	NULL	NULL

图 6-34　查询结果排序之案例三

任务 2　SELECT 语句的统计查询

6.2.1　相关知识

为了进一步方便用户，增强检索功能，SELECT 语句中的统计功能可以对查询结果集进行求和、求平均值、求最大最小值等操作。统计的方法是通过集合函数和 GROUP BY 等子句的组合来实现。

1．MAX/MIN

MAX 函数返回一列中的最大值。NULL 值不包括在计算中。

MIN 函数返回一列中的最小值。NULL 值不包括在计算中。

MIN 和 MAX 函数也可用于文本列，以获得按字母顺序排列的最高或最低值。

（1）查询学生中最高的分数

```
SELECT MAX(成绩) FROM 成绩表
```

（2）查询学生中最大的年龄（出生日期最大的同学）

```
SELECT MIN(出生日期) FROM 学生表
```

2．CAST

CAST 函数可以将 SQL 中字段类型转换成其他格式，如“CAST(成绩 AS float)”就是将其他格式类型转为数字类型，常用于数字型字符转换成数字以便进行统计。

3．AVG

AVG 函数返回数值列的平均值。

```
SELECT AVG(CAST(成绩 AS float)) AS 平均成绩 FROM 成绩表
```

4．GROUP BY

GROUP BY 语句用于结合集合函数，根据一个或多个列对结果集进行分组，如下面案例就是根据学号分组。

```
SELECT 学号 FROM 成绩表 GROUP BY 学号
```

5．HAVING

HAVING 子句用于对分组设置条件，如下面案例就是只对平均成绩优秀的学生进行统计。

```
SELECT 学号, SUM(CAST(成绩 AS float)) AS 总成绩 FROM 成绩表 GROUP BY 学号 HAVING (AVG(CAST(成绩 AS float)) >= 80)
```

6．SUM

SUM 函数查询某列的合计值。如下面案例查询每位学生成绩各科的总分。

```
SELECT 学号, SUM(CAST(成绩 AS float)) AS 总成绩 FROM 成绩表 GROUP BY 学号
```

7．COUNT

COUNT() 函数返回匹配指定条件的行数。如下面案例查询学生总人数：

```
SELECT COUNT(学号) FROM 学生表
```

6.2.2 任务实施

按照任务 1 中的任务实施步骤进入 T-SQL 编写界面，在右上角输入如下的 T-SQL 语句后，单击工具栏中的“！”按钮进行统计查询。

1. 最大值最小值的统计查询

```
SELECT 学号, MAX(成绩) AS 最高成绩 FROM 成绩表 GROUP BY 学号
```

则查询结果能找到学生各学科中最高成绩，如图 6-35 所示。

```
SELECT   学号, MAX(成绩) AS 最高成绩
FROM     成绩表
GROUP BY 学号
```

学号	最高成绩
01201401001	90
01201401002	90
01201401003	90
01201401004	90

图 6-35　最大值的统计

2. 平均值的统计查询

```
SELECT 学号,AVG(CAST(成绩 AS float)) AS 平均成绩 FROM 成绩表 GROUP BY 学号
```

则查询结果能统计出学生各学科的平均成绩，如图 6-36 所示。

3. 累计值的统计查询

```
SELECT 学号,SUM(CAST(成绩 AS float)) AS 总成绩 FROM 成绩表 GROUP BY 学号
```

则查询结果能统计出学生各学科全部总成绩，如图 6-37 所示。

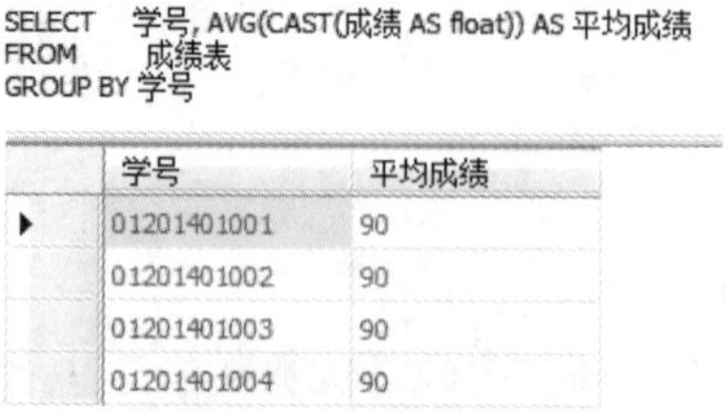

```
SELECT   学号, AVG(CAST(成绩 AS float)) AS 平均成绩
FROM     成绩表
GROUP BY 学号
```

学号	平均成绩
01201401001	90
01201401002	90
01201401003	90
01201401004	90

图 6-36　平均值的统计

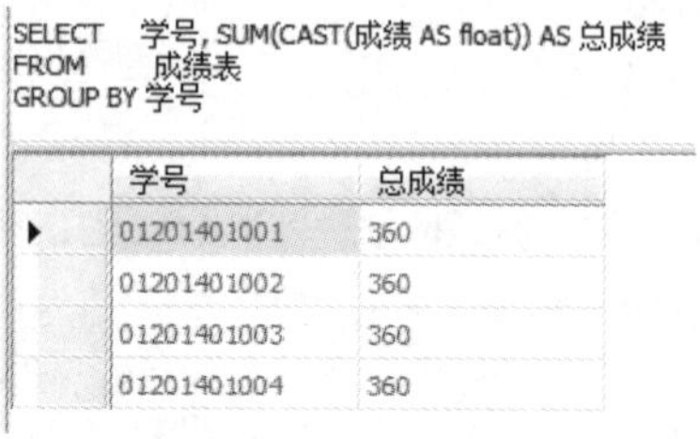

```
SELECT   学号, SUM(CAST(成绩 AS float)) AS 总成绩
FROM     成绩表
GROUP BY 学号
```

学号	总成绩
01201401001	360
01201401002	360
01201401003	360
01201401004	360

图 6-37　累计值的统计

4. 项目数的统计查询

```
SELECT 课程编号 COUNT(课程编号) AS 已经录入的人数 FROM 成绩表 GROUP BY 课程编号
```

则查询结果能统计出学生各科成绩已经录入的人数，如图 6-38 所示。

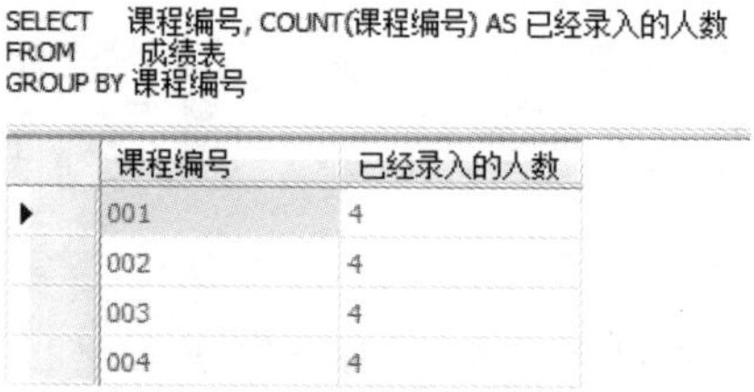

```
SELECT   课程编号, COUNT(课程编号) AS 已经录入的人数
FROM     成绩表
GROUP BY 课程编号
```

课程编号	已经录入的人数
001	4
002	4
003	4
004	4

图 6-38　项目数的统计

任务 3　SELECT 语句中的多表连接

6.3.1　相关知识

连接查询是关系数据库中最主要的查询方式。前面介绍的查询都是针对一张表进行的，但在实际工作中，所查询的内容往往涉及多张表。连接查询的目的是通过加载连接的字段条件将多个表连接起来，以便从多个表中检索用户所需要的数据。在 SQL Server 中连接查询类型分为交叉连接、内连接、外连接和自连接。连接查询就是关系运算的连接运算，它从多个数据源间查询满足一定条件的记录。

1. 交叉连接

交叉连接也称非限制连接，它是将两个表不加任何约束地组合起来。也就是将第一个表的所有行分别和第二个表的每一行形成一条新的记录，连接后该结果集的行数等于两个表的行数积，列数等于两个表的列数和。在数学上，就是两个表的笛卡尔积，在实际应用中一般是没有

意义的，但在数据库的数学模型上有重要的作用。其语法结构如下：

```
Select 列名列表 from 表名 1 cross join 表名 2
```

或

```
Select 列名列表 from 表名 1, 表名 2
```

2. 内连接

内连接也称自然连接，它是组合两个表的常用方法。内连接就是只包含满足连接条件的数据行，是交叉连接结果集按照连接条件进行过滤的结果。连接条件通常采用“主键=外键”的形式。内连接有以下两种语法格式：

```
Select 列名列表 from 表名 1 [inner] join 表名 2 on 表名 1.列名=表名 2.列名
```

或

```
Select 列名列表 from 表名 1 [inner] join 表名 2 where 表名 1.列名=表名 2.列名
```

3. 外连接

在自然连接中，只有在两个表中匹配的才能在结果集合中出现。而在外连接中可以只限制一个表，而对另一个表不加限制（即另一个表中所有行都出现在结果中）。

外连接分为左外连接、右外连接和全外连接。

（1）左外连接

左外连接是对连接条件中左边表不加限制，其语法格式如下：

```
Select 列名列表 from 表名 1 as A left [outer] join 表名 2 as B on A.列名=B.列名
```

（2）右外连接

右外连接是对连接条件中右边表不加限制，其语法格式如下：

```
Select 列名列表 from 表名 1 as A right [outer] join 表名 2 as B on A.列名=B.列名
```

（3）全外连接

全外连接是对两个表都不加限制，其语法格式如下：

```
Select 列名列表 from 表名 1 as A full [outer] join 表名 2 as B on A.列名=B.列名
```

4. 自连接

不仅可以在不同的表上进行操作，也可以在同一张表内进行自身连接，即将同一个表的不同行连接起来。自连接可以看作一张表的两个副本之间的连接。表名在 from 子句中出现两次，必须对表指定不同的别名进行限制，使之在逻辑上形成两张表。

5. 合并查询

合并查询也称联合查询，是将两个或两个以上的查询结果合并，形成一个具有综合信息的查询结果。采用 UNION 运算符可以将两个或两个以上 SELECT 语句的查询结果集合合并成一个结果集合显示，即执行联合查询。

UNION 的语法格式为：

```
select_statement UNION [ALL] selectstatement [UNION [ALL] selectstatement][…n]
```

其中：selectstatement 为待联合的 SELECT 查询语句。ALL 选项表示将所有行合并到结果集合中，不指定该项时，联合查询结果集合中的重复行将只保留一行。进行联合查询时，查询结果的列标题为第一个查询语句的列标题。因此，要定义列标题必须在第一个查询语句中定义。要对联合查询结果排序时，也必须使用第一个查询语句中的列名、列标题或者列序号。

在使用 UNION 运算符时，应保证每个联合查询语句的选择列表中有相同数量的表达式，并且每个查询选择表达式应具有相同的数据类型，或是可以自动转换为相同的数据类型。在自动转换时，对于数值类型，系统将低精度的数据类型转换为高精度的数据类型。

在包括多个查询的 UNION 语句中，其执行顺序是自左至右，使用括号可以改变这一执行顺序。例如：

```
查询 1 UNION   查询 2   UNION 查询 3
```

UNION ALL 选项也是要将两个 SQL 语句的结果合并在一起。UNION ALL 和 UNION 的不同之处在于 UNION ALL 会将每一笔符合条件的资料都列出来，无论有无重复。

UNION ALL 的语法如下：

```
[SQL 语句 1]
UNION ALL
[SQL 语句 2]
```

6.3.2 任务实施

按照任务 1 中的任务实施步骤进入 SQL 可输入界面，在右上角输入如下语句后，单击工具栏中的“！”按钮进行统计查询

1. 交叉连接查询

我们将学生表和院系表进行交叉查询，输入如下 SQL 代码：

```
SELECT 学生表.姓名, 学生表.学号, 院系表.院系编号, 院系表.院系名称 FROM 学生表 CROSS JOIN 院系表
```

查询结果如图 6-39 所示。

2. 内连接查询

我们将学生表和院系表进行内连接查询，输入如下 SQL 代码：

```
SELECT 学生表.姓名, 学生表.学号, 班级表.班级名称, 班级表.班级编号,班级表.院系编号 FROM 学生表,班级表 where  学生表.班级编号=班级表.班级编号
```

查询结果如图 6-40 所示。

3. 外连接

我们将班级表和学生表进行左外连接查询，输入如下 SQL 代码：

```
SELECT 班级表.班级名称, 班级表.班级编号, 班级表.院系编号, 学生表.姓名, 学生表.学号 FROM 班级表 LEFT OUTER JOIN  学生表 ON 学生表.班级编号 = 班级表.班级编号
```

查询结果如图 6-41 所示。

```
SELECT   学生表.姓名, 学生表.学号, 院系表.院系编号, 院系表.院系名称
FROM     学生表 CROSS JOIN
           院系表
```

	姓名	学号	院系编号	院系名称
▶	秦伊诺	01201401001	01	计算机科学系
	张航	01201401002	01	计算机科学系
	李小飞	01201401003	01	计算机科学系
	赵文婷	01201401004	01	计算机科学系
	秦伊诺	01201401001	02	规划设计系
	张航	01201401002	02	规划设计系
	李小飞	01201401003	02	规划设计系
	赵文婷	01201401004	02	规划设计系
	秦伊诺	01201401001	03	外语系
	张航	01201401002	03	外语系
	李小飞	01201401003	03	外语系
	赵文婷	01201401004	03	外语系
	秦伊诺	01201401001	04	管理系
	张航	01201401002	04	管理系
	李小飞	01201401003	04	管理系
	赵文婷	01201401004	04	管理系

图 6-39　交叉查询案例

```
SELECT   学生表.姓名, 学生表.学号, 班级表.班级名称, 班级表.班级编号, 班级表.院系编号
FROM     学生表 INNER JOIN
           班级表 ON 学生表.班级编号 = 班级表.班级编号
```

	姓名	学号	班级名称	班级编号	院系编号
▶	秦伊诺	01201401001	14级计算机应…	01201401	01
	张航	01201401002	14级计算机应…	01201401	01
	李小飞	01201401003	14级计算机应…	01201401	01
	赵文婷	01201401004	14级计算机应…	01201401	01

图 6-40　内部连接查询案例

```
SELECT   班级表.班级名称, 班级表.班级编号, 班级表.院系编号, 学生表.姓名, 学生表.学号
FROM     班级表 LEFT OUTER JOIN
           学生表 ON 学生表.班级编号 = 班级表.班级编号
```

	班级名称	班级编号	院系编号	姓名	学号
▶	14级计算机应用技术	01201401	01	秦伊诺	01201401001
	14级计算机应用技术	01201401	01	张航	01201401002
	14级计算机应用技术	01201401	01	李小飞	01201401003
	14级计算机应用技术	01201401	01	赵文婷	01201401004
	14级计算机网络技术	01201402	01	NULL	NULL
	14级图形图像制作	01201403	01	NULL	NULL
	14级电子信息技术	01201404	01	NULL	NULL
	14级水利水电工程	01201405	NULL	NULL	NULL

图 6-41　外连接查询案例一

我们将班级表和学生表进行右外连接查询，输入如下的 SQL 代码：

```
SELECT 班级表.班级名称, 班级表.班级编号, 班级表.院系编号, 学生表.姓名, 学生表.学号 FROM 班级表 RIGHT OUTER JOIN  学生表 ON 学生表.班级编号 = 班级表.班级编号
```

查询结果如图 6-42 所示。

```
SELECT   班级表.班级名称, 班级表.班级编号, 班级表.院系编号, 学生表.姓名, 学生表.学号
FROM     班级表 RIGHT OUTER JOIN
           学生表 ON 学生表.班级编号 = 班级表.班级编号
```

班级名称	班级编号	院系编号	姓名	学号
14级计算机应用技术	01201401	01	秦伊诺	01201401001
14级计算机应用技术	01201401	01	张航	01201401002
14级计算机应用技术	01201401	01	李小飞	01201401003
14级计算机应用技术	01201401	01	赵文婷	01201401004

图 6-42　外连接查询案例二

我们将班级表和学生表进行全外连接查询，输入如下 T-SQL 代码：

```
SELECT 班级表.班级名称, 班级表.班级编号, 班级表.院系编号, 学生表.姓名, 学生表.学号 FROM 班级表 FULL OUTER JOIN  学生表 ON 学生表.班级编号 = 班级表.班级编号
```

查询结果如图 6-43 所示。

```
SELECT   班级表.班级名称, 班级表.班级编号, 班级表.院系编号, 学生表.姓名, 学生表.学号
FROM     班级表 FULL OUTER JOIN
           学生表 ON 学生表.班级编号 = 班级表.班级编号
```

班级名称	班级编号	院系编号	姓名	学号
14级计算机应用技术	01201401	01	秦伊诺	01201401001
14级计算机应用技术	01201401	01	张航	01201401002
14级计算机应用技术	01201401	01	李小飞	01201401003
14级计算机应用技术	01201401	01	赵文婷	01201401004
14级计算机网络技术	01201402	01	NULL	NULL
14级图形图像制作	01201403	01	NULL	NULL
14级电子信息技术	01201404	01	NULL	NULL
14级水利水电工程	01201405	NULL	NULL	NULL

图 6-43　外连接查询案例三

4. 联合查询

联合查询要求表结构相同，在实现这个任务前我们需要提供相同结构的表或视图，本任务采用自己创建的两个结构相同的视图（可参考视图相关章节）。

步骤 1：参考任务 1 中的任务实施步骤登录 Management Studio。

步骤 2：单击数据库栏目中的 Student 数据库中的视图，用鼠标右键单击打开新建视图。

步骤 3：弹出选择窗口，选择关联表为学生表，然后单击“添加”按钮。

步骤 4：在右下输入如下代码“SELECT * WHERE (性别 = '男')”，并单击工具栏中的执行按钮“!”，退出时另存为视图“男同学”，如图 6-44 所示。

步骤 5：重复步骤 2 和步骤 3，在右下输入如下代码“SELECT * WHERE (性别 = '女')”，并单击工具栏中的执行按钮“!”，退出时另存为视图“女同学”，如图 6-45 所示。

学号	姓名	性别	出生日期	政治面貌
01201401002	张航	男	1994-05-02 00:0...	团员
01201401003	李小飞	男	1996-12-21 00:0...	团员
01201401004	赵文婷	男	1995-08-15 00:0...	团员

图 6-44　联合查询的视图一

学号	姓名	性别	出生日期	政治面貌
01201401001	秦伊诺	女	1995-10-08 00:0...	团员
NULL	NULL	NULL	NULL	NULL

图 6-45　联合查询的视图二

步骤 6：单击数据库栏目中的 Student 数据库中的视图，找到“男同学”视图或“女同学”视图并打开，然后单击工具栏中的 SQL 按钮，在右上角编写 SQL 代码“Select * from (Select * from 男同学 union all Select * from 女同学)”，编写完后单击工具栏中的“！”按钮即可执行并查看运行结果，如图 6-46 所示。结果是将 2 个分开的表重新合并成同样的学生表。

```
SELECT    学号, 姓名, 性别, 出生日期, 政治面貌, 班级编号, 家庭住址, 邮编, 备注
FROM      (SELECT    学号, 姓名, 性别, 出生日期, 政治面貌, 班级编号, 家庭住址, 邮编, 备注
              FROM        男同学
              UNION ALL
              SELECT    学号, 姓名, 性别, 出生日期, 政治面貌, 班级编号, 家庭住址, 邮编, 备注
              FROM        女同学) AS derivedtbl_1
```

学号	姓名	性别	出生日期	政治面貌	班级编号
01201401002	张航	男	1994-05-02 00:0...	团员	01201401
01201401003	李小飞	男	1996-12-21 00:0...	团员	01201401
01201401004	赵文婷	男	1995-08-15 00:0...	团员	01201401
01201401001	秦伊诺	女	1995-10-08 00:0...	团员	01201401

图 6-46　联合查询结果

任务 4　子查询

6.4.1　相关知识

在 SQL 中，一个 SELECT…FROM…WHERE 语句称为一个查询块。将一个查询块嵌套在另一个查询块的 WHERE 子句或 HAVING 子句的条件中的查询称为子查询。子查询总是写在圆括号中，可以出现在使用表达式的任何地方。上层的查询块称为外层查询或父查询，下层的查询块称为内查询或子查询。SQL 允许多层嵌套查询，即子查询中还可以嵌套其他子查询。但子查询的 SELECT 语句中不能使用 ORDER BY 子句，ORDER BY 子句只能对最终查询结果排序。

1. 嵌套子查询

嵌套子查询的执行不依赖于外层嵌套。其一般的求解方法是由里向外处理。即每个子查询

在上一级查询处理之前求解，子查询的结果用于建立其父查询的查询条件。

（1）比较测试中的子查询

比较测试中的子查询是指父查询与子查询之间用比较运算符进行连接。但是用户必须确切知道子查询返回的一个单值，否则数据库服务器将报错。返回的单个值被外部查询的比较操作使用，该值可以是子查询中使用集合函数得到的值。

（2）集合成员测试中的子查询

集合成员测试中的子查询是指将父查询与子查询之间用 IN 或 NOT IN 进行连接，用于判断某个属性列值是否在子查询的结果中，通常子查询的结果是一个集合。IN 表示属于，即外层查询中用于判断的表达式的值与子查询返回的值列表中的一个值相等；NOT IN 表示不属于。

（3）批量比较测试中的子查询

①使用 ANY 关键字的比较测试

用比较运算符将一个表达式的值或列值与子查询返回的一列值中的每个值进行比较，只要有一次比较的结果为 TRUE，则 ANY 测试返回 TRUE。

②使用 ALL 关键字的比较测试

用比较运算符将一个表达式的值或列值与子查询返回的一列值中的每个值进行比较，只要有一次比较的结果为 FALSE，则 ALL 测试返回 FALSE。

ANY 和 ALL 都是用于一个值与一组值的比较，以“>”为例，ANY 表示大于一组值中的任意一个值，ALL 表示大于一组值中的每个值。比如，>ANY(1,2,3)表示大于 1，而>ALL(1,2,3)表示大于 3。

2. 相关子查询

所谓相关子查询是指在子查询中，子查询的查询条件引用了外层查询表中的字段值。相关子查询的结果集取决于外部查询当前的数据行，这一点与嵌套子查询不同。嵌套子查询和相关子查询在执行方式上也有不同。嵌套子查询的执行顺序是先内后外，即先执行子查询，然后将子查询的结果作为外层查询的查询条件的值。而在相关子查询中，首先选取外层查询表中的第一行记录，内层的子查询则利用此行中相关的字段值进行查询，然后回到外层查询结果集中。重复这一过程，直到处理完外层查询表中的每一行记录。通过对相关子查询执行过程的分析可知，相关子查询的执行次数是由外层查询的行数决定的。

相关子查询的执行过程如下。

①外层查询每查询一行，子查询即引用外层查询的当前值完整地执行一遍。

②如果子查询有结果行存在，则外层查询结果集中返回当前查询的记录。

③再回到步骤①，直到处理完外层查询表的每一行。

6.4.2 任务实施

按照任务 1 中的任务实施步骤进入 SQL 可输入界面，在右上角输入如下语句后，单击工具栏中的“!”按钮进行统计查询。

1. 求平均成绩不小于 90 的学生名单和相关信息

输入如下 SQL 代码：

```
SELECT * FROM 学生表 WHERE (学号 IN (SELECT 学号 FROM 成绩表 GROUP BY 学号 HAVING (AVG(CAST(成绩 AS float)) >= 90)))
```

查询结果如图 6-47 所示。

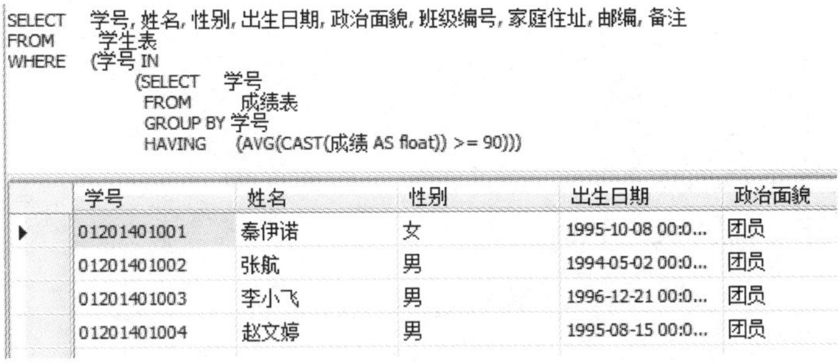

```
SELECT   学号, 姓名, 性别, 出生日期, 政治面貌, 班级编号, 家庭住址, 邮编, 备注
FROM     学生表
WHERE    (学号 IN
            (SELECT  学号
             FROM      成绩表
             GROUP BY 学号
             HAVING    (AVG(CAST(成绩 AS float)) >= 90)))
```

	学号	姓名	性别	出生日期	政治面貌
▶	01201401001	秦伊诺	女	1995-10-08 00:0...	团员
	01201401002	张航	男	1994-05-02 00:0...	团员
	01201401003	李小飞	男	1996-12-21 00:0...	团员
	01201401004	赵文婷	男	1995-08-15 00:0...	团员

图 6-47 嵌套子查询案例一

2. 找出年龄最大的学生和相关信息

输入如下 SQL 代码：

```
SELECT * FROM 学生表 WHERE (出生日期<= ALL (SELECT 出生日期 FROM 学生表 AS 学生表_1))
```

查询结果如图 6-48 所示。

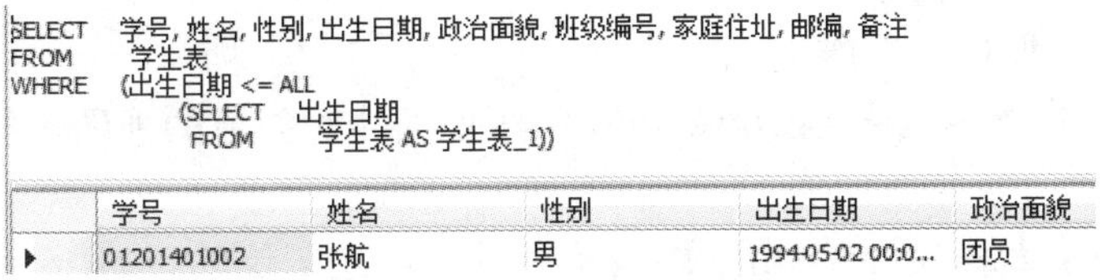

```
SELECT   学号, 姓名, 性别, 出生日期, 政治面貌, 班级编号, 家庭住址, 邮编, 备注
FROM     学生表
WHERE    (出生日期 <= ALL
            (SELECT  出生日期
             FROM      学生表 AS 学生表_1))
```

	学号	姓名	性别	出生日期	政治面貌
▶	01201401002	张航	男	1994-05-02 00:0...	团员

图 6-48 嵌套子查询案例二

这种案例很多，我们不一一详细列举。SELECT 子集是可以独立运行和调试的，只有运行通过才能把运行的子集结果进一步提供给父一级服务。根据项目需要也可以形成多级嵌套。

项目小结

本项目主要介绍数据查询，包括单表查询和多表连接查询。本项目内容为课程教学的重点内容，也是必须熟练掌握的内容。下面列出了 SELECT 语句的完整语法：

```
SELECT[ALL|DISTINCT|DISTINCTROW|TOP]
{*|talbe.*|[table.]field1[AS alias1][,[table.]field2[AS alias2][,…]]}
FROM tableexpression[,…][IN externaldatabase]
[WHERE…]
```

```
[GROUP BY…]
[HAVING…]
[ORDER BY…]
[WITH OWNERACCESS OPTION]
```

用中括号（[]）括起来的部分表示是可选的，用大括号（{}）括起来的部分表示是必须从中选择其中的一个。

实训项目

附加 Library 数据库到 SQL 平台，并进行如下查询操作。

综合实训 1：书籍信息 book_Info 查询

实训内容：

（1）设置不同作者

（2）设置不同出版社

（3）设置不同刊号

（4）显示顺序按照刊号递减排序

综合实训 2：借书信息 borrow_Info 查询

实训内容：

（1）设置不同的借书日期

（2）设置不同的归还日期

（3）按照归还日期递减排序显示

综合实训 3：针对借书信息 borrow_Info 创建视图并对创建的视图进行联合查询

实训内容：

（1）创建视图 1 为表 borrow_Info 中设置条件为已经归还的

（2）创建视图 2 为表 borrow_Info 中设置条件为没有归还的

（3）对视图 1 和视图 2 进行联合查询并根据书的编号字段“book_No”进行排序

7 视图及其应用

任务 1　视图的概念

相关知识

视图是一种常用的数据库对象，是从一个或者多个数据表或视图中导出的“虚表”，视图的结构和数据是对数据表（基表）进行查询的结果。视图定义后就被存储在数据库中，通过视图看到的数据只是存放在基表中的数据。当通过视图修改数据记录时，修改的是基表中的数据；同时，当基表的数据发生变化时，这种变化也会自动反映到视图中。

1. 视图的概念

视图是基于某个查询结果而生成的“虚表”，同数据表一样，也是由行列组成的，而且在数据操作中，可以像使用表一样使用视图。

2. 视图的分类

在 SQL Server 2008 中主要有三种常用视图，包括标准视图、索引视图和分区视图。

（1）标准视图

将来自一个或多个基表的数据合并为一个新的虚拟表。

（2）索引视图

索引视图已计算并存储起来，为视图创建唯一聚集索引即可建立视图索引。

（3）分区视图

分区视图将分散在一台或多台服务器上的一组表的分区数据横向联接起来。

3. 视图的优点

视图的主要优点包括实现多个表中的查询，在这种情况下，可以将多个表中的数据集中在一个视图中，只通过执行视图查询即可完成复杂的多表查询过程，从而大大简化了数据的查询操作。

表中通常存放的是某个实体的完整信息，如果不想让用户查看表中的有些信息，就可以为该用户创建一个视图，只将允许该用户查看的数据加入视图，并设置权限，使该用户只能访问视图而不能访问表，这样就保护了表中的数据。可以为表和视图分别设置访问权限，二者互不影响，从而提高了表的数据安全性。

在某些情况下，由于表中数据量太大，需要对表中的数据进行水平或者垂直分割，如果直接分割数据表，可能会引起应用程序的错误。使用视图对数据表中的数据进行分块，从而使应用程序仍可以通过视图来重载数据。

有时 SQL Server 数据库需要与其他类型的数据库交换数据，即数据的导入和导出。如果 SQL Server 数据库中的数据存放在多个表中，进行数据交换就比较麻烦。如果将需要交换的数据通过一个视图来集中处理，再将视图中的数据与其他类型数据库中的数据交换，就简化了数据的维护管理。

通过 union 运算，可以将不同 SQL Server 上的表的数据联合查询生成一个结果集，即生成分区视图，通过该视图，可以提高查询效率。

任务 2　视图的创建

7.2.1　相关知识

1. 视图创建的方法

为了创建视图，数据库管理员必须授予创建者创建的权限，视图的创建方式有两种：使用图形工具和使用 T-SQL 语句。

2. 创建的视图的限制

嵌套不能超过 32 层；

- 包含的列不可超过 1024 列；
- 不可使用 COMPUTE、COMPUTE BY 或 INTO；
- 使用 ORDER BY 时，还要同时使用 TOP。

3. 创建视图的语法

使用 T-SQL 的 CREATE VIEW 语句创建视图的语法结构和参数说明如下：

基本语法：

```
CREATE VIEW [schema_name. ]view_name [colum_list]
[ WITH<ENCRYPTION | SCHEMABINDING |VIEW_METADATA> ]
AS
select_statement
[ WITH CHECK OPTION ];
<view_attribute> ::=
{ [ENCRYPTION ]     [SCHEMABINDING ]     [VIEW_METADATA]     }
```

其中：语法中的符号及参数说明如下：

（1）schema_name：视图所属框架名称。

（2）view_name：视图名称。

（3）column_list：视图中各个列使用的名称。

（4）AS：指定视图要执行的操作。

（5）select_statement：定义视图的 SELECT 语句。

（6）WITH CHECK OPTION：强制针对视图执行的所有数据修改语句，都必须符合在 select-statement 中设置的条件。通过视图修改时，WITH CHECK OPTION 可确保提交修改后，认可通过视图看到数据。

（7）ENCRYPTION：对 sys.syscomments 中包含 CREATE VIEW 语句文本的项进行加密。

（8）SCHEMABINDING：将视图绑定到基表的架构。

（9）VIEW_METADATA：指定为引用视图的查询请求浏览模式的元数据时，SQL Server 实例将向 DB-Library、ODBC 和 OLE DB API 返回有关视图的元数据信息，而不返回基表的元数据信息。

7.2.2　任务实施

方法 1：使用 SSMS 管理工具创建视图

步骤 1：在 SQL Server Management Studio 管理工具中展开数据库对象文件夹，选择并展要创建视图的数据库，如 Student。右击“视图”对象，在弹出的快捷菜单中单击“新建视图”命令，如图 7-1 所示。

图 7-1　新建视图窗口

步骤 2：在弹出的“添加表”对话框中，添加基表（按住 Ctrl 键可依次选择多个基表），单击“添加”按钮，若不再添加基表，可以单击“关闭”按钮，如图 7-2 所示，我们选择“班级表”和“学生表”两张表。如不需要某个已选基表可以选择该基表，按 Delete 键移除。

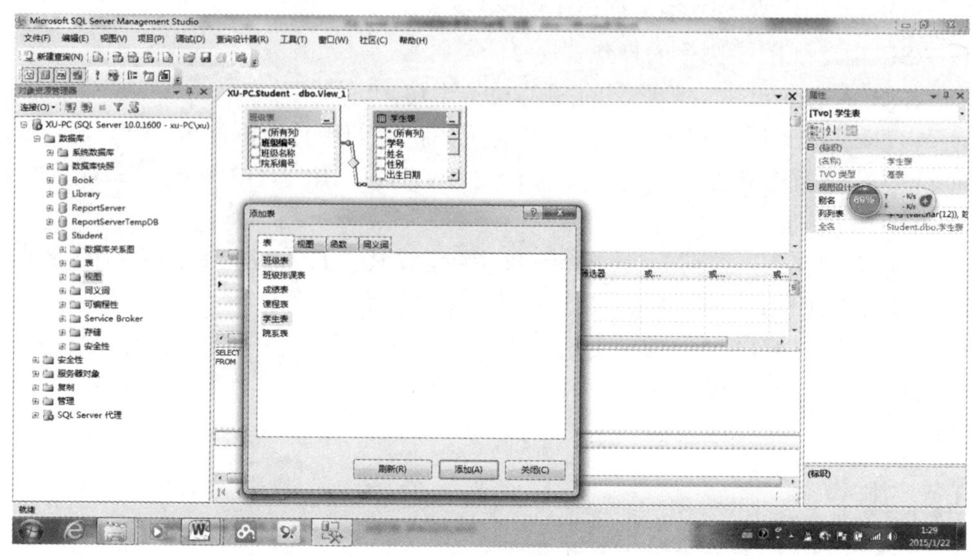

图 7-2　添加表窗口

步骤 3：每个基表列名前的复选框可以设置视图需要的输出字段，并在关系图窗格中进行显示，在条件窗格里还可以设置需要过滤的查询条件，如图 7-3 所示。

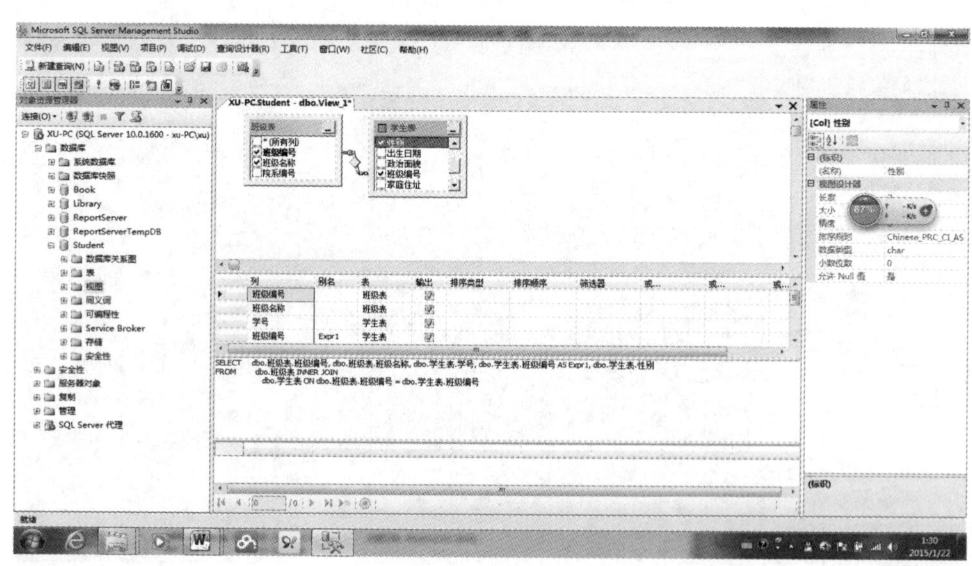

图 7-3　关系图窗格

步骤 4：在关系图窗格中右键单击“执行 SQL”命令，可查看当前视图所包含的数据内容，结果显示在显示结果窗格中，如图 7-4 所示。

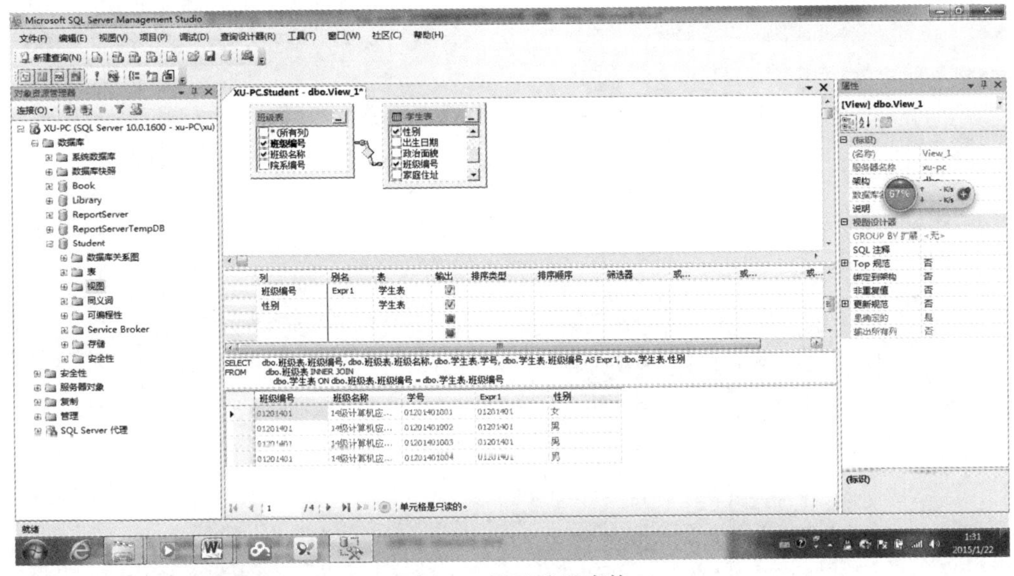

图 7-4 显示结果窗格

步骤 5：单击保存按钮，或选择“文件”|“保存视图”菜单项，在弹出的“选择名称”中输入视图名称“view_班级”，单击“确定”按钮，则完成创建过程。

方法 2：使用 T-SQL 语句创建视图

操作 1：在数据库（Student）中创建一个基于“课程表”的视图“view_课程”，该视图要求输出所有课程的课程名称、课程类型、课程描述，创建语句如下：

```
USE Student
GO
CREATE VIEW view_课程
AS
SELECT 课程名称,课程类型,课程描述 FROM 课程表
GO
```

执行“SELECT * FROM view_课程”语句可以查询视图结果，如图 7-5 所示。

操作 2：在数据库（Student）中创建一个基于“班级表”和“学生表”的视图“班级_view”，要求输出院系编号、班级名称、姓名、性别，创建语句如下：

```
USE Student
GO
CREATE VIEW 班级_view
AS
SELECT 院系编号,班级名称,姓名,性别
```

```
FROM 班级表,学生表
WHERE 班级表.班级编号=学生表.班级编号
GO
```

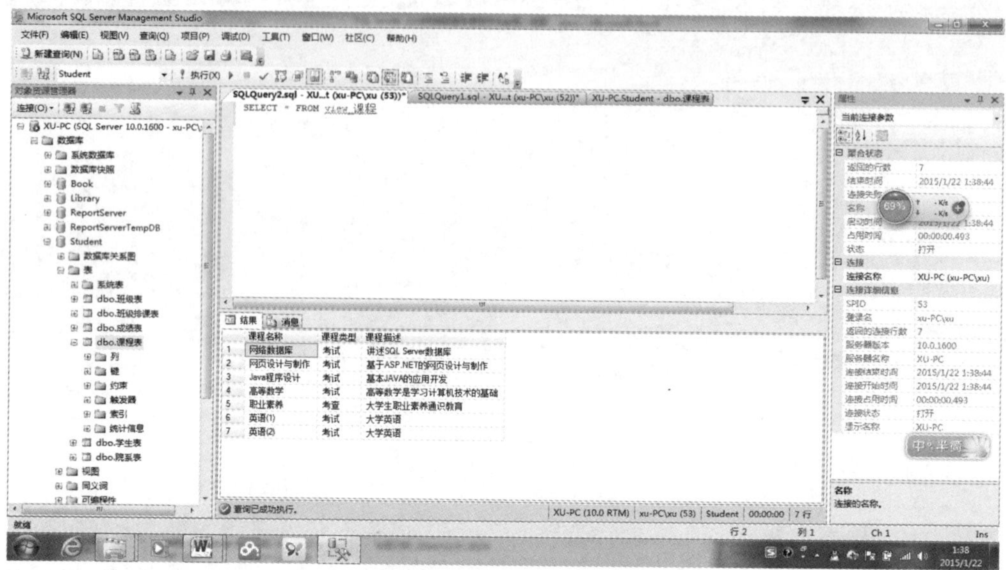

图 7-5 视图查询结果

执行“SELECT * FROM 班级_view”，输出结果如图 7-6 所示。

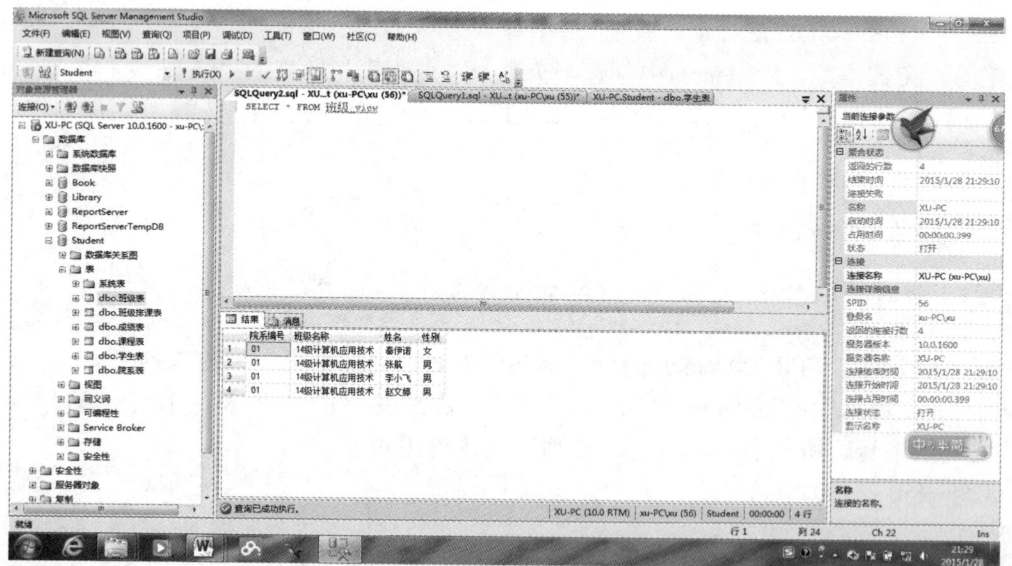

图 7-6 基于多表的视图创建

任务 3 视图的更改与删除

7.3.1 相关知识

1. 视图更改与删除的方法

修改和删除视图也有两种方式：使用 SQL Server Management Studio 管理工具和使用 T-SQL 语句。

2. 视图更改与删除的语法

使用 T-SQL 的 ALTER VIEW 语句修改视图的语法结构和参数说明如下：

基本语法：

```
ALTER VIEW [schema_name. ]View_name [(column [ ,…n]) ]
[ WITH<view_attribute>[ ,…n]   ]
AS
select_statement   [ ; ]
[ WITH CHECK OPTION ]
<view_attribute> ::=
{ [ENCRYPTION ]      [SCHEMABINDING ]    }
```

修改视图后，你可以更改其名称，或者修改其定义，而无需删除再重新创建该视图。删除再重新创建视图将造成与该视图关联的权限丢失。

（1）ALTER VIEW：修改先前创建的视图，包括索引视图。

（2）Schema_name：视图所属架构的名称。

（3）View_name：要更改的视图。

（4）Column：要构成指定视图的一列或多列的名称（用逗号分隔）。

（5）ENCRYPTION：对 sys.syscomment 中包含 ALTER VIEW 语句文本的项进行加密。

（6）SCHEMABINDING：将视图绑定到基表的架构。

（7）AS：指定视图要执行的操作。

（8）VIEW_METADATA：指定 SQL Server 实例将向 DB-Library、ODBC 和 OLE DB API 返回有关视图的元数据信息。

（9）select_statement：定义视图的 SELECT 语句。

（10）WITH CHECK OPTION：强制针对视图执行的所有数据修改语句，都必须符合在 select_statement 中设置的条件。

使用 T-SQL 的 DROP VIEW 语句删除视图的语法结构和参数说明如下：

基本语法：

```
DORP VIEW view_name
```

DROP VIEW 可从当前数据库中删除一个或多个视图。

7.3.2 任务实施

1．视图的更改任务实施

方法 1：使用 SSMS 管理工具创建视图

步骤 1：在 SQL Server Management Studio 中选择要修改的视图后单击右键，选择“设计”可进行相应的视图修改，单击“保存”按钮退出修改，如图 7-7 所示。

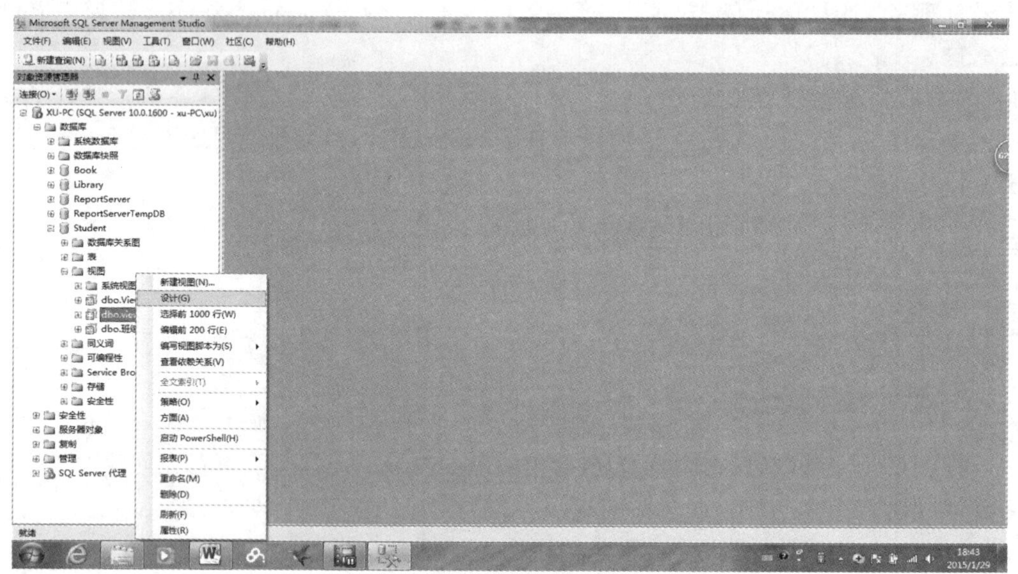

图 7-7　修改视图窗口

方法 2：使用 T-SQL 语句修改视图

修改视图“班级_view”，增加输出学生的出生日期，执行语句如下：

```
ALTER VIEW 班级_view
AS
SELECT 班级名称,院系编号,姓名,性别,出生日期
FROM 班级表,学生表
WHERE 班级表.班级编号=学生表.班级编号
GO
```

执行“SELECT * FROM 班级_view”，输出结果如图 7-8 所示。

2．视图的删除任务实施

方法 1：使用 SSMS 管理工具删除视图

步骤 1：打开 SQL Server Management Studio 管理工具，选择要删除视图的数据库。

步骤 2：单击数据库（Student）下的“视图”节点，选择要删除的视图对象，单击右键，选择“删除”或直接按 Delete 键完成删除操作，如图 7-9 所示。

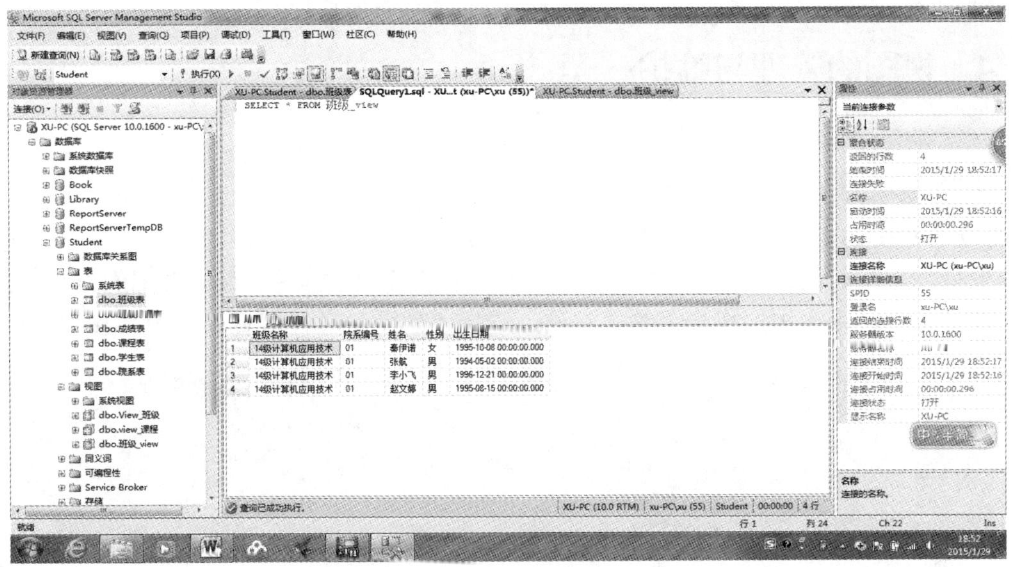

图 7-8　T-SQL 语句修改视图效果图

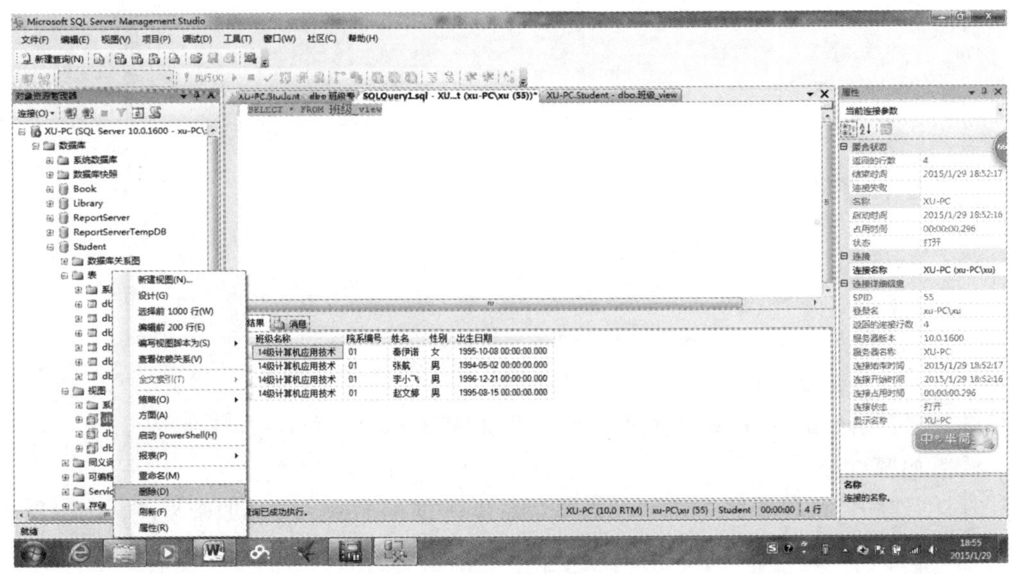

图 7-9　删除视图窗口

方法 2：使用 T-SQL 语句删除视图

如要在数据库中删除“班级_view”视图，需要执行如下语句：

```
DROP VIEW 班级_view
```

刷新视图列表，会发现“班级_view”视图已经被删除。

任务 4　视图的管理与维护

查看视图信息

1. 查看视图的定义信息

如果视图定义时没有加密，那么可以获得有关视图定义的信息，查询视图的方式和查询普通表一样，我们可以在相关视图上单击右键，选择“属性”进行查看，如图 7-10 所示。

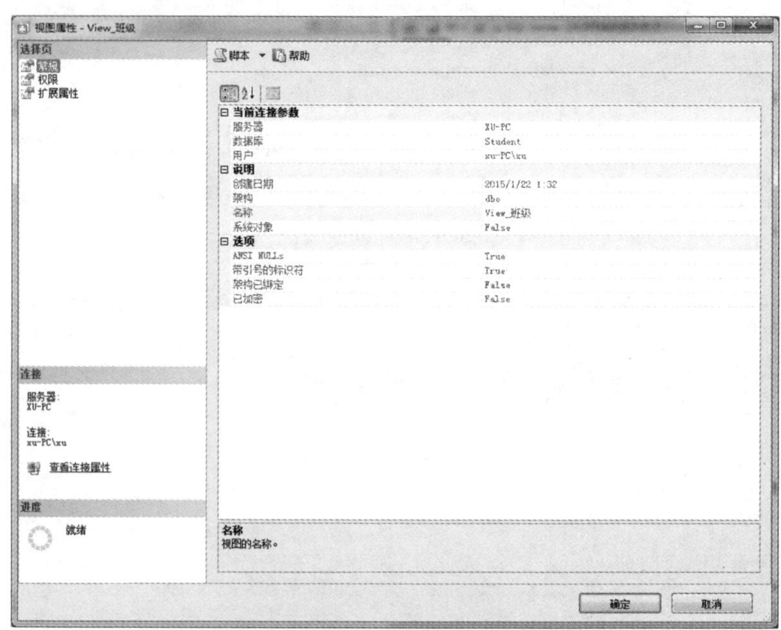

图 7-10　视图属性图

也可以使用“sp_help view_班级”查看视图的基本信息，如图 7-11 所示。

2. 视图加密

视图在创建和修改的过程中，可以选择是否进行视图加密，通过加密视图，可以保护视图创建逻辑，同时防止在 SQL Server 复制过程中发布视图。以下将演示如何创建加密视图。

操作 1：在数据库（Student）中创建一个基于“课程表（course）”的视图“view_课程”，该视图要求输出所有课程的课程名（course_Name），课程类型（course_Type），课程简介（course_Des），并对视图进行加密。创建语句如下：

```
USE Student
GO
CREATE VIEW view_课程
WITH ENCRYPTION
```

```
AS
SELECT 课程名称,课程类型,课程描述 FROM 课程表
GO
```

进行加密的视图图标中将出现一把小锁“ ”，表示视图已经加密。

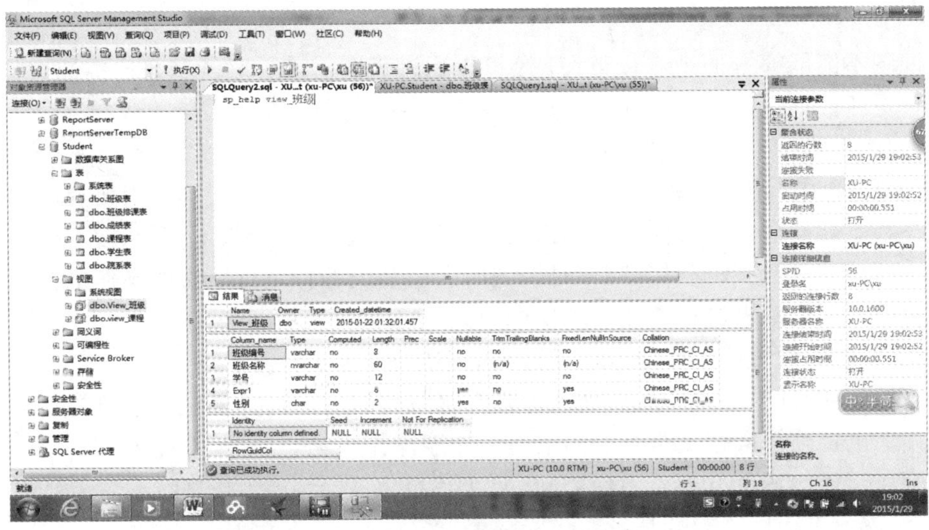

图 7-11 查看视图基本信息

操作 2：使用“sp_helptext”显示加密与未加密视图的文本信息：

在查询编辑器中输入“sp_helptext view_课程”。由于“view_课程”视图为加密，所以显示结果如图 7-12 所示。

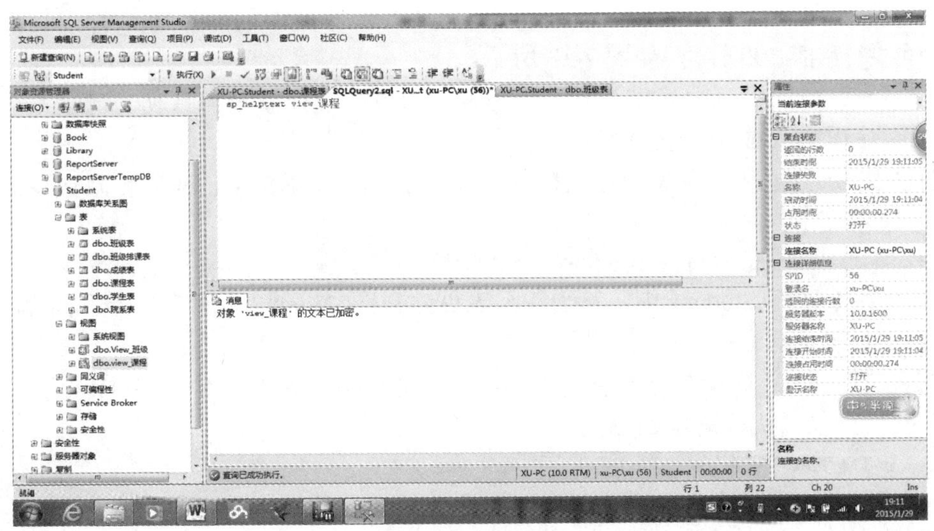

图 7-12 加密视图文本信息窗口

任务 5　视图的使用

7.5.1　相关知识

利用视图不但能够方便地进行查询，还可以通过视图对其关联的基表自由地进行插入、修改、删除和更新数据等操作，但在操作过程中应该注意以下几点：

（1）视图不维护单独的数据副本。

（2）如果视图在定义过程中使用了 WITH CHECK OPTION 子句，则所有在视图上执行的数据修改都必须符合定义视图的 SELECT 语句中所设置的条件。

（3）修改视图中的数据时，应该对视图所引用基表的特定行所做的操作进行修改，不能在一个语句中对多个基表进行修改，每次修改只能影响一个基表。

（4）不能修改通过计算或函数运算得到的字段。

（5）在基表的列中修改的数据必须符合对这些列的约束，如非空、字符等，当进行删除数据操作时，也必须符合相关基表的约束值，才能操作成功。

（6）不能修改 GROUP BY、HAVING 或 DISTINCT 子句影响的列。

（7）对视图更新后将影响基表。

7.5.2　任务实施

1. 插入数据

方法 1：使用 SSMS 管理工具向视图中插入数据

步骤 1：在 SQL Server Management Studio 中展开需要插入记录的数据库中的视图，单击右键，选择“编辑前 200 行”，如图 7-13 所示。

步骤 2：在弹出的窗口中可以对同一个基表中的数据进行插入、修改、删除等操作。

方法 2：使用 T-SQL 语句插入数据

使用视图插入数据和在基表中插入数据一样，都可以用 INSERT 语句来实现，插入数据的操作，基本语法如下：

```
INSERT INTO table_name (列 1, 列 2,...) VALUES (值 1, 值 2,....)
```

操作 1：在数据库 Student 中，基于院系表创建视图“view_院系”，包含院系编号、院系名称、院系主任等信息。

操作 2：在“view_院系”视图中添加一条记录院系编号为“05”，院系名称为“机械系”，院系主任为“方明”。执行语句如下：

```
INSERT INTO View_院系
VALUES ('05','机械系','方明')
```

输出结果如图 7-14 所示。

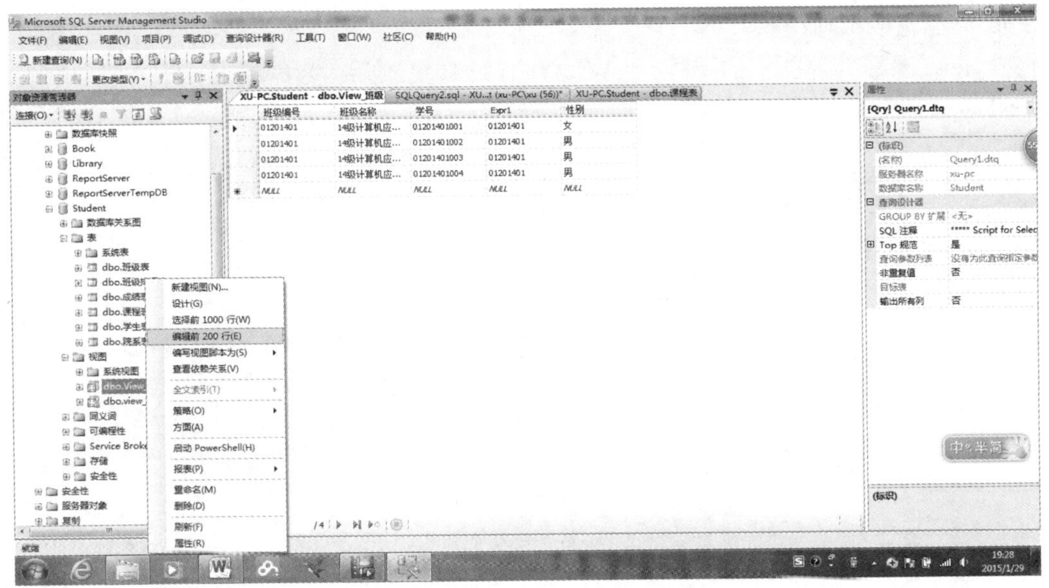

图 7-13　运用管理工具编辑视图数据

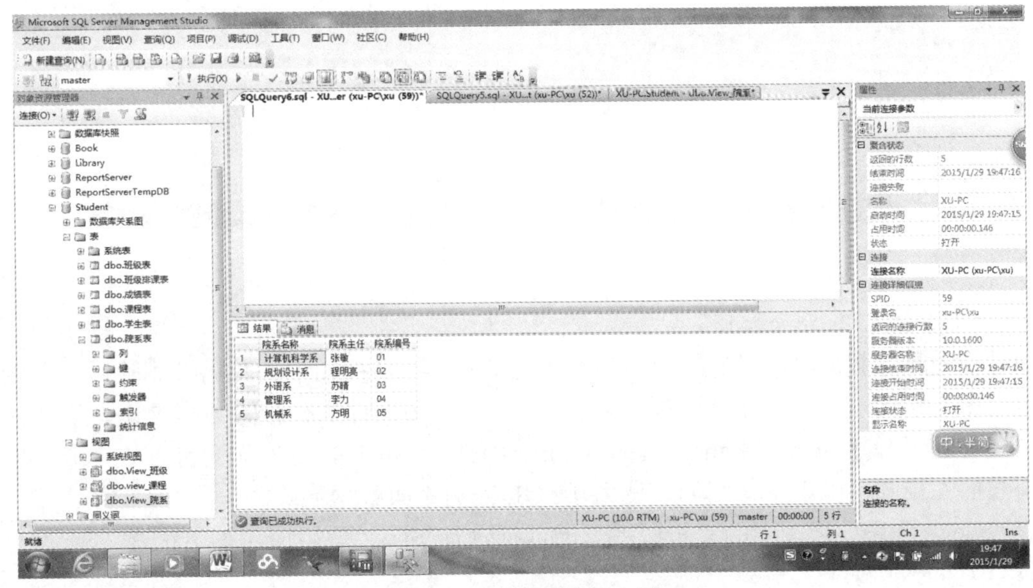

图 7-14　视图信息插入图

2. 使用 UPDATE 更新数据

在视图中更新数据与在基表中更新一样，但是当视图是来自多个基表中的数据时，与插入一样每次只能更新一个基表中的数据。视图的数据更新同样有运用 SQL Server Management Studio 管理工具和 T-SQL 语句两种方式。其中管理工具运用与插入相同，以下将介绍如何使用 T-SQL 语句完成数据更新。

将“view_课程”视图中的课程“Java 程序设计”更改为“C 程序设计”，使用语句如下：

```
use Student
Go
UPDATE view_课程
SET 课程名称 ='C 程序设计'
WHERE 课程名称 ='Java 程序设计'
```

刷新视图，显示输出结果如图 7-15 所示。

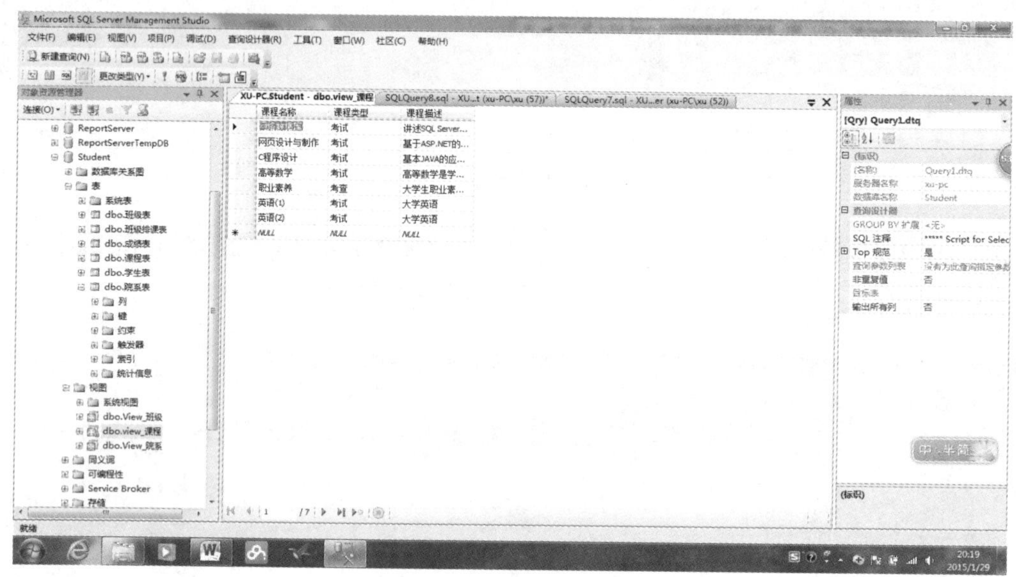

图 7-15 更新视图数据

3. 使用 DELETE 删除数据

通过视图删除数据与通过基表删除数据的方式一样，当视图中的数据被删除后，基表中的数据也被相应删除，同时如果视图基于多个基表时，则不允许执行删除数据操作。视图的数据删除同样有运用 SQL Server Management Studio 管理工具和 T-SQL 语句两种方式。其中管理工具运用与插入相同，以下将介绍如何使用 T-SQL 语句完成数据删除。

将“view_院系”视图中的“机械系”的数据进行删除，使用语句如下：

```
DELETE FROM view_院系
WHERE 院系名称='机械系'
```

刷新视图，显示输出结果如图 7-16 所示。

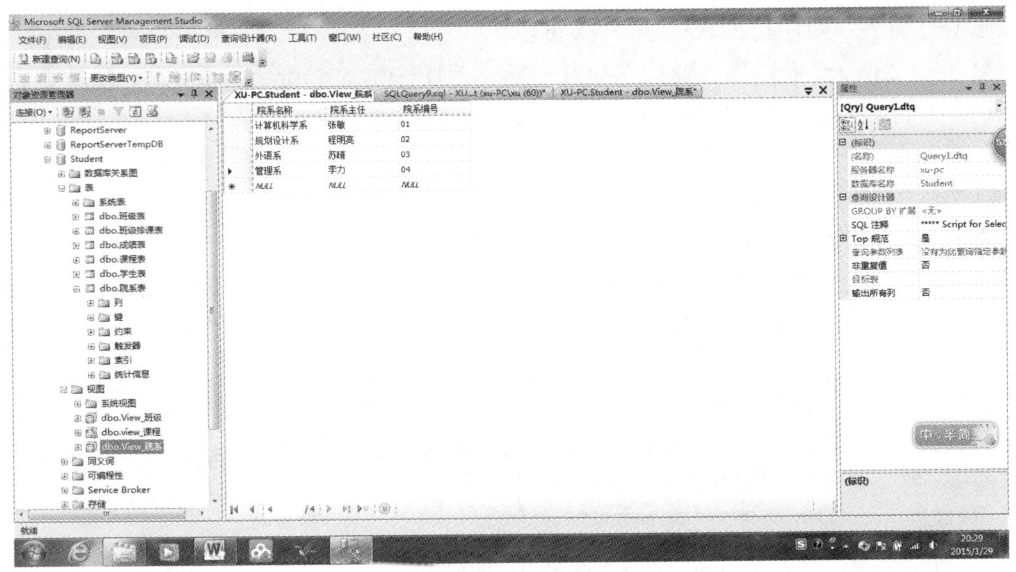

图 7-16 删除视图数据

项目小结

本项目主要介绍了视图的一些概念、分类、优点和使用视图需要注意的一些方面，并通过使用 SQL Server Management Studio 管理工具和 T-SQL 语法，讲解了视图的创建、修改、删除和视图信息的查询、视图的加密、视图数据的修改等操作。其中 CREATE VIEW 命令用于创建视图，ALTER VIEW 命令用于视图的修改、DROP VIEW 命令用于视图的删除。同时在视图定义过程中应该使用视图加密以保证数据安全。此外在视图的数据修改过程中应该注意视图的修改不能同时针对多张基表。通过对视图的使用，可以在实际的数据库编写中大大简化用户的查询操作，从而提高查询效率。

实训项目

综合实训 1：创建视图

实训目标：

（1）掌握视图的创建、维护、管理和删除。

（2）掌握运用 T-SQL 语句进行视图操作，并进行代码调试。

实训要求：

（1）打开 Library 数据库，使用 SQL Server Management Studio 工具创建一个视图 Library_view，从数据表 Book 和 Borrow 中查询书名（Book_Name）、作者（Author）、借阅日

期（Borrow_Date）、归还日期（Return_Date）。

（2）打开 Library 数据库，使用 T-SQL 语句，创建视图“Library_view2”，从数据表 Book 和 Borrow 中查询书名（Book_Name）、借阅日期（Borrow_Date）、归还日期（Return_Date）等信息，并在查询窗口中进行调试。

实训操作步骤：

步骤 1：进入 SSMS 管理界面后，在要创建的数据库 Library 上选择“视图”，右击选择“创建视图”，选择添加 book 和 borrow 两张表，单击“保存”按钮，在弹出窗口中输入视图名“Library_view”，如图 7-17 所示。

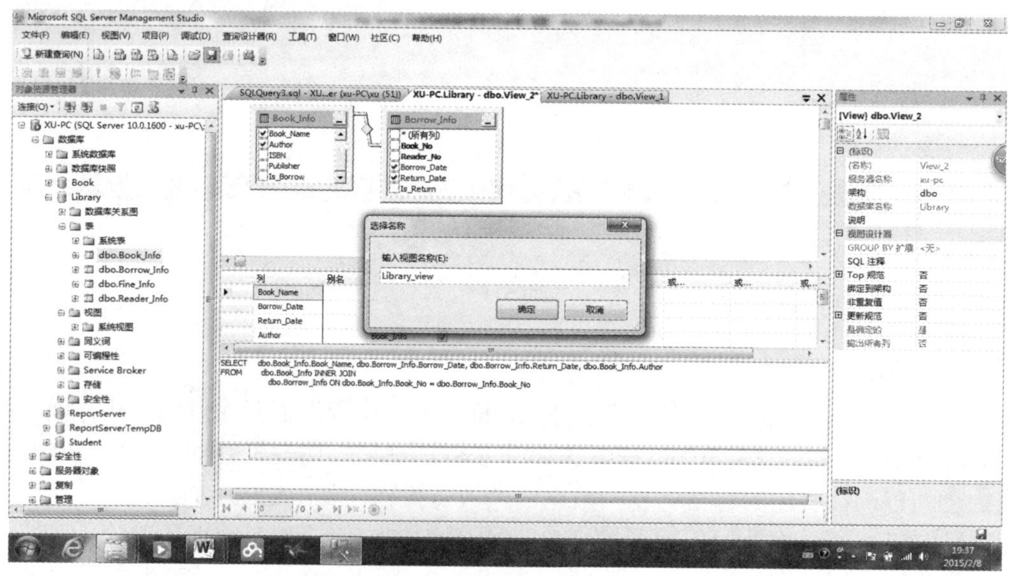

图 7-17　SSMS 新建视图

步骤 2：在新建查询窗口输入 T-SQL 语句：

```
USE Library
GO
CREATE VIEW Library_view2
AS
SELECT Book_Name,Borrow_Date,Return_Date
FROM Book_Info,Borrow_Info
WHERE Book_Info.Book_No=Borrow_Info.Book_No
GO
```

单击“执行”按钮，如图 7-18 所示。

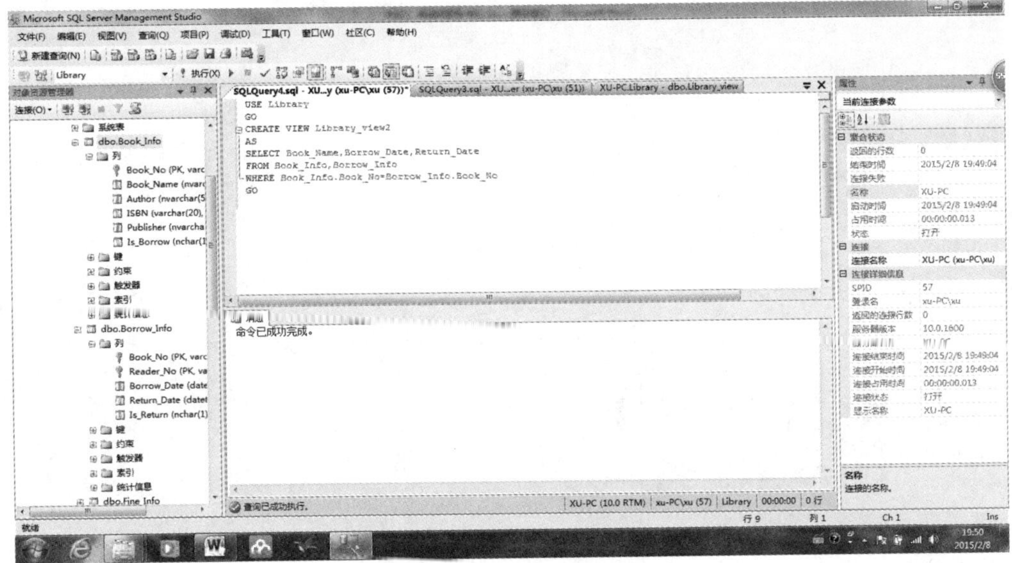

图 7-18 T-SQL 创建视图

8

索引及其应用

任务 1 索引的概念

索引是与表关联的页的集合，用于提高查询的性能或增强唯一性。如果把数据库表看做一本书，则表的索引就如同书的目录一样，通过索引可以大大提高查询的速度。常用的关系数据库如 SQL Server、Sybase、Oracle、DB2 等，为了提高性能，都提供了相应的索引机制。

相关知识

1. 索引的概念

使用索引可快速访问数据库表中的特定信息。索引是对数据库表中一列或多列的值进行排序的一种结构。

在关系数据库中，索引是一种与表有关的数据库结构，它可以使对应于表的SQL语句执行得更快。索引的作用相当于图书的目录，可以根据目录中的页码快速找到所需的内容。当表中有大量记录时，若要对表进行查询，第一种搜索信息方式是全表搜索，是将所有记录一一取出，和查询条件进行一一对比，然后返回满足条件的记录，这样做会消耗大量数据库系统时间，并造成大量磁盘 I/O 操作；第二种就是在表中建立索引，然后在索引中找到符合查询条件的索引值，最后通过保存在索引中的 ROWID（相当于页码），快速找到表中对应的记录，如图 8-1 所示。

2. 索引的分类

（1）物理结构

在 SQL Server 2008 中，从物理结构上分主要有两种常用索引：聚集索引、非聚集索引。

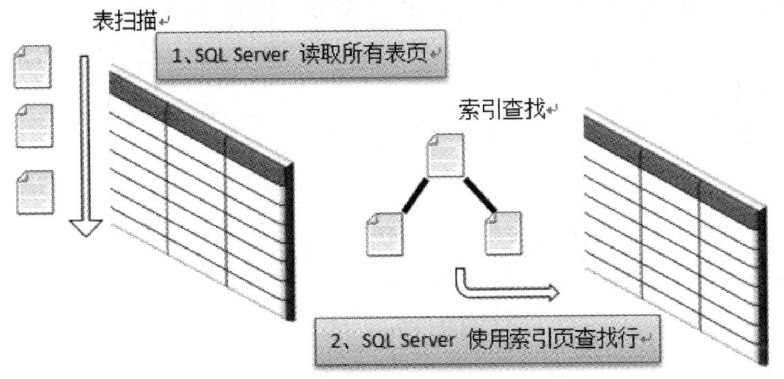

图 8-1　SQL-Server 访问数据方式

1）聚集索引

聚集索引将数据行的键值在表内排序并存储对应的数据记录，使得数据表物理顺序与索引顺序一致，当以某字段作为关键字建立聚集索引时，表中数据以该字段作为排序根据。因此一张表只能建立一个聚集索引。如果表中没有创建其他的聚集索引，则会在表的主键上自动创建聚集索引，如图 8-2 所示。

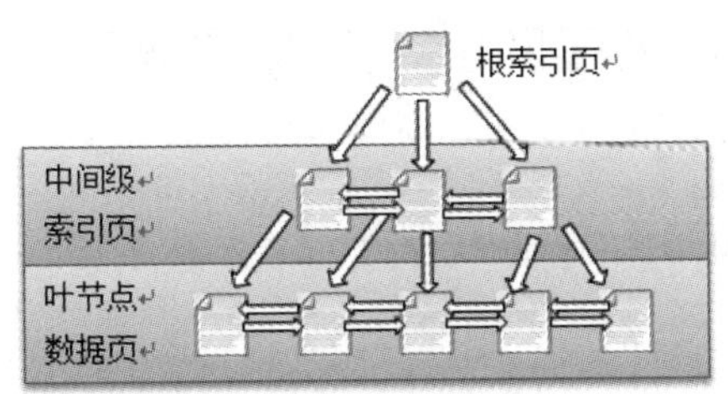

图 8-2　聚集索引

2）非聚集索引

非聚集索引并不物理上改变表中数据行的排列，即索引中的逻辑顺序并不等同于表中数据行的物理顺序，索引仅记录指向表中数据行位置的指针。因此，在非聚集索引中，数据和索引是分开存储的，索引的叶级由索引页，而不是数据页组成，如图 8-3 所示。

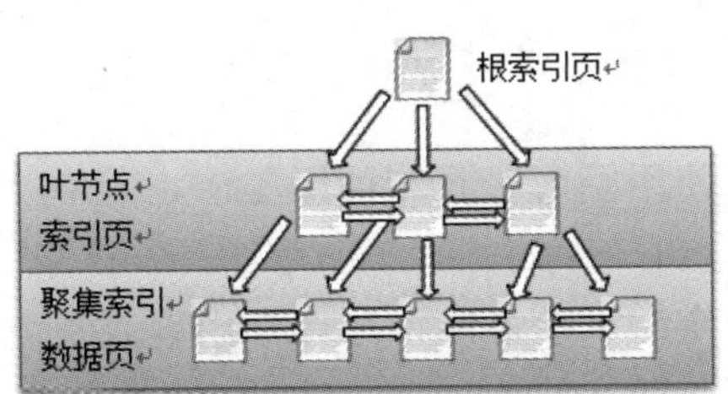

图 8-3　非聚集索引

一个表最多可以有 249 个非聚集索引，无论表是否使用聚集索引，都可以对表定义非聚集索引。

（2）列值唯一性

从列值唯一性上分类，可以分为唯一性索引和非唯一性索引。

1）唯一性索引

一个唯一索引，不允许具有索引值相同的行，从而禁止重复的索引或键值。系统在创建该索引时检查是否有重复的键值，并在每次使用 INSERT 或 UPDATE 语句添加数据时进行检查，聚集索引和非聚集索引都可以是唯一性索引。

2）非唯一性索引

表中索引列的值不唯一。

3. 索引的优点与注意事项

（1）索引的优点

- 通过创建唯一索引，可以增强数据记录的唯一性。
- 可以大大加快数据检索的速度。
- 可以加速表与表之间的连接，特别是在实现数据的参照完整性方面。
- 使用索引可以在检索数据的过程中优化隐藏器，提高系统性能。
- 在使用 ORDER BY 和 GROUP BY 子句检索数据时，可以显著减少查询中分组和排序的时间。

（2）创建索引的注意事项

- 带索引的表在数据库中会占据更多的空间，对数据进行插入、更新、删除操作的命令所花费的时间会更长。
- 创建索引所需的工作空间约为数据库表的 1.2 倍。
- 在设计和创建索引时，应确保对性能的提高程度大于在存储空间和处理资源方面付出的代价。

任务 2　创建索引

8.2.1　相关知识

1. 创建索引的方法

索引的创建方式有两种：使用图形工具和使用 T-SQL 语句。

（1）什么情况需要创建索引

因为创建索引需要耗费一定的系统性能，所以当出现以下情况时可以考虑创建索引。

①定义有主关键字和外部关键字的列。

②需在指定范围中快速或频繁查询的列。

③需要按排序顺序快速或频繁检索的列。

④在集合过程中需要快速或频繁组合到一起的列。

（2）什么情况不需要创建索引

在下列情况可以考虑不创建索引。

①在查询中几乎不涉及的列。

②很少有唯一值的列。

③由 text，ntext 或 image 数据类型定义的列。

④只有较少行数的表。

2. 创建索引的语法

使用 T-SQL 的 CREATE INDEX 语句创建索引的语法结构和参数说明如下：

基本语法：

```
CREATE [UNIQUE] [CLUSTERED]   [NONCLUSTERED]      INDEX   index_name
ON table_or_view_name (colum [ASC | DESC] [,…n])
[INCLUDE   (colum name[,…n])]
[WITH
(PAD_INDEX = {ON | OFF}
FILLFACTOR = fillfactor
SORT_IN_TEMPDB = { ON | OFF}
IGNORE_DUP_KEY = {ON | OFF}
 STATISTICS_NORECOMPUTE = {ON | OFF}
 DROP_EXISTING   = {ON | OFF }
ONLINE = {ON | OFF}
ALLOW_ROW_LOCKS ={ON | OFF}
ALLOW_PAGE_LOCKS={ON | OFF}
MAXDOP = max_degree_of_parallelism) [,…n]
ON   {_schema_name(column_name) | filegroup_name | default}
```

其中参数代表的意义如下所示。

（1）UNIQUE：该选项表示创建唯一性的索引，在索引列中不能有相同的列值存在。

（2）CLUSTERED：该选项表示创建聚集索引。

（3）NONCLUSTERED：该选项表示创建非聚集索引，这是 CREATE INDEX 的默认值。

（4）INCLUDE：该选项用于指导将要包含到非聚集索引的页级中的非键列。

（5）PAD_INDEX：该选项用于指定索引的中间页级，也就是说为非页级索引指定填充度。这时的填充度由 FILLFACTOR 选项指定。

（6）FILLFACTOR：该选项用于指定非页级索引页的填充度。

（7）SORT_IN_TEMPDB：该选项为 ON 时，用于指定创建索引时产生的中间结果，在 tempdb 数据库中进行排序；为 OFF 时，在当前数据库中排序。

（8）IGNORE_DUP_KEY：该选项用于指定唯一性索引键冗余数据的系统行为。当为 ON 时，系统发出警告信息，违反唯一性行的数据插入失败；为 OFF 时，取消整个 INSERT 语句，并且发出错误信息。

（9）STATISTICS_NORECOMPUTE：该选项用于确定是否重新计算索引统计信息。为ON时，不自动计算过期的索引统计信息；为OFF时，启动自动计算能力。

（10）DROP_EXISTING：该选项用于确定是否可以删除指定的索引，并且重建已有的索引。为OFF时，不能删除重建。

（11）ONLINE：该选项用于指定索引操作期间基表和关联索引是否可用于查询。为ON时，不持有表锁，允许用于查询；为OFF时，持有表锁，索引操作期间不能指定查询。

（12）ALLOW_ROW_LOCKS：该选项用于指定是否使用行锁，为ON，表示使用行锁。

（13）ALLOW_PAGE_LOCKS：该选项用于指定是否使用页锁，为ON，表示使用页锁。

（14）MAXDOP：该选项用于指定索引操作期间覆盖最大并行度的配置选项。主要目的是限制执行并行计划过程中使用的处理器数量。

8.2.2 任务实施

方法1：使用SSMS管理工具创建索引

步骤1：在SQL Server Management Studio管理工具中展开数据库对象文件夹，选择并展开要创建索引的数据库，如“Student”。展开要创建索引的数据表，右键单击“索引”节点，在弹出的快捷菜单中选择“新建索引”命令，如图8-4所示。

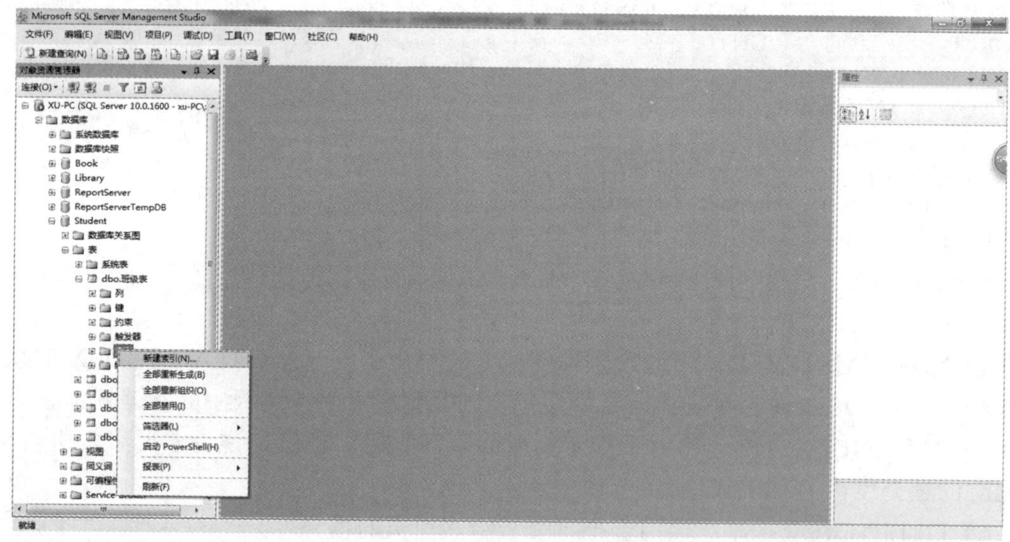

图8-4 “新建索引”窗口

步骤2：在弹出的“新建索引”窗口中，可以输入索引的名称、选择索引的类型、选择是否是唯一索引等，如图8-5所示。在此例中，我们在“班级表”中建立“班级名称”的非聚集索引。

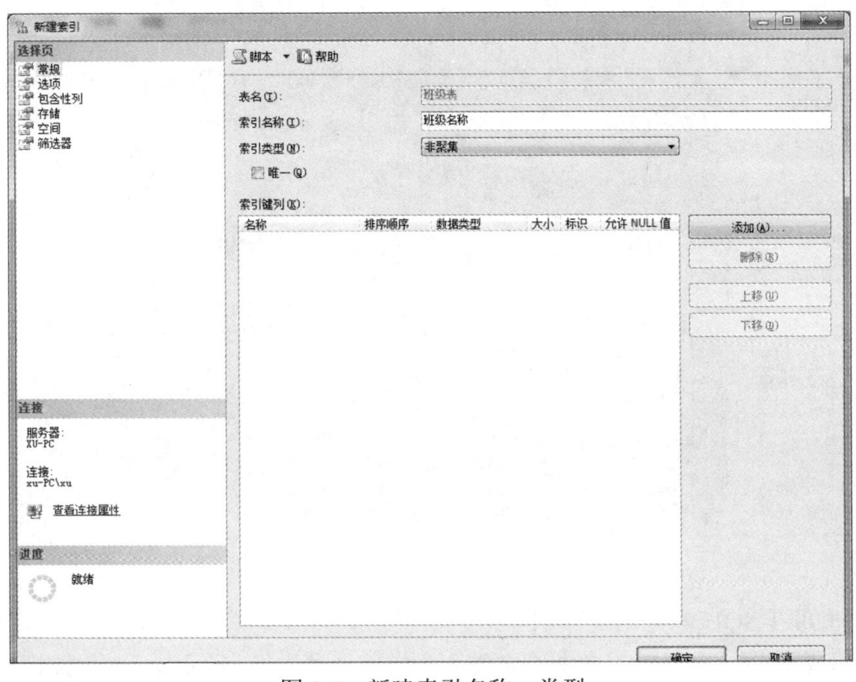

图 8-5　新建索引名称、类型

步骤 3：单击“添加”按钮，从“班级表”中选中“班级名称”复选框，如图 8-6 所示。

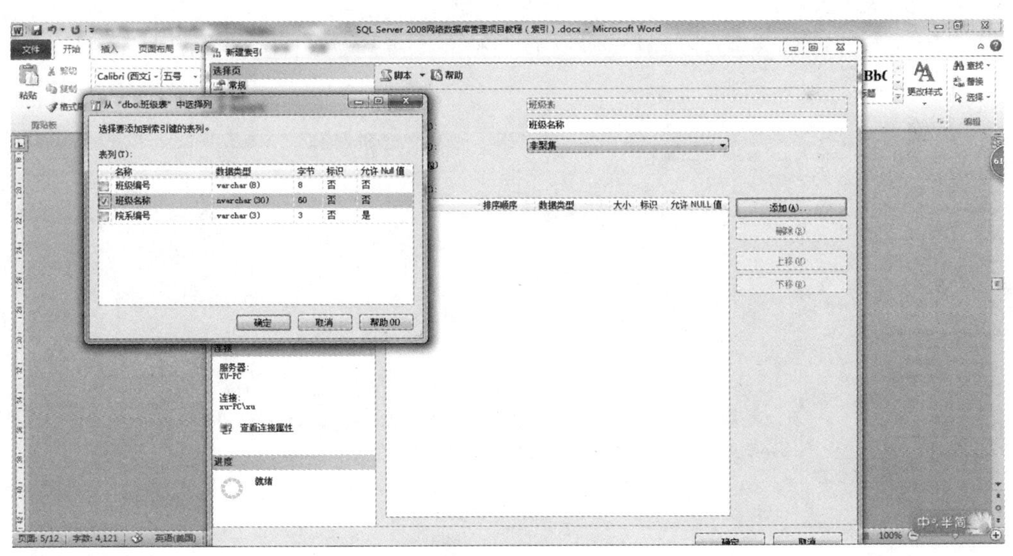

图 8-6　选择数据列

步骤 4：单击“确定”按钮，返回“新建索引”窗口，然后单击“确定”按钮就生成了“班级名称”索引，如图 8-7 所示。

图 8-7　查看索引结果

方法 2：使用 T-SQL 语句创建索引

操作 1：在数据库（Student）中对“学生表”中的“学生姓名”列，创建索引“学生姓名”，该索引要求为非聚集索引，创建语句如下：

```
CREATE NONCLUSTERED INDEX 学生姓名
ON 学生表(姓名)
```

打开“学生表”，在“索引”节点可以看到新建的非唯一、非聚集索引“学生姓名”，如图 8-8 所示。

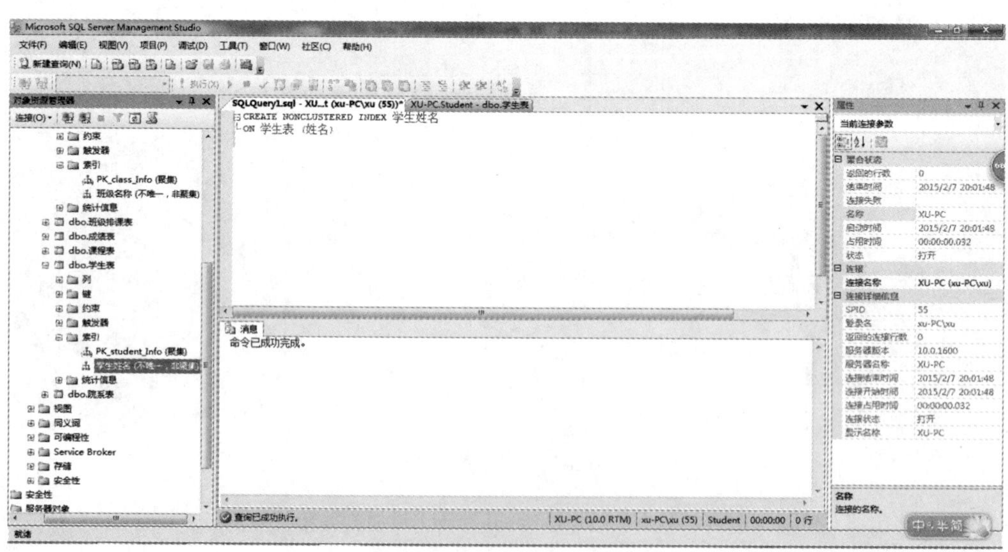

图 8-8　用 T-SQL 创建索引

操作 2：在数据库（Student）中对“课程表”中的“课程编号”建立唯一性索引“编号”，创建语句如下：

```
CREATE UNIQUE INDEX 编号
ON 课程表 (课程编号)
```

打开“课程表”，在“索引”节点可以看到新建的唯一性、非聚集索引“编号”，如图 8-9 所示。

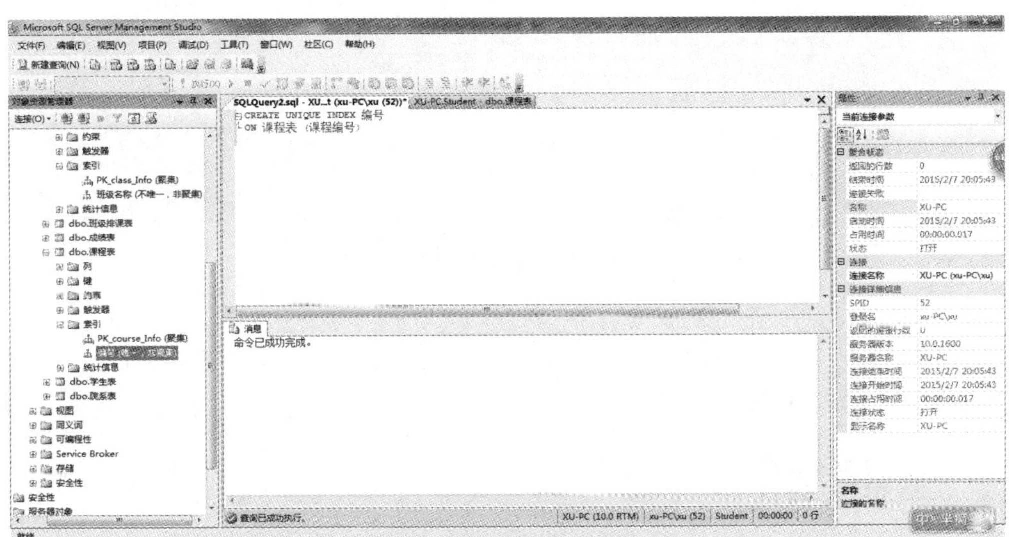

图 8-9　创建唯一性索引

任务 3　索引的删除

8.3.1　相关知识

1. 删除索引的方法

删除索引也有两种方式：使用 SQL Server Management Studio 管理工具和使用 T-SQL 语句。

2. 删除索引的语法

使用 T-SQL 的 DROP 语句删除索引的基本语法如下：

```
DROP INDEX    <index name> on < table or view name >
```

8.3.2　任务实施

方法 1：使用 SSMS 管理工具删除索引

步骤 1：打开 SQL Server Management Studio 管理工具，选择要删除的索引。

步骤 2：单击右键，选择“删除”，如图 8-10 所示。

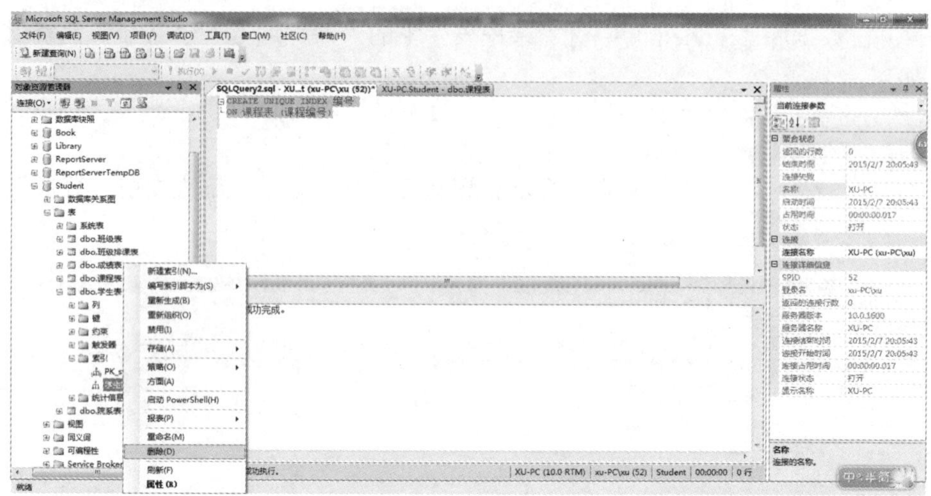

图 8-10 删除索引窗口

方法 2：使用 T-SQL 语句删除索引

在数据库 Student 中的“学生表”中删除索引“学生姓名”，执行语句如下：

```
DROPINDEX 学生姓名 ON 学生表
```

任务 4 索引的优化

相关知识

数据库的总体性能很大程度上取决于索引的效率，因此，有必要确保以最有利于应用程序的方式设计并实现索引。实现索引后，必须维护索引，以确保其一致并保持最佳性能。随着数据库中的数据增加、更改和删除，索引将变得分碎。根据业务环境及数据库应用程序的用途，碎片可能有利于性能，也可能有碍于性能，但是无论如何都需要对索引进行优化，并将索引碎片控制在适当的程度。索引优化的主要手段就是索引碎片整理。

1. 索引碎片的优化整理方式

索引碎片的优化整理主要有两种方式：重新组织和重新生成。通常情况下，如果碎片度低于 30%，那么应该重新组织索引；如果碎片度高于 30%，应该重新生成索引。重新组织和重新生成的区别如表 8-1 所示。

表 8-1 重新组织和重新生成区别表

重新组织	重新生成
重新组织索引是在物理上对叶级页重新排序，使其与叶节点的逻辑顺序（从左到右）相符，从而对表的聚集索引和非聚集索引的叶级进行碎片整理	重新生成索引将删除原索引，并重新生成一个新索引，重新生成将删除碎片，回收并重新分配磁盘空间，从而提高磁盘性能

（1）索引优化的主要方法：

索引优化的主要方法也分为两种：使用 SQL Server Management Studio 管理工具和使用 T-SQL 语句。

（2）索引优化的主要语法：

使用 T-SQL 的 ALTER 语句修改索引的语法结构和参数说明如下：

重新组织基本语法：

```
ALTER    INDEX    <index name> on < table or view name > REORGANIZE
```

重新生成基本语法：

```
ALTER    INDEX    <index name> on < table or view name > REBUILD
```

2. 查看索引碎片信息

方法：使用 SSMS 管理工具查看索引碎片信息

步骤 1：在 SQL Server Management Studio 中选择要查看的索引后单击右键，弹出索引属性菜单，如图 8-11 所示。

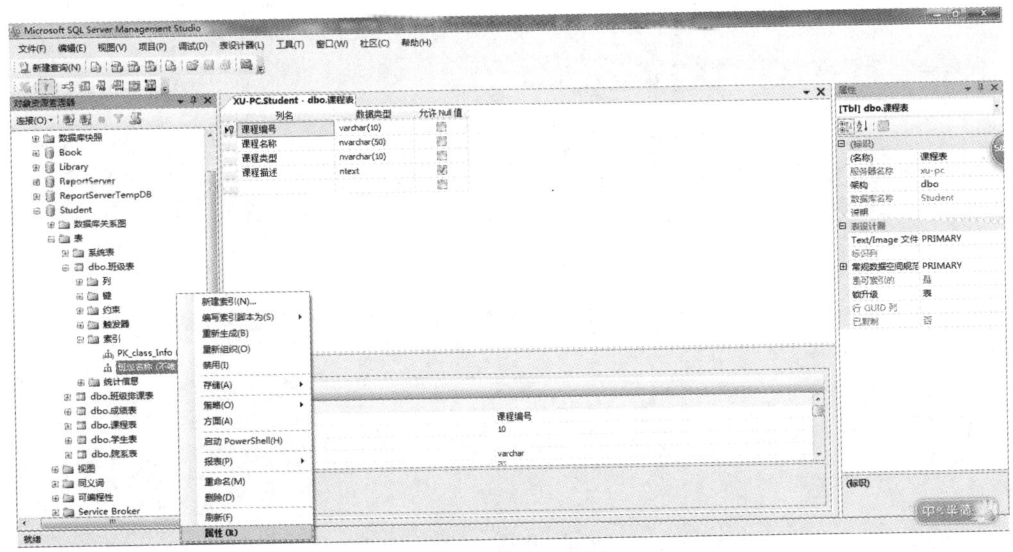

图 8-11 修改索引窗口

步骤 2：在“索引属性”窗口中，单击“碎片”选项，可以看到当前索引的碎片状态，如图 8-12 所示。

3. 索引优化

方法 1：使用 SQL Server Management Studio 管理工具优化索引

步骤 1：打开 SQL Server Management Studio 管理工具，选择要优化的索引。

步骤 2：单击右键，选择“重新生成”或“重新组织”，如图 8-13 所示。

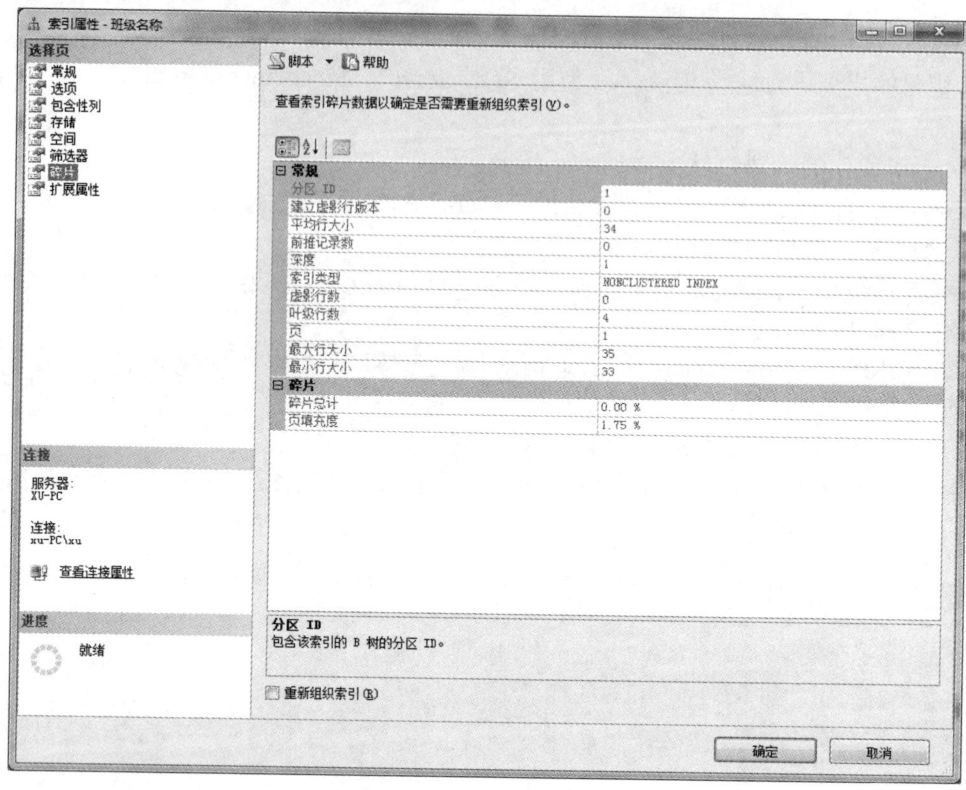

图 8-12　索引碎片情况

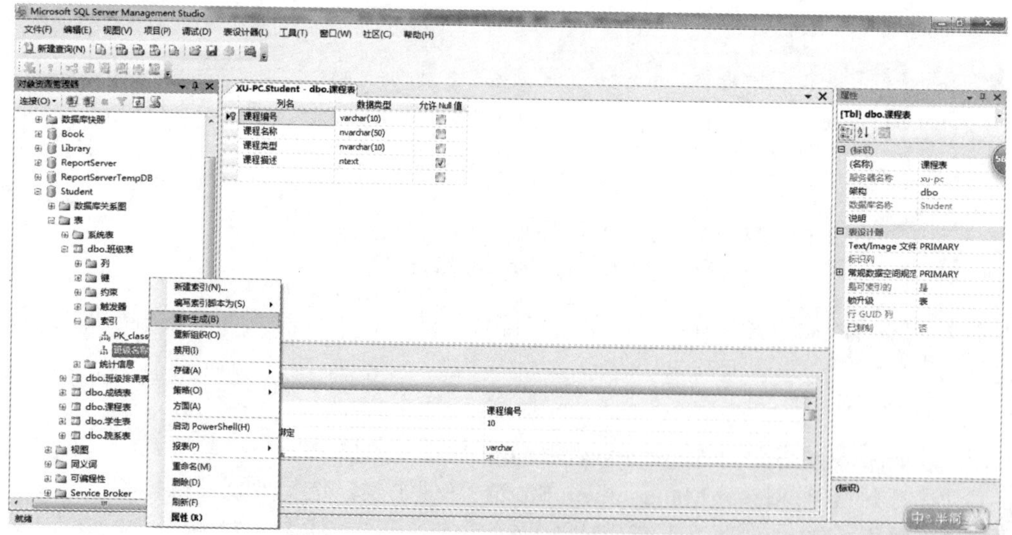

图 8-13　使用管理工具优化索引

方法 2：使用 T-SQL 语句优化索引

如重新组织“班级表”中的索引“班级名称”，执行语法如下：

```
ALTER INDEX 班级名称 ON 班级表 REORGANIZE
```

项目小结

本项目首先讲解了索引的作用及分类，索引根据物理结构可以分为聚集索引和非聚集索引，根据唯一性又可以分为唯一性索引和非唯一性索引，接着介绍了索引的优点及创建索引时需要注意的情况，然后介绍了如何使用管理工具或 T-SQL 语句来创建和删除索引，还介绍了索引的优化整理，索引优化主要有两种方式：重新组织和重新生成，最后介绍了如何使用管理工具和 T-SQL 语句来优化索引并介绍了索引优化的意义。

实训项目

综合实训 1：创建索引

实训目标：

（1）掌握通过 SQL Server Management Studio 管理工具和 T-SQL 语句完成索引的创建、修改和删除。

（2）掌握使用工具检测索引碎片并采用不同方式对索引进行优化。

实训内容：

在数据库 Library 中完成下列操作：

（1）在表（borrow）中使用 SQL Server Management Studio 管理工具针对列（borrow_Date）创建非聚集索引。

（2）删除索引（return_Date）。

（3）通过 SQL Server Management Studio 管理工具对索引（Borrow_date）进行碎片分析并用管理工具或 T-SQL 语句对该索引进行优化。

实训操作步骤：

步骤 1：在表 Borrow 中右键单击“索引”节点，在弹出的快捷菜单中选择“新建索引”命令，创建索引如图 8-14 所示。

步骤 2：删除索引的语法如下：

```
DROP INDEX Borrow_date ON Borrow_Info
```

步骤 3：优化索引的语法如下：

```
ALTER INDEX Borrow_date ON Borrow_Info REORGANIZE
```

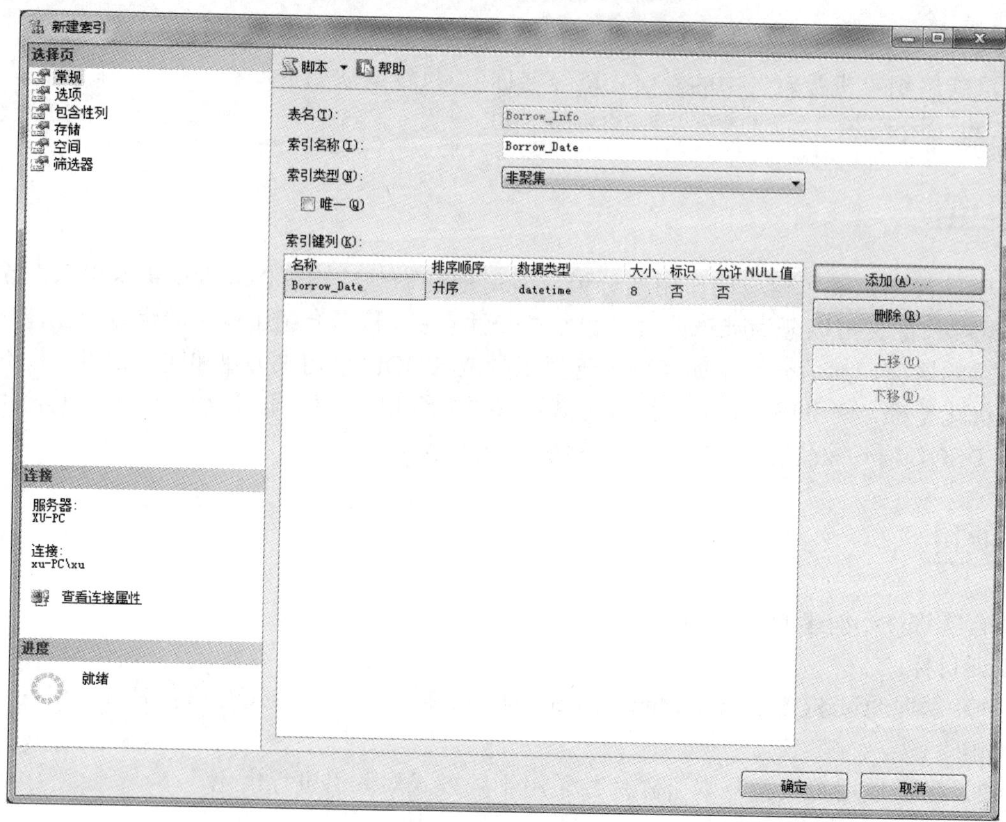

新建索引
选择页
常规
选项
包含性列
存储
空间
筛选器
脚本
帮助
表名(T):
Borrow_Info
索引名称(I):
Borrow_Date
索引类型(X):
非聚集
唯一(Q)
索引键列(K):
名称
排序顺序
数据类型
大小
标识
允许 NULL 值
Borrow_Date
升序
datetime
8
否
否
添加(A)...
删除(R)
上移(U)
下移(D)
连接
服务器:
XU-PC
连接:
xu-PC\xu
查看连接属性
进度
就绪
确定
取消

图 8-14　新建索引

9

Transact-SQL 编程

任务 1　SQL Server 编程

在数据库编程中除了可以使用基本的 SQL 语句实现数据库的添加、修改、删除和查询操作外，还可以使用程序逻辑进行更为复杂的 SQL 编程。使用 Transact-SQL 编程的相关知识可解决以下四个问题：

（1）求给定的三个整数中最大的那个数是多少？

（2）计算 1+2+3+…+10000 的和，并显示计算结果。

（3）按用户给定的用户名查询该用户的用户类别信息，要求显示用户名和用户类别。

（4）按用户给定的学号和课程编号查询该学生本门课的成绩信息，要求显示学号、姓名、课程名称和成绩等级。

9.1.1　任务分析

掌握 Transact-SQL 编程的基本语法，包括批处理、注释符、标识符、常量、变量、运算符、表达式、输出语句和流控语句。会综合运用 Transact-SQL 编程的语法知识，进行 SQL Server 编程，以解决实际问题。

9.1.2　相关知识

1．批处理

批处理是由一个或多个 Transact-SQL 语句组成的，应用程序将这些语句作为一个单元提交给 SQL Server 执行。GO 命令标志一个批处理的结束，通常把两个 GO 之间的 SQL 语句看作一个批处理。除了 CREATE DATABASE（创建数据库）、CREATE TABLE（创建表）和 CREATE INDEX（创建索引）语句之外的其他大多数的 CREATE 语句要单独作为一个批处理。

例如：创建一个视图，该视图要求显示班级表的所有记录。视图创建完成后，再使用 SELECT 语句查询课程表中的所有信息。要求使用批处理来完成上述要求。

创建显示班级表所有记录的视图 V_Class 的语句如下：

```
CREATE VIEW V_Class
AS
SELECT * FROM 班级表
```

查询课程表所有记录的语句为“SELECT * FROM 课程表”。

如果在查询窗口中执行如下 SQL 语句：

```
USE Student
CREATE VIEW V_Class
AS
     SELECT * FROM 班级表
SELECT * FROM 课程表
```

则执行结果如图 9-1 所示。

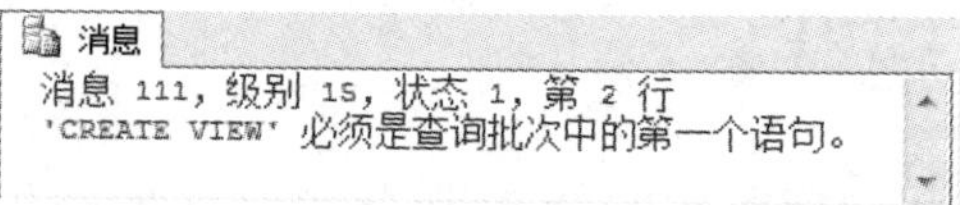

图 9-1　批处理语法错误的执行结果

为了解决上述错误，在 CREATE VIEW 前面加上 GO，使 USE Student 单独成为一个批处理，这样 CREATE VIEW 就成了另一个批处理的第一个语句。在查询窗口中执行如下 SQL 语句：

```
USE Student
GO
CREATE VIEW V_Class
AS
     SELECT * FROM 班级表
SELECT * FROM 课程表
```

则执行结果如图 9-2 所示。

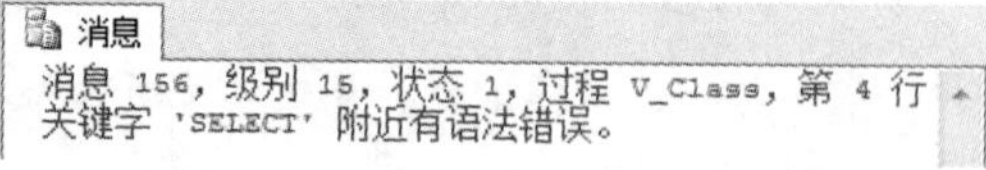

图 9-2　批处理语法错误的执行结果

出现图 9-2 的错误，是因为 CREATE VIEW 要单独作为一个批处理，所以在“SELECT * FROM 课程表”的前面加上 GO。在查询窗口中的 SQL 语句就变成了：

```
USE Student
GO
CREATE VIEW V_Class
AS
    SELECT * FROM 班级表
GO
SELECT * FROM 课程表
```

执行上述语句，就不会出现错误信息了。

2. 注释符

注释，也称为注解，是写在代码中的说明性文字，对程序的结构及功能进行文字说明。注释内容不被系统编译，也不被程序执行。使用注释对代码进行说明，不仅能使程序易读易懂，而且有助于日后的管理和维护。在程序设计过程中，程序员要严格遵守代码编写规范，而注释就是其中很重要的一部分。SQL Server 提供了两类注释符。

（1）单行注释：使用“--”表示，将注释内容写在--的后面。

（2）多行注释：使用“/*…*/”表示，将注释内容写在/*和*/之间。

例如：在如下程序中使用注释符。

```
USE Student --打开 Student 数据库
GO
/*创建显示班级表所有记录的视图 V_Class*/
CREATE VIEW V_Class
AS
    SELECT * FROM 班级表
GO
```

3. 标识符

标识符用来标识服务器、数据库和数据库对象（列、表、视图和索引等）。Transact-SQL 的保留字不能用做标识符。SQL Server 的标识符有两种：常规标识符和分隔标识符。

（1）常规标识符。常规标识符的第一个字符必须是下列字符之一：大小写字母 a～z、A～Z，来自其他语言的字母字符，还可以是下划线、@或#。其他字符可以为大小写字母，也可以为其他国家或地区字符中的十进制数字。常规标识符中不允许有空格或其他特殊字符。

例如：使用“学生表”来表示学生表的表名称，“学生表”就是常规标识符。

（2）分隔标识符。对于不符合常规标识符的标识符，用双引号或方括号进行分隔，才能够作为标识符使用，这样的标识符叫做分隔标识符。

例如：要查询一个名为 My Table 的表的所有信息。查询语句为：SELECT * FROM My Table，执行该语句会出现如下错误信息“关键字'Table'附近有语法错误。”这是因为 My Table 内含有空格，不是常规标识符，若要将 My Table 作为标识符使用，必须用双引号或方括号对其进行分隔，构成分隔标识符。故将查询语句修改为 SELECT * FROM "My Table"，或修改为 SELECT * FROM [My Table]，执行这两条语句都不会出现错误信息。

4. 常量

常量是指在程序的生命周期内其值不改变的量。常量可以直接用其值表示，它的格式取决于它所表示的数据类型，主要有以下几种类型：

（1）字符串常量。字符串常量括在单引号内。用中间没有任何字符的两个单引号表示空字符串；如果字符串常量中包含一个单引号，可以使用两个单引号表示这个字符串常量内的单引号；在字符串常量前面加上字符 N，表明该字符串常量是 Unicode 字符串常量。Unicode 数据中每个字符都使用两个字节存储，而字符数据中每个字符都使用一个字节存储。

例如：'网络数据库'，'I''m a Student'，N'Lucy'都是字符串常量，其中 N'Lucy'是 Unicode 字符串常量。

（2）数值常量。数值常量有二进制常量（binary）、位常量（bit）、整型常量（bigint、int、smallint、tinyint）、带有精度的常量（decimal、numeric）、浮点型常量（float）、实型常量（real）、货币型常量（money、smallmoney），数值常量不需要使用引号。

例如：0X1AC，14，19.21，0.6E-2，$12.6 都是数值常量。

（3）日期常量。日期常量使用特定格式的字符日期值表示，并用单引号括起来。

例如：'2014/11/19'，'20141119'都是日期常量。

5. 变量

变量是指在程序的生命周期内其值可以改变的量。变量分为局部变量和全局变量。

（1）局部变量。局部变量是用户定义的变量，其作用范围仅在程序内部。在程序中通常用来存储从表中查询到的数据或暂存程序执行过程中的数据。局部变量名总是以@开始，局部变量用 DECLARE 声明，用 SET 或 SELECT 赋值。

声明局部变量的语法如下：

```
DECLARE @变量名 1 数据类型,@变量名 2 数据类型,…,@变量名 n 数据类型
```

变量必须先用 DECLARE 声明之后才能使用，声明变量后，该变量的初始值为 NULL。可以使用 SET 或 SELECT 为变量赋值，具体语法如下：

```
SET @变量名=表达式
SELECT @变量名 1=表达式 1, @变量名 2=表达式 2,…,@变量名 n=表达式 n
```

用 SET 为变量赋值，一次只能给一个变量赋值；用 SELECT 为变量赋值，一次可以为多个变量赋值。

例如：定义两个局部变量@student_ID 和@course_No，用来存储用户给定的学号和课程编号，然后查询该学生该门课程的成绩信息。

方法 1：用 SET 为局部变量赋值，语句如下：

```
DECLARE @student_ID varchar(12), @course_No varchar(3)
SET @student_ID = '01201401001'
SET @course_No = '001'
SELECT * FROM 成绩表
WHERE 学号 = @student_ID AND 课程编号 = @course_No
```

方法 2：用 SELECT 为局部变量赋值，语句如下：

```
DECLARE @student_ID varchar(12), @course_No varchar(3)
SELECT @student_ID = '01201401001', @course_No = '001'
SELECT * FROM 成绩表
WHERE 学号 = @student_ID AND 课程编号 = @course_No
```

（2）全局变量

全局变量名以@@开始，是 SQL Server 系统提供并赋值的变量，用户不能建立全局变量，也不能用 SET 或 SELECT 赋值语句修改全局变量的值。

例如：@@LANGUAGE 返回当前使用的语言；@@ROWCOUNT 返回上一个 SQL 语句影响的行数；@@SERVERNAME 返回服务器的名称；@@VERSION 返回 SQL 的版本信息；@@ERROR 返回最后执行的 Transact-SQL 语句的错误代码，没有错误则为零。

6. 运算符

Transact-SQL 的运算符和其他高级语言的运算符类似，表 9-1 列出了 Transact-SQL 的运算符，其中部分运算符在前面项目中已有介绍和应用，此处不再举例说明。

表 9-1 Transact-SQL 运算符

类别	所含运算符	优先级
一元运算符	+（正）、-（负）、~（取反）	1
算术运算符	*（乘）、/（除）、%（取模）	2
算术运算符	+（加）、-（减）	3
字符串连接运算符	+（连接）	3
比较运算符	=（等于）、>（大于）、>=（大于等于）、<（小于）、<=（小于等于）、<>（或!=，不等于）、!<（不小于）、!>（不大于）	4
按位运算符	&（位与）、|（位或）、^（位异或）	5
逻辑运算符	NOT（非）	6
逻辑运算符	AND（与）	7
逻辑运算符	OR（或）、ALL（所有）、ANY（任意一个）、BETWEEN（两者之间）、EXISTS（存在）、IN（在范围内）、LIKE（匹配）、SOME（任意一个）	8
赋值运算符	=（赋值）	9

例如："SELECT 'SQL Server 2008' + '网络数据库管理项目'"的显示结果为"SQL Server 2008 网络数据库管理项目"，其中的"+"为字符串连接运算符。

```
DECLARE @student_ID varchar(12)
SELECT @student_ID = '01201401001'
```

其中的"="为赋值运算符。

7. 表达式

表达式由变量、常量、函数和运算符构成，分为算术表达式和逻辑表达式。

例如：3+2 为算术表达式。在下列 SQL 语句中，“成绩 BETWEEN 80 AND 90”是逻辑表达式。

```
SELECT * FROM 成绩表
WHERE 成绩 BETWEEN 80 AND 90
```

8. 输出语句

在 Transact-SQL 中经常要向客户输出信息，显示数据结果。在 SQL Server 中用于输出的主要是 PRINT 语句和 SELECT 语句。

例如：分别用 PRINT 语句和 SELECT 语句输出信息“SQL Server 2008 网络数据库管理项目”。SQL 语句为“PRINT 'SQL Server 2008 网络数据库管理项目'”，则执行结果如图 9-3 所示；SQL 语句为“SELECT 'SQL Server 2008 网络数据库管理项目'”，则执行结果如图 9-4 所示。

图 9-3 使用 PRINT 语句输出的执行结果

图 9-4 使用 SELECT 语句输出的执行结果

从图 9-3 和图 9-4 可以看出，使用 PRINT 语句输出信息，结果以文本方式显示，而使用 SELECT 语句输出信息，结果以表格方式显示。

9. 流控语句

流程控制语句简称流控语句，它与 Transact-SQL 语句一起使用，可以控制程序的流程。流控语句可以实现程序的三种基本结构：顺序结构、选择结构和循环结构。下面介绍 Transact-SQL 的流控语句。

（1）BEGIN…END 语句

BEGIN…END 用来定义语句块，必须成对出现。对于一些程序设计语言，如 Java 或 C，假设要顺序执行一系列完整的代码段，需要用花括号{}来表达这是一代码块，Transact-SQL 中的替代语法就是 BEGIN…END。语法格式如下：

```
BEGIN
    语句块
END
```

注意：若语句块中只包含单条语句，则 BEGIN…END 可以省略不写。

（2）IF…ELSE 语句

IF…ELSE 语句用来实现程序的选择结构，语法格式如下：

```
IF 逻辑表达式
    语句块 1
[ELSE
    语句块 2]
```

如果逻辑表达式的条件成立（为真），则执行语句块 1，否则执行语句块 2。如果语句块 1 或语句块 2 由多条语句构成，则需要加 BEGIN…END，否则执行结果会大相径庭。在省略 ELSE

部分的情况下，当逻辑表达式不成立（为假）时，执行语句块 1 下面的 SQL 语句。IF 语句同样支持嵌套，即在 IF…ELSE…内部还可以继续使用 IF…ELSE…。

（3）CASE…END

CASE 表达式用于计算多个条件并为每个条件返回单个值。CASE 表达式提供了比 IF…ELSE 结构更多的选择和判断机会。使用 CASE 表达式可以很方便地实现多种选择情况，从而避免编写多重 IF…ELSE 嵌套。

CASE 具有两种格式：一种是简单 CASE 表达式，将某个表达式与一组简单表达式进行比较以确定结果；另一种是 CASE 搜索表达式，它通过计算一组布尔表达式来确定结果。

1）简单 CASE 表达式

语法格式如下：

```
CASE   输入表达式
    WHEN   when 表达式 1   THEN   结果表达式 1
    WHEN   when 表达式 2   THEN   结果表达式 2
     [...]
     [ELSE   结果表达式 n]
END
```

首先计算“输入表达式”，然后将其值依次与“when 表达式”的值进行比较，当“输入表达式”的值等于“when 表达式”的值时，返回第一个满足条件的 THEN 后的“结果表达式”的值。如果比较运算结果都不为真，则返回 ELSE 后结果表达式的值。如果省略此参数并且比较运算的计算结果都不为真，表达式的值为 NULL。

说明：参数“输入表达式”的值和每个“when 表达式”的值的数据类型必须相同，或者可以进行隐式转换。

2）CASE 搜索表达式

语法格式如下：

```
CASE
    WHEN   逻辑表达式 1   THEN   结果表达式 1
    WHEN   逻辑表达式 2   THEN   结果表达式 2
     [...]
     [ELSE   结果表达式 n]
END
```

CASE 搜索表达式依次对每个 WHEN 子句求逻辑表达式的值，当计算结果为真时，表达式的值为第一个满足条件的 THEN 结果表达式的值。如果运算结果都不为真，则表达式的值为 ELSE 后结果表达式的值。如果省略此参数并且比较运算的计算结果都不为真，表达式的值为 NULL。

说明：CASE 搜索表达式的语法中，所计算的逻辑表达式可以是任何有效的布尔表达式。

（4）WHILE 语句

WHILE 语句用来实现循环结构，语法格式如下：

```
WHILE   逻辑表达式
BEGIN
    语句块
     [BREAK]
     [CONTINUE]
END
```

WHILE 语句在设定的条件为真时会重复执行语句块，除非遇到逻辑表达式为假或遇到 BREAK 语句才跳出循环。CONTINUE 命令可以让程序跳过 CONTINUE 命令之后的语句，回到 WHILE 循环的第一行命令，即跳出本次循环；而 BREAK 命令则让程序无条件跳出循环，结束 WHILE 命令的执行，即跳出整个循环。WHILE 语句可以嵌套，如果嵌套了两个或多个 WHILE 循环，则内层的 BREAK 将退出到下一个外层循环。

（5）RETURN 语句

从查询或过程中无条件退出。RETURN 语句能够用于在任何时候从过程、批处理或语句块中退出，RETURN 之后的语句不会被执行。RETURN 语句可以为调用它的过程或应用程序返回一个整数。语法格式如下：

```
RETURN   [整型表达式]
```

关于 RETURN 语句的使用，将在任务 3“用户自定义函数”中详细阐述。

9.1.3 任务实施

任务 1-1：求给定的三个整数中最大的那个数是多少？

要解决这个问题，有很多种方法，下面给出解决该问题的两种方法。

方法 1：

步骤 1：在 SQL Server Management Studio 中，单击工具栏中的“新建查询（N）”按钮。

步骤 2：在新建查询窗口中输入如下代码：

```
/*定义四个整型变量@x、@y、@z、@max，其中@x、@y、@z 分别存储给定的三个整数，@max 存储三个整数中最大的那个数。*/
DECLARE @x int, @y int, @z int, @max int
--给@x、@y、@z 赋值
SELECT @x = 50, @y = 60, @z = 40
/*将@x 和@y 中最大的那个数赋值给@max*/
IF @x > @y
    SET @max = @x
ELSE
    SET @max = @y
/*将@x 和@y 中最大的数与@z 进行比较，较大的数赋值给@max */
IF @z > @max
    SET @max = @z
--输出@x、@y、@z 中最大的整数
```

```
SELECT @max
GO
```

步骤 3：在 SQL Server Management Studio 中，单击工具栏中的“执行（X）”按钮，得到的执行结果为 60。

程序分析：在上述代码中，使用了两个 IF…ELSE 语句。其中第一个 IF…ELSE 语句实现求出@x 和@y 中最大数的功能，第二个 IF…ELSE 语句省略了 ELSE 部分，将@x 和@y 中最大的数与@z 进行比较，从而达到实现求三个整数中最大数的目的。

方法 2：

步骤 1：在 SQL Server Management Studio 中，单击工具栏中的“新建查询（N）”按钮。

步骤 2：在新建查询窗口中输入如下代码：

```
/*定义四个整型变量@x、@y、@z、@max，其中@x、@y、@z 分别存储给定的三个整数，@max 存储三个整数中最大的那个数。*/
DECLARE @x int, @y int, @z int, @max int
--给@x、@y、@z 赋值
SELECT @x = 50, @y = 60, @z = 40
/*若@x 是@x、@y 中最大的数，则将@x 与@z 进行比较，较大数赋值给@max，此时@max 中存储的即为三个整数中最大的数*/
IF @x > @y
BEGIN
    IF @x > @z
        SET @max = @x
    ELSE
        SET @max = @z
END
/*若@y 是@x、@y 中最大的数，则将@y 与@z 进行比较，较大数赋值给@max，此时@max 中存储的即为三个整数中最大的数*/
ELSE
BEGIN
    IF @y > @z
        SET @max = @y
    ELSE
        SET @max = @Z
END
--输出@x、@y、@z 中最大的整数
SELECT @max
GO
```

步骤 3：在 SQL Server Management Studio 中，单击工具栏中的“执行（X）”按钮，得到的执行结果为 60。

程序分析：在该方法中，使用了 IF…ELSE 语句的嵌套。在第一个 IF…ELSE 语句的 IF 部分嵌套了另一个 IF…ELSE 语句，实现若@x 是@x、@y 中最大的数，求出三个整数中最大数的功能。在第一个 IF…ELSE 语句的 ELSE 部分也嵌套了一个 IF…ELSE 语句，实现若@y 是@x、@y 中最大的数，求出三个整数中最大数的功能。

任务 1-2：计算 1+2+3+…+10000 的和，并显示计算结果。

方法 1：

步骤 1：在 SQL Server Management Studio 中，单击工具栏中的“新建查询（N）”按钮。

步骤 2：在新建查询窗口中输入如下代码：

```
/*定义两个整型变量@i、@sum，其中@i 用来计数，@sum 用来存储和值。*/
DECLARE @i int, @sum int
--为整型变量@i 和@sum 赋值
SELECT @i = 1, @sum = 0
--当@i 的值小于等于 10000 时，执行循环体
WHILE @i <= 10000
BEGIN
    SET @sum = @sum + @i            --求和
    SET @i = @i + 1                 --计数变量加 1
END
--输出 1+2+3+...+10000 的和
SELECT '1+2+3+...+10000 的和' = @sum
GO
```

步骤 3：在 SQL Server Management Studio 中，单击工具栏中的“执行（X）”按钮，得到的执行结果为 50005000。

程序分析：在上述代码中使用了 WHILE 语句。在循环体中，先累加，再对计数变量进行加 1 操作，所以计数变量@i 的初始值为 1，WHILE 语句的逻辑表达式为@i <= 10000。

方法 2：

步骤 1：在 SQL Server Management Studio 中，单击工具栏中的“新建查询（N）”按钮。

步骤 2：在新建查询窗口中输入如下代码：

```
/*定义两个整型变量@i、@sum，其中@i 用来计数，@sum 用来存储和值。*/
DECLARE @i int, @sum int
--为整型变量@i 和@sum 赋值
SELECT @i = 0, @sum = 0
--当@i 的值小于 10000 时，执行循环体
WHILE @i < 10000
BEGIN
    SET @i = @i + 1                 --计数变量加 1
    SET @sum = @sum + @i            --求和
END
--输出 1+2+3+...+10000 的和
SELECT '1+2+3+...+10000 的和' = @sum
GO
```

步骤 3：在 SQL Server Management Studio 中，单击工具栏中的“执行（X）”按钮，得到的执行结果为 50005000。

程序分析：在上述代码中使用了 WHILE 语句。在循环体中，先对计数变量进行加 1 操作，然后再进行累加操作。故计数变量@i 的初始值为 0，WHILE 语句的逻辑表达式为@i < 10000。请读者仔细对比两种方法的异同，在循环体中的两步操作，若变换操作的顺序，则计数变量@i 的初始值和 WHILE 语句的逻辑表达式都要相应地做出修改，否则得不到预期的结果。

任务 1-3：按给定的用户名来查询该用户的用户类别信息，要求显示用户名和用户类别。

方法 1：

步骤 1：在 SQL Server Management Studio 中，单击工具栏中的“新建查询（N）”按钮。

步骤 2：在新建查询窗口中输入如下代码：

```
--将当前数据库切换至 Student 数据库
USE Student
GO
--声明局部变量@user_ID，用于存储用户给定的用户名
DECLARE @user_ID nvarchar(12)
--给局部变量@user_ID 赋值
SET @user_ID = '01201401001'
--按用户给定的用户名查询该用户的用户类别信息，要求显示用户名和用户类别。
SELECT 用户名, '用户类别' =
    CASE 权限
        WHEN 'admin' THEN '管理员用户'
        WHEN 'teacher' THEN '教师用户'
        WHEN 'student' THEN '学生用户'
        ELSE '其他用户'
    END
FROM 用户表 WHERE 用户名 = @user_ID
```

步骤 3：在 SQL Server Management Studio 中，单击工具栏中的“执行（X）”按钮，得到的执行结果如图 9-5 所示。

图 9-5　查询用户类别信息的执行结果

程序分析：上述代码段使用的是简单 CASE 表达式，首先计算输入表达式（权限）的值，若得到的值为 admin，则用户类别显示“管理员用户”；若得到的值为 teacher，则用户类别显示“教师用户”；若得到的值为 student，则用户类别显示“学生用户”；否则显示“其他用户”。

方法 2：

步骤 1：在 SQL Server Management Studio 中，单击工具栏中的“新建查询（N）”按钮。

步骤 2：在新建查询窗口中输入如下代码：

```
--将当前数据库切换至 Student 数据库
USE Student
GO
--声明局部变量@user_ID，用于存储用户给定的用户名
DECLARE @user_ID nvarchar(12)
--给局部变量@user_ID 赋值
SET @user_ID = '01201401001'
--按用户给定用户名来查询该用户的用户类别信息，要求显示用户名和用户类别。
SELECT 用户名, '用户类别' =
    CASE
        WHEN 权限 = 'admin' THEN '管理员用户'
        WHEN 权限 = 'teacher' THEN '教师用户'
        WHEN 权限 = 'student' THEN '学生用户'
        ELSE '其他用户'
    END
FROM 用户表 WHERE 用户名 = @user_ID
```

步骤 3：在 SQL Server Management Studio 中，单击工具栏中的“执行（X）”按钮，得到的执行结果如图 9-5 所示。

程序分析：上述代码段使用的是 CASE 搜索表达式，首先判断逻辑表达式（权限 = 'admin'）是否为真。若为真，则用户类别显示“管理员用户”，若为假，则继续判断逻辑表达式（权限 = 'teacher'）是否为真。若为真，则用户类别显示“教师用户”，若为假，则继续判断逻辑表达式（权限= 'student'）是否为真。若为真，则用户类别显示“学生用户”，若为假，则显示“其他用户”。

任务 1-4：按用户给定的学号和课程编号来查询该学生该门课的成绩信息，要求显示学号、姓名、课程名称、成绩等级。

步骤 1：在 SQL Server Management Studio 中，单击工具栏中的“新建查询（N）”按钮。

步骤 2：在新建查询窗口中输入如下代码：

```
--将当前数据库切换至 Student 数据库
USE Student
GO
/*声明局部变量@student_ID 和@course_No，分别用来存储用户给定的学号和课程编号信息。*/
DECLARE @student_ID varchar(12), @course_No varchar(3)
--给局部变量@student_ID 和@course_No 赋值
SELECT @student_ID = '01201401001', @course_No = '001'
/*按用户给定的学号和课程编号来查询该学生该门课的成绩信息，要求显示学号、姓名、课程名称和成
绩等级。*/
SELECT 成绩表.学号,姓名,课程名称, '成绩等级' = CASE
        WHEN 成绩>= 90 THEN '优秀'
        WHEN 成绩>= 70 AND 成绩 < 90 THEN '良好'
```

```
            WHEN 成绩>= 60 AND 成绩 < 70 THEN '及格'
            ELSE '不及格'
        END
    FROM 学生表 JOIN 成绩表
    ON 学生表.学号 = 成绩表.学号
    JOIN 课程表
    ON 成绩表.课程编号 = 课程表.课程编号
    WHERE 成绩表.学号 =@student_ID AND 成绩表.课程编号 =@course_No
```

步骤 3：在 SQL Server Management Studio 中，单击工具栏中的“执行（X）”按钮，得到的执行结果如图 9-6 所示。

图 9-6　查询学生成绩信息的执行结果

程序分析：该查询要求显示学号、姓名、课程名称和成绩等级，这些信息来自于 3 张表（学生表、成绩表和课程表），对于 3 张表的多表查询，要有 2 个连接条件。对于“成绩等级”列的值由“成绩”列的取值来决定，使用了 CASE 搜索表达式。首先判断逻辑表达式（成绩>=90）是否为真，若为真，成绩等级显示“优秀”，若为假，则继续判断逻辑表达式（成绩>=70 AND 成绩<90）是否为真。若为真，成绩等级显示“良好”，若为假，则继续判断逻辑表达式（成绩>=60 AND 成绩<70）是否为真。若为真，成绩等级显示“及格”，若为假，成绩等级显示“不及格”。

任务 2　使用系统内置函数

SQL Server 2008 的大部分系统内置函数和其他程序设计语言的函数功能类似，都是系统已开发好的功能模块，供用户直接调用。系统内置函数是软件开发的工具，程序开发人员必须熟悉系统内置函数，以提高程序设计的效率。使用系统内置函数，并结合前面章节所学内容，解决以下几个问题：

（1）查询学生的基本信息，要求显示学号、姓名、性别和年龄。

（2）按班级编号统计各个班级开设课程的门数。

（3）统计用户给定学号和学期的学生成绩信息，要求显示学号、姓名、学期、总成绩和平均成绩（小数位数保留两位）。

（4）统计用户给定学号和学期的学生成绩信息，要求显示学号、姓名、学期、课程名称、成绩、总成绩和平均成绩。

（5）按学期统计用户给定学号的学生成绩信息，要求显示该学生各个学期所有课程的总成绩和平均成绩（小数位数保留两位）。

（6）统计用户给定课程编号的成绩信息，要求显示课程编号、课程名称、最高分、最低分、平均分（小数位数保留两位）。

9.2.1 任务分析

掌握常用系统内置函数的使用方法，学会运用系统内置函数解决实际问题。

9.2.2 相关知识

SQL Server 2008 提供了许多系统内置函数，每个函数都可以实现不同的功能。系统内置函数可以接受零个、一个或多个输入值，并返回一个标量值或表格形式的一组值。在数据库应用中，经常会用到各种函数，使用函数时应始终带上括号，即使没有参数也是如此。系统内置函数常用于 SELECT 或数据修改（INSERT、UPDATE 和 DELETE）语句的 WHERE 子句中，以筛选出符合查询条件的行。

SQL Server 2008 的系统内置函数分为聚合函数、字符串函数、日期函数、数学函数、系统函数、配置函数、安全函数、元数据函数、行集函数、游标函数、排序函数、文本和图像函数等。由于系统内置函数众多，故只对一些常用函数进行介绍。

1．聚合函数

聚合函数是对一组值执行计算并返回单一的值。除 COUNT 函数之外，聚合函数忽略空值。聚合函数经常与 SELECT 语句一起使用。常用的聚合函数如表 9-2 所示。

表 9-2 聚合函数

聚合函数	功能描述
MAX ([ALL | DISTINCT] 表达式)	计算一组数据的最大值
MIN ([ALL | DISTINCT] 表达式)	计算一组数据的最小值
SUM ([ALL | DISTINCT] 表达式)	计算一组数据的和
AVG ([ALL | DISTINCT] 表达式)	计算一组数据的平均值
COUNT ({ [ALL | DISTINCT] 表达式 } | *)	计算总行数
CHECKSUM (* | 表达式 [,…n])	返回按照表的某一行或一组表达式计算的校验和值
STDEV (表达式)	返回给定表达式中所有值的统计标准偏差

说明：ALL 为默认选项，指计算所有的值；DISTINCT 表示去掉重复值。

举例 1：查询课程编号为“001”课程的最高分，最低分和平均分。

求最高分使用 MAX (成绩)，最低分使用 MIN (成绩)，平均分使用 AVG (成绩)。可以使用两种方法来解决上述问题。

方法 1：先根据条件进行数据的筛选，再进行分组。在查询窗口中执行如下 SQL 语句：

```
USE Student
```

```
GO
SELECT 课程编号, MAX (成绩) '最高分', MIN (成绩) '最低分', AVG (成绩) '平均分'
FROM 成绩表
WHERE 课程编号 ='001'
GROUP BY 课程编号
```

方法 2：先进行分组，再对分组后的数据根据条件进行筛选。在查询窗口中执行如下 SQL 语句：

```
USE Student
GO
SELECT 课程编号, MAX (成绩) '最高分', MIN (成绩) '最低分', AVG (成绩) '平均分'
FROM 成绩表
GROUP BY 课程编号
HAVING 课程编号 ='001'
```

举例 2：查询学号为 01201401001 学生所有课程的总分和平均分。

求总分使用 SUM (成绩)，平均分使用 AVG (成绩)，在查询窗口中执行如下 SQL 语句：

```
USE Student
GO
SELECT 学号, SUM (成绩) '总分', AVG (成绩) '平均分'
FROM 成绩表
WHERE 学号 ='01201401001'
GROUP BY 学号
```

举例 3：统计课程表中一共有多少门课程。

课程表中的每一行数据就是一门课的信息，统计有多少门课就是要统计课程表中有多少行。统计多少行使用 COUNT(*)语句。在查询窗口中执行如下 SQL 语句：

```
USE Student
GO
SELECT COUNT (*) '课程表中的课程门数'
FROM 课程表
```

2. 字符串函数

字符串函数常用于对字符串进行连接、截取等操作，常用的字符串函数如表 9-3 所示。

表 9-3 字符串函数

字符串函数	功能描述
ASCII(字符表达式)	返回字符表达式最左边字符的 ASCII 码
CHAR(整型表达式)	将一个 ASCII 码转换为字符，ASCII 码应在 0～255 之间
SPACE(整型表达式)	返回由重复的空格组成的字符串
LEN(字符表达式)	返回给定字符表达式的字符（而不是字节）的个数，其中不包含尾部的空格
RIGHT(字符串,整数)	返回字符串中从右边开始指定个数的字符

续表

字符串函数	功能描述
LEFT(字符串，整数)	返回从字符串左边开始指定个数的字符
SUBSTRING(字符表达式，起始点，N)	返回字符表达式中从“起始点”开始的 N 个字符
STR(浮点表达式 [，总长度 [，小数点右边的位数]])	由数字数据转换来的字符数据
LTRIM(字符串)	删除字符串左边的空格
RTRIM(字符串)	删除字符串右边的空格
LOWER(字符表达式)	将大写字符数据转换为小写字符数据后返回字符表达式
UPPER(字符表达式)	返回将小写字符数据转换为大写的字符表达式
REVERSE(字符表达式)	返回字符表达式的逆序
CHARINDEX(字符表达式 1，字符表达式 2，[起始位置])	返回字符表达式 1 上指定字符表达式 2 的起始位置
DIFFERENCE(字符表达式 1，字符表达式 2)	以整数返回两个字符表达式的 SOUNDEX 值之差
REPLICATE(字符表达式，正整数)	以指定的次数重复字符表达式
SOUNDEX(字符表达式)	返回由四个字符组成的代码（SOUNDEX）以评估两个字符串的相似性
STUFF(字符表达式 1，start，length，字符表达式 2)	删除指定长度的字符并在指定的起始点插入另一组字符
NCHAR(整型表达式)	根据 Unicode 标准所进行的定义，用给定整数代码返回 Unicode 字符
UNICODE(字符表达式)	返回字符表达式最左侧的 Unicode 代码
+	将字符串进行连接

举例 1：查询“Address”最左边字符“A”的 ASCII 码值。

返回字符串最左边字符“A”的 ASCII 码值，要用到字符串函数 ASCII，在查询窗口中执行如下 SQL 语句：

```
SELECT ASCII ('Address')
执行结果为：65
```

举例 2：查询 ASCII 码值为 65 的字符。

将 ASCII 码 65 转换为字符，要用到字符串函数 CHAR，在查询窗口中执行如下 SQL 语句：

```
SELECT CHAR (65)
执行结果为：A
```

举例 3：显示信息：将“清楚”显示两次，然后间隔 10 个空格，再将“明白”显示两次。

将字符串“清楚”和“明白”分别重复 2 次，要用到字符串函数 REPLICATE，返回由 10

个空格组成的字符串，要用到字符串函数 SPACE，用“+”实现字符串的连接。故在查询窗口中执行如下 SQL 语句：

```
SELECT REPLICATE ('清楚', 2) + SPACE (10) + REPLICATE ('明白', 2)
执行结果为：清楚清楚          明白明白
```

举例 4：计算字符串“SQL Server 2008 网络数据库管理项目”的字符个数。

返回给定字符串的字符个数，要用到 LEN 函数，该函数返回的是字符串的字符个数，而不是字节个数。故在查询窗口中执行如下 SQL 语句：

```
SELECT LEN ('SQL Server 2008 网络数据库管理项目')
执行结果为：24
```

举例 5：查询字符串“SQL Server 2008 网络数据库管理项目”从右边数的 4 个字符组成的字符串。

返回字符串中从右边开始的 4 个字符，要用到 RIGHT 函数。在查询窗口中执行如下 SQL 语句：

```
SELECT RIGHT ('SQL Server 2008 网络数据库管理项目', 4)
执行结果为：管理项目
```

举例 6：查询字符串“SQL Server 2008 网络数据库管理项目”从左边数的 3 个字符组成的字符串。

返回字符串中从左边开始的 3 个字符，要用到 LEFT 函数。在查询窗口中执行如下 SQL 语句：

```
SELECT LEFT ('SQL Server 2008 网络数据库管理项目', 3)
执行结果为：SQL
```

举例 7：查询字符串“SQL Server 2008 网络数据库管理项目”从第 5 个字符开始的 6 个字符组成的字符串。

返回字符串中从第 5 个字符开始的 6 个字符，要用到 SUBSTRING 函数。从第 5 个字符开始，所以该函数的第二个参数为 5，返回 6 个字符，故该函数的第三个参数为 6。在查询窗口中执行如下 SQL 语句：

```
SELECT SUBSTRING ('SQL Server 2008 网络数据库管理项目', 5, 6)
执行结果为：Server
```

举例 8：将字符串“Address”中的字符全部转换成小写字符。

将字符串的字符全部转换成小写字符，要用到 LOWER 函数。在查询窗口中执行如下 SQL 语句：

```
SELECT LOWER ('Address')
执行结果为：address
```

举例 9：将字符串“Address”中的字符全部转换成大写字符。

将字符串的字符全部转换成大写字符，要用到 UPPER 函数。在查询窗口中执行如下 SQL 语句：

```
SELECT UPPER ('Address')
```

```
执行结果为：ADDRESS
```

举例 10：显示字符串“Address”的逆序。

求字符串的逆序，要用到 REVERSE 函数。在查询窗口中执行如下 SQL 语句：

```
SELECT REVERSE ('Address')
执行结果为：sserddA
```

举例 11：查找字符串“数据库”在“SQL Server 2008 网络数据库管理项目”中的开始位置。

查找某一字符串在另一个字符串的开始位置，要用到 CHARINDEX 函数。字符表达式 1 为“数据库”，字符表达式 2 为“SQL Server 2008 网络数据库管理项目”，从字符表达式 2 的第 1 个字符处开始查找。在查询窗口中执行如下 SQL 语句：

```
SELECT CHARINDEX ('数据库', 'SQL Server 2008 网络数据库管理项目')
```

或

```
SELECT CHARINDEX ('数据库', 'SQL Server 2008 网络数据库管理项目', 0)
执行结果是：18
```

若要从字符串“SQL Server 2008 网络数据库管理项目”的第 20 个字符处开始查找，则要在查询窗口中执行如下 SQL 语句：

```
SELECT CHARINDEX ('数据库', 'SQL Server 2008 网络数据库管理项目', 20)
执行结果为：0
```

3. 日期函数

日期函数是对日期和时间输入值执行操作，返回一个字符串、数字或日期和时间值。表 9-4 列出了所有的日期函数，表 9-5 给出了日期元素及其缩写和取值范围。

表 9-4 日期函数

日期函数	功能描述
GETDATE()	返回当前系统日期和时间
DATENAME(日期元素，日期)	返回表示指定日期的指定日期部分的字符串
DATEPART(日期元素，日期)	返回表示指定日期的指定日期部分的整数
DATEDIFF(日期元素，日期 1，日期 2)	返回两个日期间的差值并转换为指定日期元素的形式
DATEADD(日期元素，数值，日期)	将日期元素加上数值产生新的日期
YEAR(日期)	返回日期中“年”的部分（整数）
MONTH(日期)	返回日期中“月”的部分（整数）
DAY(日期)	返回日期中“天”的部分（整数）
GETUTCDATE()	返回表示当前 UTC 时间（世界时间坐标或格林尼治标准时间）的日期值

表 9-5　日期元素及其缩写和取值范围

日期元素	缩写	取值范围	日期元素	缩写	取值范围
YEAR	YY，YYYY	1753～9999	HOUR	HH	0～23
MONTH	MM，M	1～12	MINUTE	MI，N	0～59
DAY	DD，D	1～31	QUARTER	QQ，Q	1～4
DAY OF YEAR	DY，Y	1～366	SECOND	SS，S	0～59
WEEK	WK，WW	0～52	MILLISECOND	MS	0～999

举例 1：给出当前系统的日期和时间。

获取当前系统的日期和时间，要用到日期函数 GETDATE()，在查询窗口中执行如下 SQL 语句：

```
SELECT GETDATE ()
执行结果为：2014-11-26 10:44:31.607
```

举例 2：输出日期“1980/05/18”的月份信息。

使用 DATENAME 函数获取日期“1980/05/18”的月份信息，返回的月份信息是字符串；使用 DATEPART 函数获取月份信息，返回的月份信息是整数。在查询窗口中执行如下 SQL 语句：

```
SELECT DATENAME (MONTH, '1980/05/18')
执行结果为：05
```

在查询窗口中执行如下 SQL 语句：

```
SELECT DATEPART (MONTH, '1980/05/18')
执行结果为：5
```

举例 3：张航的生日是“1994/05/02”，使用日期函数计算张航的年龄。

若要计算张航的年龄，可使用 DATEDIFF 函数，该函数的第一个参数为日期元素 YEAR，第二个参数为张航的生日“1994/05/02”，第三个参数是当前的系统日期和时间，而当前的系统日期和时间可使用函数 GETDATE()获得。在查询窗口中执行如下 SQL 语句：

```
SELECT DATEDIFF (YEAR, '1994/05/02', GETDATE ())
执行结果为：20
```

举例 4：使用日期函数获取明天的日期和时间。

计算明天的日期和时间，可使用函数 GETDATE 获得当前的系统日期和时间（2014-11-26 10:44:31.607），再使用 DATEADD 函数在当前系统日期和时间的“天”的部分进行加 1 操作。在查询窗口中执行如下 SQL 语句：

```
SELECT DATEADD (DAY, 1, GETDATE ())
执行结果为：2014-11-27 10:44:31.607
```

举例 5：查询当前系统日期和时间的年份。

使用函数 GETDATE 获得当前的系统日期和时间，再使用 YEAR 函数获取其中的年份信息。在查询窗口中执行如下 SQL 语句：

```
SELECT YEAR (GETDATE ())
执行结果为：2014
```

4. 数学函数

数学函数是对数值型数据进行数学运算，返回数字值。常用的数学函数如表 9-6 所示。

表 9-6 数学函数

数学函数	功能描述
ABS(数字表达式)	返回表达式的绝对值
PI()	返回 π 的值 3.14159265358979
CEILING(数值表达式)	返回大于或等于所给数值表达式的最小整数
FLOOR(数值表达式)	返回小于或等于数值表达式的最大整数
EXP(浮点表达式)	返回数值的指数形式
POWER(数值表达式，指定次方)	返回给定表达式乘指定次方的值
SQUARE(浮点表达式)	返回给定表达式的平方
SQRT(浮点表达式)	返回给定表达式的平方根
SIGN(数值表达式)	返回给定表达式的正（+1）、零（0）或负（-1）号
ROUND(数值表达式，整型表达式)	返回数值表达式并四舍五入为指定的长度或精度
RAND(整型表达式)	返回 0 到 1 之间的随机 float 值
LOG(浮点表达式)	返回所给浮点表达式的自然对数
LOG10(浮点表达式)	返回底数为 10 的对数
SIN(浮点表达式)	返回给定角度（以弧度为单位）的三角正弦值
COS(浮点表达式)	返回给定角度（以弧度为单位）的三角余弦值
TAN(浮点表达式)	返回给定角度（以弧度为单位）的正切值
COT(浮点表达式)	返回给定角度（以弧度为单位）的三角余切值
ASIN(浮点表达式)	反正弦函数。返回以弧度表示的角度值，该角度值的正弦为给定的浮点表达式
ACOS(浮点表达式)	反余弦函数。返回以弧度表示的角度值，该角度值的余弦为给定的浮点表达式
ATAN(浮点表达式)	反正切函数。返回以弧度表示的角度值，该角度值的正切为给定的浮点表达式

说明：数学函数（例如 ABS、CEILING、FLOOR、POWER 和 SIGN）返回与输入值具有相同数据类型的值。三角函数和其他函数（包括 EXP、LOG、LOG10、SQUARE 和 SQRT）将输入值转换为 float 类型并返回 float 值。

举例 1：使用数学函数计算 π 的值。

计算 π 的值，可使用 PI 函数。在查询窗口中执行如下 SQL 语句：

```
SELECT PI ()
执行结果为：3.14159265358979
```

举例 2：使用数学函数计算-21.5 的绝对值。

计算-21.5 的绝对值，可使用 ABS 函数。在查询窗口中执行如下 SQL 语句：

```
SELECT ABS (-21.5)
执行结果为：21.5
```

举例 3：使用数学函数计算大于或等于 105.45 的最小整数。

计算大于或等于 105.45 的最小整数，可使用 CEILING 函数。在查询窗口中执行如下 SQL 语句：

```
SELECT CEILING (105.45)
执行结果为：106
```

举例 4：使用数学函数计算小于或等于 105.45 的最大整数。

计算小于或等于 105.45 的最大整数，可使用 FLOOR 函数。在查询窗口中执行如下 SQL 语句：

```
SELECT FLOOR (105.45)
执行结果为：105
```

举例 5：使用数学函数计算 4^5 的结果。

计算 4^5，可使用 POWER，该函数的第一个参数为 4，第二个参数为 5。在查询窗口中执行如下 SQL 语句：

```
SELECT POWER (4, 5)
执行结果为：1024
```

举例 6：使用数学函数计算 100 的平方。

计算 100 的平方，可使用 SQUARE 函数。在查询窗口中执行如下 SQL 语句：

```
SELECT SQUARE (100)
执行结果为：10000
```

举例 7：使用数学函数计算 100 的平方根。

计算 100 的平方根，可使用 SQRT 函数。在查询窗口中执行如下 SQL 语句：

```
SELECT SQRT (100)
执行结果为：10
```

5. 系统函数

系统函数是用来获取 SQL Server 的有关信息。最常用的系统函数如表 9-7 所示。

表 9-7　系统函数

系统函数	功能描述
CONVERT (目标数据类型 [(长度)], 表达式 [, 样式])	将表达式显式转换成另一种数据类型
CAST (表达式 AS 目标数据类型 [(长度)])	将表达式显式转换成另一种数据类型

续表

系统函数	功能描述
CASE 表达式	计算条件列表，并返回表达式的多个可能结果之一
DATALENGTH(表达式)	返回表达式所占用的字节数
HOST_NAME()	返回主机名称
ISDATE(表达式)	表达式为有效日期格式时返回 1，否则返回 0
ISNULL(表达式，替换值)	表达式的值为 NULL 时，用指定的替换值进行替换
ISNUMERIC(表达式)	表达式为数值类型时返回 1，否则返回 0
NEWID()	生成全局唯一标识符
NULLIF(表达式 1，表达式 2)	如果两个指定的表达式相等，则返回空值

举例 1：将字符串 3.1415926 转换为数值，要求小数位数保留两位。

要实现数据类型的转换，可使用 CONVERT 函数，也可以使用 CAST 函数。要求小数位数保留两位，目标数据类型可采用 decimal 的数据类型。SQL Server 2008 中，decimal 数据类型的第一个参数为数值的最大长度（不包含小数点），第二个参数是小数位数。对于该字符串，要求小数位数为 2 位，整数部分有 1 位，故总长度为 3 即可。在查询窗口中执行如下 SQL 语句：

```
SELECT CONVERT (decimal (3, 2), '3.1415926')
执行结果为：3.14
```

或者在查询窗口中执行如下 SQL 语句：

```
SELECT CAST ('3.1415926' AS decimal (3, 2))
执行结果为：3.14
```

举例 2：获取当前系统日期。

GETDATE 函数可以获取当前系统的日期和时间，而此题只需获取日期部分信息，故使用 CONVERT 函数对当前系统的日期和时间进行类型转换，并使用样式参数来确定日期的显示格式。在查询窗口中执行如下 SQL 语句：

```
SELECT CONVERT (varchar (10), GETDATE (), 120)
执行结果为：2014-11-26
```

将当前系统日期和时间转换为 10 个长度的字符型，样式参数 120 的日期格式为：yyyy-mm-dd hh:mi:ss(24h)。

举例 3：计算字符串“SQL Server 2008 网络数据库管理项目”所占用的字节数。

计算字符串的字节数，可以使用 DATALENGTH 函数。在查询窗口中执行如下 SQL 语句：

```
SELECT DATALENGTH ('SQL Server 2008 网络数据库管理项目')
执行结果为：33
```

请读者比较 DATALENGTH 函数和 LEN 函数的区别。

6. 配置函数

配置函数即为全局变量，在前面任务 1 中已有介绍，此处不再赘述。

7. 排序函数

SQL Server 的排序函数能将查询结果按照指定的列排序，还可根据需要给出有间断的排序和没有间断的排序。排序函数及功能描述如表 9-8 所示。

表 9-8 排序函数

排序函数	功能描述
ROW_NUMBER()OVER(排序语句)	在查询结果中给出每行的序号
RANK()OVER(排序语句)	在查询结果中给出每行的序号，排序有可能会间断
DENSE_RANK()OVER(排序语句)	在查询结果中给出每行的序号，排序没有间断

举例 1：查询学号为 01201401001 学生的所有成绩信息，要求查询结果按照成绩排序，并且返回每一行的序号。

在成绩表中，成绩的列名为“成绩”，查询结果按成绩排序可以写为“ORDER BY 成绩”。在查询结果中给出每行的序号可写为“ROW_NUMBER () OVER (ORDER BY 成绩)”显示列标题为“序号”。在查询窗口中执行如下 SQL 语句：

```
USE Student
GO
SELECT ROW_NUMBER () OVER (ORDER BY 成绩) AS '序号', *
FROM 成绩表
WHERE 学号 ='01201401001'
```

执行结果如图 9-7 所示。

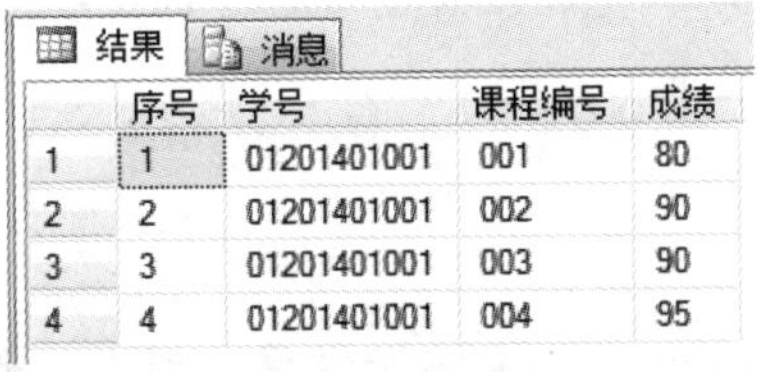

	序号	学号	课程编号	成绩
1	1	01201401001	001	80
2	2	01201401001	002	90
3	3	01201401001	003	90
4	4	01201401001	004	95

图 9-7 使用 ROW_NUMBER 的执行结果

举例 2：查询学号为 01201401001 学生的所有成绩信息，要求查询结果按照成绩排序，并且返回有间断的每一行的序号。

在查询结果中给出有间断的每行序号可写为“RANK () OVER (ORDER BY 成绩)”显示列标题为“序号”。在查询窗口中执行如下 SQL 语句：

```
USE Student
GO
SELECT RANK () OVER (ORDER BY 成绩) AS '序号', *
FROM 成绩表
WHERE 学号 ='01201401001'
```

执行结果如图 9-8 所示。

	序号	学号	课程编号	成绩
1	1	01201401001	001	80
2	2	01201401001	002	90
3	2	01201401001	003	90
4	4	01201401001	004	95

图 9-8 使用 RANK 的执行结果

举例 3：查询学号为 01201401001 学生的所有成绩信息，要求查询结果按照成绩排序，并且返回没有间断的每一行的序号。

在查询结果中给出没有间断的每行序号可写为“DENSE_RANK () OVER (ORDER BY 成绩)”显示列标题为“序号”。在查询窗口中执行如下 SQL 语句：

```
USE Student
GO
SELECT DENSE_RANK() OVER (ORDER BY 成绩) AS '序号',*
FROM 成绩表
WHERE 学号 ='01201401001'
```

执行结果如图 9-9 所示。

	序号	学号	课程编号	成绩
1	1	01201401001	001	80
2	2	01201401001	002	90
3	2	01201401001	003	90
4	3	01201401001	004	95

图 9-9 使用 DENSE_RANK 的执行结果

读者可比较图 9-7、图 9-8 和图 9-9 的执行结果，通过对比加深对三个排序函数的理解。

9.2.3 任务实施

任务 2-1：查询学生的基本信息，要求显示学号、姓名、性别和年龄。

步骤 1：在 SQL Server Management Studio 中，单击工具栏中的“新建查询（N）”按钮。

步骤 2：在新建查询窗口中输入如下代码：

```
--将当前数据库切换至 Student
USE Student
GO
/* 查询学生的基本信息，要求显示学号、姓名、性别和年龄。*/
SELECT 学号, 姓名, 性别, DATEDIFF (YEAR, 出生日期, GETDATE ()) '年龄'
FROM 学生表
```

步骤 3：在 SQL Server Management Studio 中，单击工具栏中的“执行（X）”按钮，得到的执行结果如图 9-10 所示。

	学号	姓名	性别	年龄
1	01201401001	秦伊诺	女	19
2	01201401002	张航	男	20
3	01201401003	李小飞	男	18
4	01201401004	赵文婷	男	19

图 9-10　查询学生基本信息的执行结果

程序分析：在上述代码中，要显示的学号，姓名和性别信息可以在表中直接获取，而年龄信息需要使用日期函数 DATEDIFF 来获取。该函数的第一个参数是 YEAR，表示需要将两个日期在年上做相减操作，第二个参数是学生的出生日期，第三个参数是日期函数 GETDATE，用来获取当前的系统日期。用当前的系统日期的年份减去学生出生日期的年份，即可获得学生的年龄信息。

任务 2-2：按班级编号统计各个班级开设课程的门数。

步骤 1：在 SQL Server Management Studio 中，单击工具栏中的“新建查询（N）”按钮。

步骤 2：在新建查询窗口中输入如下代码：

```
--将当前数据库切换至 Student
USE Student
GO
/* 按班级编号统计各个班级开设课程的门数。*/
SELECT 班级编号, COUNT (*) '班级开设课程的门数'
FROM 班级排课表
GROUP BY 班级编号
```

步骤 3：在 SQL Server Management Studio 中，单击工具栏中的“执行（X）”按钮，得到的执行结果如图 9-11 所示。

	班级编号	班级开设课程的门数
1	01201401	4

图 9-11　统计班级开设课程门数的执行结果

程序分析：在班级排课表中，每一行记录代表着该班级所开设的一门课程。故要统计各个班级开设课程的门数，就是统计各个班级所拥有的记录条数，统计行数使用聚合函数 COUNT (*)。按班级进行分组统计，使用 GROUP BY 语句。在上述代码中，是按照班级编号来进行统计的，也可以按照班级名称来进行统计，由于班级名称是班级表中的数据，故要进行两个表的多表连接查询，连接条件为：班级表.班级编号 = 班级排课表.班级编号。代码如下：

```
--将当前数据库切换至 Student
USE Student
GO
/* 按班级名称统计各个班级开设课程的门数。*/
SELECT    班级名称, COUNT (*) '班级开设课程的门数'
```

```
FROM 班级排课表 JOIN 班级表
ON 班级表.班级编号 = 班级排课表.班级编号
GROUP BY 班级名称
```

任务 2-3：统计用户给定学号和学期的学生成绩信息，要求显示学号、姓名、学期、总成绩和平均成绩（小数位数保留两位）。

步骤 1：在 SQL Server Management Studio 中，单击工具栏中的“新建查询（N）”按钮。

步骤 2：在新建查询窗口中输入如下代码：

```
--将当前数据库切换至 Student
USE Student
GO
/* 查询用户给定学号和学期的成绩信息，要求显示学号、姓名、学期、总成绩和平均成绩（小数位数保留两位）。*/
--定义两个局部变量，用于存储用户给定的学号和学期信息
DECLARE @student_ID varchar (12), @tearm varchar (10)
SELECT @student_ID = '01201401001', @tearm = '2013-2' --给局部变量赋值
SELECT 成绩表.学号, 姓名, 学期, SUM (成绩) '总成绩', CONVERT (decimal (5, 2), AVG (成绩)) '平均成绩'
FROM 学生表 JOIN 成绩表
ON 学生表.学号 = 成绩表.学号
JOIN 班级排课表
ON 成绩表.课程编号 = 班级排课表.课程编号
WHERE 成绩表.学号 =@student_ID AND 学期 =@tearm
GROUP BY 成绩表.学号, 姓名, 学期
```

步骤 3：在 SQL Server Management Studio 中，单击工具栏中的“执行（X）”按钮，得到的执行结果如图 9-12 所示。

结果 消息

	学号	姓名	学期	总成绩	平均成绩
1	01201401001	秦伊诺	2013-2	170	85.00

图 9-12 统计用户给定学号和学期的学生成绩信息的执行结果

程序分析：在上述代码中，定义两个局部变量来存储用户给定的学号和学期信息，求总成绩使用聚合函数 SUM，求平均成绩使用聚合函数 AVG。将平均成绩的小数位数保留两位小数，要用到系统函数 CONVERT，实现数据类型的转换。转换后的数据类型为 decimal，考虑百分制的成绩整数部分最大是 100，为 3 位，小数位数为 2 位，故总长度选择 5。要求显示姓名信息，该信息来自于学生表，要求显示学期信息，该信息来自于班级排课表，故该题为三个表的多表连接查询，连接条件为：学生表.学号 = 成绩表.学号，成绩表.课程编号 = 班级排课表.课程编号。上述代码是先进行条件的筛选，再进行分组统计。也可以先进行分组，再对分组后的数据进行条件的筛选，会得到相同的统计结果。代码如下：

```
--将当前数据库切换至 Student
```

```
USE Student
GO
/* 查询用户给定学号和学期的成绩信息，要求显示学号、姓名、学期、总成绩和平均成绩（小数位数保留两位）。*/
--定义两个局部变量，用于存储用户给定的学号和学期信息
DECLARE @student_ID varchar (12), @tearm varchar (10)
SELECT @student_ID = '01201401001', @tearm = '2013-2' --给局部变量赋值
SELECT  成绩表.学号, 姓名, 学期, SUM (成绩) '总成绩', CONVERT (decimal (5, 2), AVG (成绩)) '平均成绩'
FROM 学生表 JOIN 成绩表
ON 成绩表.学号 = 学生表.学号
JOIN 班级排课表
ON 成绩表.课程编号 = 班级排课表.课程编号
GROUP BY 成绩表.学号, 姓名, 学期
HAVING 成绩表.学号 = @student_ID AND 学期 = @tearm
```

任务 2-4：统计用户给定学号和学期的学生成绩信息，要求显示学号、姓名、学期、课程名称、成绩、总成绩和平均成绩。

步骤 1：在 SQL Server Management Studio 中，单击工具栏中的“新建查询（N）”按钮。

步骤 2：在新建查询窗口中输入如下代码：

```
--将当前数据库切换至 Student
USE Student
GO
/* 统计用户给定学号和学期的成绩信息，要求显示学号、姓名、学期、课程名称、成绩、总成绩和平均成绩。*/
--定义两个局部变量，用来存储用户指定的学号和学期信息
DECLARE @student_ID varchar (12), @tearm varchar (10)
SELECT @student_ID = '01201401001', @tearm = '2013-2' --给局部变量赋值
SELECT  成绩表.学号, 姓名, 学期, 课程名称, 成绩
FROM 学生表 JOIN 成绩表
ON 学生表.学号 = 成绩表.学号
JOIN 班级排课表
ON 成绩表.课程编号 = 班级排课表.课程编号
JOIN 课程表
ON 班级排课表.课程编号 = 课程表.课程编号
WHERE 成绩表.学号 = @student_ID AND 学期 = @tearm
ORDER BY 成绩表.学号, 学期
COMPUTE SUM (成绩), AVG (成绩) BY 成绩表.学号, 学期
```

步骤 3：在 SQL Server Management Studio 中，单击工具栏中的“执行（X）”按钮，得到的执行结果如图 9-13 所示。

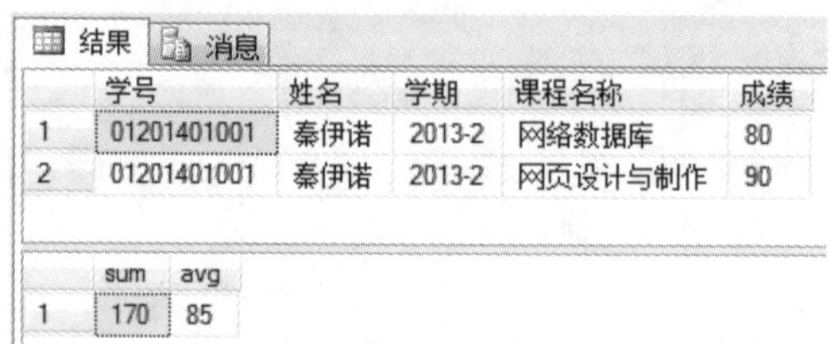

	学号	姓名	学期	课程名称	成绩
1	01201401001	秦伊诺	2013-2	网络数据库	80
2	01201401001	秦伊诺	2013-2	网页设计与制作	90

	sum	avg
1	170	85

图 9-13　统计用户给定学号和学期的学生成绩信息的执行结果

程序分析：本题与上一题都是统计给定学号和学期的学生成绩信息，但上一题只要求显示统计信息，并不要求显示每一门课的具体信息，故在分组统计时选用 GROUP BY 语句。本题不但要求显示统计信息，还要求显示出给定学生给定学期各门课的名称和成绩。在分组统计时，如果需要显示明细信息，可使用 COMPUTE BY 语句。由于学生姓名信息来自于学生表，学期信息来自于班级排课表，课程名称信息来自于课程表，故该题为四个表的多表连接查询。学生表.学号 = 成绩表.学号，为学生表和成绩表的连接条件，成绩表.课程编号 = 班级排课表.课程编号，为成绩表和班级排课表的连接条件，班级排课表.课程编号 = 课程表.课程编号，则是班级排课表与课程表的连接条件。本题要求显示总成绩和平均成绩，使用聚合函数 SUM 和 AVG 即可获得，根据学号和学期进行分组统计，使用语句“COMPUTE SUM (成绩), AVG (成绩) BY 成绩表.学号, 学期”来实现。在使用 COMPUTE BY 语句之前，须先按学号和学期排序查询结果，使用语句“ORDER BY 成绩表.学号, 学期”来实现。

任务 2-5：按学期统计用户给定学号的学生成绩信息，要求显示该学生各个学期所有课程的总成绩和平均成绩（小数位数保留两位）。

步骤 1：在 SQL Server Management Studio 中，单击工具栏中的“新建查询（N）”按钮。

步骤 2：在新建查询窗口中输入如下代码：

```
--将当前数据库切换至 Student
USE Student
GO
/*按学期统计用户给定学号的学生成绩信息，要求显示该学生各个学期所有课程的总成绩和平均成绩（小数位数保留两位）。*/
--定义一个局部变量，用来存储用户指定的学号信息
DECLARE @student_ID varchar (12)
SELECT @student_ID = '01201401001' --给局部变量赋值
SELECT  学期, SUM (成绩) '总成绩', CONVERT (decimal (5, 2), AVG (成绩))  '平均成绩'
FROM 成绩表 JOIN 班级排课表
ON 成绩表.课程编号 = 班级排课表.课程编号
WHERE 学号 = @student_ID
GROUP BY 学期
```

步骤 3：在 SQL Server Management Studio 中，单击工具栏中的“执行（X）”按钮，得到的执行结果如图 9-14 所示。

	学期	总成绩	平均成绩
1	2013-2	170	85.00
2	2014-1	185	92.50

图 9-14　按学期统计用户给定学号的学生成绩信息的执行结果

程序分析：按学期统计用户给定学号的学生成绩信息，首先定义一个局部变量用来存储用户给定的学号信息。使用聚合函数 SUM 来统计总成绩，使用聚合函数 AVG 统计平均成绩。使用系统函数 CONVERT 转换平均成绩的数据类型，转换后的数据类型选用 decimal 类型，考虑百分制的成绩整数部分最大是 100，为 3 位，小数位数为 2 位，故总长度选择 5。使用“GROUP BY 学期”语句来进行分组统计。上述代码中，是先进行条件的筛选，再进行分组统计，也可以先进行分组，然后再对分组后数据进行条件的筛选，将得到一样的执行结果。代码如下：

```
--将当前数据库切换至 Student
USE Student
GO
/*按学期统计用户给定学号的学生成绩信息，要求显示该学生各个学期所有课程的总成绩和平均成绩（小数位数保留两位）。*/
--定义一个局部变量，用来存储用户指定的学号信息
DECLARE @student_ID varchar (12)
SELECT @student_ID = '01201401001' --给局部变量赋值
SELECT 学期, SUM (成绩) '总成绩', CONVERT (decimal (5, 2), AVG (成绩))  '平均成绩'
FROM 成绩表 JOIN 班级排课表
ON 成绩表.课程编号 = 班级排课表.课程编号
GROUP BY 学号, 学期
HAVING 学号 = @student_ID
```

任务 2-6：统计用户给定课程编号的成绩信息，要求显示课程编号、课程名称、最高分、最低分、平均分（小数位数保留两位）。

步骤 1：在 SQL Server Management Studio 中，单击工具栏中的“新建查询（N）”按钮。

步骤 2：在新建查询窗口中输入如下代码：

```
--将当前数据库切换至 Student
USE Student
GO
/* 统计用户给定课程编号的成绩信息，要求显示课程编号、课程名称、最高分、最低分、平均分（小数位数保留两位）。*/
--定义一个局部变量，用来存储用户指定的课程编号信息
DECLARE @course_No varchar (3)
SELECT @course_No = '001' --给局部变量赋值
SELECT 成绩表.课程编号,课程名称, MAX (成绩) '最高分', MIN (成绩) '最低分', CONVERT (decimal (5, 2), AVG (成绩))  '平均成绩'
FROM 成绩表 JOIN 课程表
ON 成绩表.课程编号 = 课程表.课程编号
```

```
WHERE 成绩表.课程编号 = @course_No
GROUP BY 成绩表.课程编号, 课程名称
```

步骤 3：在 SQL Server Management Studio 中，单击工具栏中的“执行（X）”按钮，得到的执行结果如图 9-15 所示。

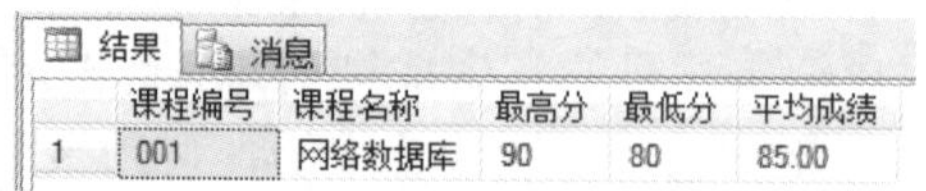

	课程编号	课程名称	最高分	最低分	平均成绩
1	001	网络数据库	90	80	85.00

图 9-15　统计用户给定课程编号的成绩信息的执行结果

程序分析：统计用户给定课程编号的成绩信息，首先要定义一个局部变量来存储用户给定的课程编号。使用聚合函数 MAX 求最高分，使用聚合函数 MIN 求最低分，使用聚合函数 AVG 求平均分。使用系统函数 CONVERT 转换平均成绩的数据类型，转换后的数据类型选用 decimal 类型，考虑百分制的成绩整数部分最大是 100，为 3 位，小数位数为 2 位，故总长度选择 5。由于课程名称信息来自于课程表，故该题是两个表的多表连接查询，要有一个连接条件，即“成绩表.课程编号 = 课程表.课程编号”。分组统计使用 GROUP BY 语句。上述代码是先进行条件的筛选，再进行分组统计，也可以先进行分组统计，再对分组后的数据进行条件的筛选，会得到相同的执行结果。代码如下：

```
--将当前数据库切换至 Student
USE Student
GO
/* 统计用户给定课程编号的成绩信息，要求显示课程编号、课程名称、最高分、最低分、平均分（小数位数保留两位）。*/
--定义一个局部变量，用来存储用户指定的学号信息
DECLARE @course_No varchar (3)
SELECT @course_No = '001' --给局部变量赋值
SELECT 成绩表.课程编号, 课程名称, MAX (成绩) '最高分', MIN (成绩) '最低分', CONVERT (decimal (5, 2), AVG (成绩))  '平均成绩'
FROM 成绩表 JOIN 课程表
ON 成绩表.课程编号 = 课程表.课程编号
GROUP BY 成绩表.课程编号, 课程名称
HAVING 成绩表.课程编号 = @course_No
```

任务 3　用户自定义函数

SQL Server 不但提供了系统内置函数，还允许用户自己定义函数。用户自定义函数是由一个或多个 Transact-SQL 语句组成的子程序。创建用户自定义函数，是为了提高软件的可重用性和可维护性。使用用户自定义函数，解决如下问题：

（1）创建用户自定义函数，返回给定半径的圆的面积。

（2）创建用户自定义函数，返回给定学号和学期的学生成绩信息，成绩信息包括学号、姓名、学期、总成绩和平均成绩（小数位数保留两位）。

（3）创建用户自定义函数，返回给定学号的学生各学期的成绩信息，成绩信息包括该学生各个学期所有课程的总成绩和平均成绩（小数位数保留两位）。

（4）创建用户自定义函数，返回给定课程编号的成绩信息，成绩信息包括课程编号、课程名称、最高分、最低分、平均分（小数位数保留两位）。

9.3.1 任务分析

学会创建、修改和删除用户自定义函数，能够灵活运用用户自定义函数解决实际问题。

9.3.2 相关知识

用户自定义函数可以有输入参数并有返回值，但没有输出参数。当函数的输入参数有默认值时，调用该函数必须明确指定 DEFAULT 关键字才能获取默认值。用户自定义函数分为标量值函数、内嵌表值函数和多语句表值函数 3 类。

1. 标量值函数

标量值函数是指函数的返回值只有一个除 text、ntext、image、cursor、timestamp 和 table 类型外的简单数据类型值，如数字类型、字符串类型。创建标量值函数的语法如下：

```
CREATE FUNCTION [ 所有者名称.] 函数名称
[ ({ @参数名称 [AS] 数据类型 =[ 默认值 ] } [ …N ]) ]
RETURNS 数据类型
[ WITH { ENCRYPTION | SCHEMABINDING } ]
[ AS ]
BEGIN
    函数体
    RETURN 标量表达式
END
```

参数说明：

（1）ENCRYPTION：加密选项，以防止用户自定义函数作为 SQL Server 复制的一部分被发布。

（2）SCHEMABINDING：计划绑定选项，将用户自定义函数绑定到它所引用的数据库对象。如果指定了此选项，函数则不能被删除和修改，除非删除绑定。

修改标量值函数的语法如下：

```
ALTER FUNCTION [ 所有者名称.] 函数名称
[ ({ @参数名称 [AS] 数据类型 =[ 默认值 ] } [ …N ]) ]
RETURNS 数据类型
[ WITH { ENCRYPTION | SCHEMABINDING } ]
[ AS ]
```

```
BEGIN
    函数体
    RETURN 标量表达式
END
```

删除标量值函数的语法如下：

```
DROP FUNCTION [ 所有者名称. ] 函数名称
```

举例 1：创建名为 CalcCj 的用户自定义函数，返回给定两个整数的乘积，其中一个整数的默认值为 8。

要求返回两个给定整数的乘积，并且其中一个整数的默认值为 8。该用户自定义函数有两个输入参数，类型均为整型，返回值的类型也为整型。在查询窗口中执行如下 SQL 语句：

```
CREATE FUNCTION dbo.CalcCj (@i int, @j int = 8)
RETURNS int
AS
BEGIN
    RETURN @i * @j
END
```

举例 2：调用名为 CalcCj 的用户自定义函数。

使用默认值调用，在查询窗口中执行如下 SQL 语句：

```
SELECT dbo.CalcCj(2,DEFAULT)
DEFAULT 关键字获取了该函数的第二个参数的默认值 8，故执行结果为：16
```

不使用默认值调用，在查询窗口中执行如下 SQL 语句：

```
SELECT dbo.CalcCj(2,4)
执行结果为：8
```

举例 3：修改名为 CalcCj 的用户自定义函数，返回给定两个整数的和。

修改用户自定义函数要用 ALTER FUNCTION 语句，在查询窗口中执行如下 SQL 语句：

```
ALTER FUNCTION dbo.CalcCj (@i int, @j int)
RETURNS int
AS
BEGIN
    RETURN @i + @j
END
```

举例 4：删除名为 CalcCj 的用户自定义函数。

删除用户自定义函数要用 DROP FUNCTION 语句，在查询窗口中执行如下 SQL 语句：

```
DROP FUNCTION dbo.CalcCj
```

2. 内嵌表值函数

内嵌表值函数是通过将单个 SELECT 语句的结果集作为函数返回的值，没有函数主体。创建内嵌表值函数的语法如下：

```
CREATE FUNCTION [ 所有者名称. ] 函数名称
[ ({ @参数名称 [AS] 数据类型 =[ 默认值 ] } [ …N ]) ]
```

```
RETURNS TABLE
[ WITH { ENCRYPTION | SCHEMABINDING } ]
[ AS ]
    RETURN [ (SELECT 语句) ]
```

说明：TABLE 是一种特殊的数据类型，可用于函数、存储过程和批处理中，用来存储结果集以供后续处理。该数据类型主要用于临时存储一组行，这些行作为表值函数的结果集返回。

修改内嵌表值函数的语法如下：

```
ALTER FUNCTION [ 所有者名称. ] 函数名称
[ ({ @参数名称 [ AS ] 数据类型 =[ 默认值 ] } [ …N ]) ]
RETURNS TABLE
[ WITH { ENCRYPTION | SCHEMABINDING } ]
[ AS ]
RETURN [ (SELECT 语句) ]
```

删除内嵌表值函数的语法如下：

```
DROP FUNCTION [ 所有者名称. ] 函数名称
```

举例 1：创建名为 SelStudent 的用户自定义函数，返回给定学号的学生基本信息，该信息包括学号、姓名、性别、出生日期。

该用户自定义函数要求返回给定学号的学生基本信息，可使用内嵌表值函数实现，返回值的数据类型是 TABLE 类型。在查询窗口中执行如下 SQL 语句：

```
/*将当前数据库切换至 Student*/
USE Student
GO
/*创建内嵌表值函数，返回给定学号学生的基本信息*/
CREATE FUNCTION dbo.SelStudent (@student_ID varchar (12))
RETURNS TABLE
AS
RETURN (SELECT 学号, 姓名, 性别, 出生日期
     FROM 学生表
     WHERE 学号 =@student_ID)
GO
```

举例 2：调用名为 SelStudent 的用户自定义函数。

调用名为 SelStudent 的用户自定义函数，查询学号为 01201401001 的学生基本信息，在查询窗口中执行如下 SQL 语句：

```
SELECT * FROM dbo.SelStudent ('01201401001')
```

举例 3：修改名为 SelStudent 的用户自定义函数，要求对该用户自定义函数进行加密处理。

修改用户自定义函数，要用到 ALTER FUNCTION 语句，对函数进行加密，要用到 WITH ENCRYPTION 语句。在查询窗口中执行如下 SQL 语句：

```
/*将当前数据库切换至 Student*/
USE Student
```

```
GO
/*修改内嵌表值函数，对其进行加密处理*/
ALTER FUNCTION dbo.SelStudent (@student_ID varchar (12))
RETURNS TABLE
WITH ENCRYPTION
AS
RETURN (SELECT 学号, 姓名, 性别, 出生日期
    FROM 学生表
    WHERE 学号 =@student_ID)
GO
```

举例 4：删除名为 SelStudent 的用户自定义函数。

删除用户自定义函数，要用到 DROP FUNCTION 函数。在查询窗口中执行如下 SQL 语句：

```
DROP FUNCTION dbo.SelStudent
```

3. 创建多语句表值函数

多语句表值函数和内嵌表值函数的返回值一样也是表，但与内嵌表值函数不同的是：一方面，内嵌表值函数的返回值是 SELECT 语句查询的结果集，而多语句表值函数的返回值保存在自定义的表变量中；另一方面，内嵌表值函数的函数体主体只有一条 SELECT 语句，而多语句表值函数在函数返回值之前还有其他的 T-SQL 语句。创建多语句表值函数的语法如下：

```
CREATE FUNCTION [ 所有者名称. ] 函数名称
[ ({ @参数名称 [AS] 数据类型 =[ 默认值 ] } [ …N ]) ]
RETURNS @表变量名称 TABLE 表的定义
[ WITH { ENCRYPTION | SCHEMABINDING } ]
[ AS ]
BEGIN
    函数体
    RETURN
END
```

说明：返回值是表变量，表变量的行为类似于局部变量，只是该局部变量的数据类型为 TABLE（表）类型。

修改多语句表值函数的语法如下：

```
ALTER FUNCTION [ 所有者名称. ] 函数名称
[ ({ @参数名称 [AS] 数据类型 =[ 默认值 ] } [ …N ]) ]
RETURNS @表变量名称 TABLE 表的定义
[ WITH { ENCRYPTION | SCHEMABINDING } ]
[ AS ]
BEGIN
    函数体
    RETURN
END
```

删除多语句表值函数的语法如下：

```
DROP FUNCTION [ 所有者名称. ] 函数名称
```

举例 1：创建名为 SelStu 的多语句表值函数，该函数返回给定学号学生的基本信息，包括学号、姓名和性别。

创建多语句表值函数，输入参数为@student_ID，接收给定的学生学号信息。返回值是表变量，这个表变量的名称为@StuInfo，表的定义为：学号 varchar (12), 姓名 nvarchar (10), 性别 char (2)，分别用来临时存储查询出来的学号、姓名和性别信息。在查询窗口中执行如下 SQL 语句：

```
CREATE FUNCTION dbo.SelStu (@student_ID varchar (12))
RETURNS @StuInfo TABLE (学号 varchar (12), 姓名 nvarchar (10), 性别 char (2))
AS
BEGIN
    --查询给定学号学生的基本信息，并保存在表变量中
    INSERT @StuInfo
    SELECT 学号, 姓名, 性别
    FROM 学生表
    WHERE 学号 = @student_ID
    RETURN
END
GO
```

举例 2：调用名为 SelStu 的多语句表值函数。

调用名为 SelStu 的用户自定义函数，查询学号为 01201401001 的学生基本信息，在查询窗口中执行如下 SQL 语句：

```
SELECT * FROM dbo.SelStu ('01201401001')
```

9.3.3 任务实施

任务 3-1：创建用户自定义函数，返回给定半径的圆的面积。

步骤 1：在 SQL Server Management Studio 中，单击工具栏中的“新建查询（N）”按钮。

步骤 2：在新建查询窗口中输入如下代码：

```
/*创建用户自定义标量值函数，该函数返回给定半径的圆的面积。*/
CREATE FUNCTION dbo.CalcArea (@r float)
RETURNS float
AS
BEGIN
    DECLARE @Area float
    SET @Area = 3.14 * SQUARE (@r)
    RETURN @Area
END
```

步骤 3：在 SQL Server Management Studio 中，单击工具栏中的“执行（X）”按钮，名为 CalcArea 的用户自定义函数创建成功。

步骤 4：调用名为 CalcArea 的用户自定义函数，计算半径为 2.5 的圆的面积。在 SQL Server Management Studio 中，单击工具栏中的“新建查询（N）”按钮。在该查询窗口中输入如下代码：

```
SELECT dbo.CalcArea (2.5)
```

单击工具栏中的“执行（X）”按钮，得到执行结果为：19.625。

程序分析：计算给定半径圆的面积，可创建用户自定义标量值函数来实现。有一个输入参数@r，用来存储给定的半径值，数据类型为 float，返回值的数据类型也为 float。其中的 SQUARE 函数，用来计算半径的平方值。

任务 3-2：创建用户自定义内嵌表值函数，返回给定学号和学期的学生成绩信息，成绩信息包括学号、姓名、学期、总成绩和平均成绩（小数位数保留两位）。将该函数修改为用户自定义多语句表值函数，实现上述功能。

步骤 1：在 SQL Server Management Studio 中，单击工具栏中的“新建查询（N）”按钮。

步骤 2：在新建查询窗口中输入如下代码：

```
--将当前数据库切换至 Student
USE Student
GO
/*创建用户自定义内嵌表值函数，返回给定学号和学期的学生成绩信息*/
CREATE FUNCTION dbo.SelCjByID (@student_ID varchar (12), @term varchar (10))
RETURNS TABLE
AS
RETURN (SELECT 成绩表.学号, 姓名, 学期, SUM (成绩) '总成绩',
    CONVERT (decimal (5, 2), AVG (成绩)) '平均成绩'
    FROM 学生表 JOIN 成绩表
    ON 学生表.学号 = 成绩表.学号
    JOIN 班级排课表
    ON 成绩表.课程编号 = 班级排课表.课程编号
    WHERE 成绩表.学号 =@student_ID AND 学期 =@term
    GROUP BY 成绩表.学号, 姓名, 学期)
```

步骤 3：在 SQL Server Management Studio 中，单击工具栏中的“执行（X）”按钮，名为 SelCjByID 的用户自定义函数创建成功。

步骤 4：调用名为 SelCjByID 的用户自定义函数，返回学号为 01201401001 学生第 2013-2 学期的成绩信息。在查询窗口中输入如下代码：

```
SELECT * FROM dbo.SelCjByID ('01201401001', '2013-2')
```

选中该语句，单击工具栏中的“执行（X）”按钮，得到执行结果如图 9-16 所示。

结果 | 消息

	学号	姓名	学期	总成绩	平均成绩
1	01201401001	秦伊诺	2013-2	170	85.00

图 9-16 调用 SelCjByID 函数的执行结果

步骤 5：使用用户自定义多语句表值函数，实现返回给定学号和学期的学生成绩信息，成绩信息包括学号、姓名、学期、总成绩和平均成绩（小数位数保留两位）的功能。单击工具栏中的“新建查询（N）”按钮，在新建查询窗口中输入如下代码：

```
--将当前数据库切换至 Student
USE Student
GO
--删除名为 SelCjByID 的用户自定义内嵌表值函数
DROP FUNCTION dbo.SelCjByID
GO
/* 创建名为 SelCjByID 的用户自定义多语句表值函数，返回给定学号和学期的学生成绩信息*/
CREATE FUNCTION dbo.SelCjByID (@student_ID varchar (12),
                               @term varchar (10))
RETURNS @CjByID TABLE (学号 varchar (12), 姓名 nvarchar (10), 学期 varchar (10), 总成绩 float,
平均成绩 decimal (5, 2))
AS
BEGIN
    --将查询结果集存储在表变量@CjByID 中
    INSERT @CjByID
    SELECT 成绩表.学号, 姓名, 学期, SUM (成绩) '总成绩',
    CONVERT (decimal (5, 2), AVG (成绩)) '平均成绩'
    FROM 学生表 JOIN 成绩表
    ON 学生表.学号 = 成绩表.学号
    JOIN 班级排课表
    ON 成绩表.课程编号 = 班级排课表.课程编号
    WHERE 成绩表.学号 =@student_ID AND 学期 =@term
    GROUP BY 成绩表.学号, 姓名, 学期
    --返回表变量@CjByID
    RETURN
END
```

步骤 6：调用名为 SelCjByID 的用户自定义函数，返回学号为 01201401001 学生第 2013-2 学期的成绩信息。在查询窗口中输入如下代码：

```
SELECT * FROM dbo.SelCjByID ('01201401001', '2013-2')
```

选中该语句，单击工具栏中的“执行（X）”按钮，得到执行结果如图 9-16 所示。

程序分析：在创建用户自定义内嵌表值函数的代码中，该函数有两个输入参数@student_ID 和@term，分别用来接收用户给定的学号和学期信息。RETURN 返回的是由一条 SELECT 语句生成的查询结果集，该 SELECT 语句已经在任务 2 中做过分析，这里不再赘述。该题与任务 2 中的第 3 个问题，实现的是同一功能，只不过在这里使用用户自定义内嵌表值函数来解决。

若直接修改 SelCjByID 函数为多语句表值函数，在执行时，会出现如下错误：“无法对 SelCjByID 进行更改，因为它是不兼容的对象类型。”故应先将 SelCjByID 函数删除，再创建

名为 SelCjByID 的用户自定义多语句表值函数。

在创建用户自定义多语句表值函数的代码中，返回值是一个表变量@CjByID，该表变量有 5 个字段，分别用来存储查询结果集中的学号、姓名、学期、总成绩和平均成绩的值。值得注意的一点是表变量中字段的数据类型及长度，要与查询结果集中对应字段的数据类型及长度相同或兼容。首先将查询结果集存储在表变量中，再将表变量返回。

任务 3-3：创建用户自定义内嵌表值函数，返回给定学号的学生各学期的成绩信息，成绩信息包括该学生各个学期所有课程的总成绩和平均成绩（小数位数保留两位）。将该函数修改为用户自定义多语句表值函数，实现上述功能。

步骤 1：在 SQL Server Management Studio 中，单击工具栏中的“新建查询（N）”按钮。

步骤 2：在新建查询窗口中输入如下代码：

```
--将当前数据库切换至 Student
USE Student
GO
/* 创建用户自定义内嵌表值函数，返回给定学号的学生各学期的成绩信息。*/
CREATE FUNCTION dbo.SelCjByID2 (@student_ID varchar (12))
RETURNS TABLE
AS
RETURN (SELECT   学期, SUM (成绩) '总成绩',
           CONVERT (decimal (5, 2), AVG (成绩))   '平均成绩'
           FROM 成绩表 JOIN 班级排课表
           ON 成绩表.课程编号 = 班级排课表.课程编号
           WHERE 学号 =@student_ID
           GROUP BY 学期)
```

步骤 3：在 SQL Server Management Studio 中，单击工具栏中“执行（X）”按钮，名为 SelCjByID2 的用户自定义函数创建成功。

步骤 4：调用名为 SelCjByID2 的用户自定义函数，查询学号为 01201401001 的学生各学期的成绩信息。在 SQL Server Management Studio 中，单击工具栏中的“新建查询（N）”按钮。在该查询窗口中输入如下代码：

```
SELECT * FROM dbo.SelCjByID2 ('01201401001')
```

在 SQL Server Management Studio 中，单击工具栏中的“执行（X）”按钮，得到执行结果如图 9-17 所示。

结果 | 消息

	学期	总成绩	平均成绩
1	2013-2	170	85.00
2	2014-1	185	92.50

图 9-17　调用 SelCjByID2 函数的执行结果

步骤 5：使用用户自定义多语句表值函数，实现返回给定学号的学生各学期的成绩信息，成绩信息包括该学生各个学期所有课程的总成绩和平均成绩（小数位数保留两位）的功能。单击工具栏中的“新建查询（N）”按钮，在新建的查询窗口中输入如下代码：

```
--将当前数据库切换至 Student
USE Student
GO
--删除名为 SelCjByID2 的用户自定义内嵌表值函数
DROP FUNCTION dbo.SelCjByID2
GO
/* 创建名为 SelCjByID2 的用户自定义多语句表值函数，返回给定学号学生各学期的成绩信息。*/
CREATE FUNCTION dbo.SelCjByID2 (@student_ID varchar (12))
RETURNS @CjByID2 TABLE (学期  varchar (10), 总成绩  float, 平均成绩  decimal (5, 2))
AS
BEGIN
    INSERT @CjByID2
    SELECT  学期, SUM (成绩) '总成绩',
    CONVERT (decimal (5, 2), AVG (成绩))  '平均成绩'
    FROM 成绩表  JOIN  班级排课表
    ON 成绩表.课程编号 = 班级排课表.课程编号
    WHERE 学号 = @student_ID
    GROUP BY 学期
    RETURN
END
```

步骤 6：调用名为 SelCjByID2 的用户自定义函数，查询学号为 01201401001 的学生各学期的成绩信息。在查询窗口中输入如下代码：

```
SELECT * FROM dbo.SelCjByID2 ('01201401001')
```

选中该语句，单击工具栏中的“执行（X）”按钮，得到执行结果如图 9-17 所示。

程序分析：在创建用户自定义内嵌表值函数的代码中，有一个输入参数@student_ID，用来接收用户给定的学号信息。RETURN 返回的是由一条 SELECT 语句生成的查询结果集，该 SELECT 语句已经在任务 2 中做过分析，这里不再赘述。该题与任务 2 中的第 5 个问题，实现的是同一功能，只不过在这里使用用户自定义内嵌表值函数来解决。

若直接修改 SelCjByID2 函数为多语句表值函数，在执行时，会出现如下错误：“无法对 SelCjByID2 进行更改，因为它是不兼容的对象类型。”故应先将 SelCjByID2 函数删除，再创建名为 SelCjByID2 的用户自定义多语句表值函数。

在创建用户自定义多语句表值函数的代码中，返回值是一个表变量@CjByID2，该表变量有 3 个字段，分别用来存储查询结果集中的学期、总成绩和平均成绩的值。值得注意的一点是表变量中字段的数据类型及长度，要与查询结果集中对应字段的数据类型及长度相同或兼容。首先将查询结果集存储在表变量中，再将表变量返回。

任务 3-4：创建用户自定义内嵌表值函数，返回给定课程编号的成绩信息，成绩信息包括课程编号、课程名称、最高分、最低分、平均分（小数位数保留两位）。将该函数修改为用户自定义多语句表值函数，实现上述功能。

步骤 1：在 SQL Server Management Studio 中，单击工具栏中的“新建查询（N）”按钮。

步骤 2：在新建查询窗口中输入如下代码：

```
--将当前数据库切换至 Student
USE Student
GO
/* 创建用户自定义内嵌表值函数，返回给定课程编号的成绩信息。*/
CREATE FUNCTION dbo.SelCjByCou (@course_No varchar (3))
RETURNS TABLE
AS
RETURN(SELECT  成绩表.课程编号,课程名称, MAX (成绩) '最高分',
    MIN (成绩) '最低分',
    CONVERT (decimal (5, 2), AVG (成绩))   '平均成绩'
    FROM  成绩表  JOIN  课程表
    ON  成绩表.课程编号 = 课程表.课程编号
    WHERE  成绩表.课程编号 =@course_No
    GROUP BY  成绩表.课程编号, 课程名称)
```

步骤 3：在 SQL Server Management Studio 中，单击工具栏中的“执行（X）”按钮，名为 SelCjByCou 的用户自定义函数创建成功。

步骤 4：调用名为 SelCjByCou 的用户自定义函数，查询课程编号为 001 的成绩信息。在 SQL Server Management Studio 中，单击工具栏中的“新建查询（N）”按钮。在该查询窗口中输入如下代码：

```
SELECT * FROM dbo.SelCjByCou ('001')
```

在 SQL Server Management Studio 中，单击工具栏中的“执行（X）”按钮，得到执行结果如图 9-18 所示。

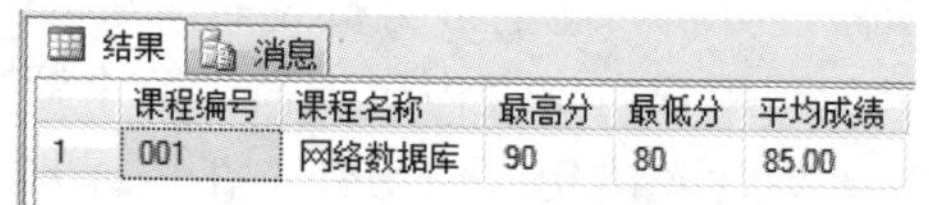

图 9-18　调用 SelCjByCou 函数的执行结果

步骤 5：使用用户自定义多语句表值函数，实现返回给定课程编号的成绩信息，成绩信息包括课程编号、课程名称、最高分、最低分、平均分（小数位数保留两位）的功能。单击工具栏中的“新建查询（N）”按钮，在新建查询窗口中输入如下代码：

```
--将当前数据库切换至 Student
USE Student
GO
```

```
--删除用户自定义内嵌表值函数 SelCjByCou
DROP FUNCTION dbo.SelCjByCou
GO
/* 创建名为 SelCjByCou 的用户自定义多语句表值函数，返回给定课程编号的成绩信息。*/
CREATE FUNCTION dbo.SelCjByCou (@course_No varchar (3))
RETURNS @CjByCou TABLE (课程编号  varchar (3), 课程名称  nvarchar (50),
                                    最高分  float, 最低分  float, 平均成绩  decimal (5, 2))
AS
BEGIN
    INSERT @CjByCou
    SELECT  成绩表.课程编号,课程名称, MAX (成绩) '最高分',
    MIN (成绩) '最低分',
    CONVERT (decimal (5, 2), AVG (成绩))    '平均成绩'
    FROM  成绩表  JOIN  课程表
    ON  成绩表.课程编号  =  课程表.课程编号
    WHERE  成绩表.课程编号  = @course_No
    GROUP BY  成绩表.课程编号, 课程名称
    RETURN
END
```

步骤 6：调用名为 SelCjByCou 的用户自定义函数，查询课程编号为 001 的成绩信息。在查询窗口中输入如下代码：

```
SELECT * FROM dbo.SelCjByCou ('001')
```

选中该语句，单击工具栏中的“执行（X）”按钮，得到执行结果如图 9-18 所示。

程序分析：在创建用户自定义内嵌表值函数的代码中，有一个输入参数@course_No，用来接收用户给定的课程编号信息。RETURN 返回的是由一条 SELECT 语句生成的查询结果集，该 SELECT 语句已经在任务 2 中做过分析，这里不再赘述。该题与任务 2 中的第 6 个问题，实现的是同一功能，只不过在这里使用用户自定义内嵌表值函数来解决。

若直接修改 SelCjByCou 函数为多语句表值函数，在执行时，会出现如下错误：“无法对 SelCjByCou 进行更改，因为它是不兼容的对象类型。”故应先将 SelCjByCou 函数删除，再创建名为 SelCjByCou 的用户自定义多语句表值函数。

在创建用户自定义多语句表值函数的代码中，返回值是一个表变量@CjByCou，该表变量有 5 个字段，分别用来存储查询结果集中的课程编号、课程名称、最高分、最低分和平均成绩的值。值得注意的一点是表变量中字段的数据类型及长度，要与查询结果集中对应字段的数据类型及长度相同或兼容。首先将查询结果集存储在表变量中，再将表变量返回。

任务 4　游标

使用 SELECT 语句为变量赋值时，只能将结果集的一条记录赋值给一组变量，然而在实

际应用开发中，往往需要同时处理一条或多条记录，单纯的变量赋值很难满足工程项目的开发需要，游标提供了实现这种功能的机制。本任务使用游标解决下列问题：

（1）使用游标将学生表中第三条记录的“政治面貌”列的值改为“预备党员”。

（2）使用游标将学生表中的最后一条记录删除。

（3）使用游标逐行显示班级编号为 01201401 的学生学号和姓名信息。

9.4.1 任务分析

掌握游标的使用方法，会灵活运用游标解决实际问题。

9.4.2 相关知识

游标主要应用于编写存储过程、触发器和批处理脚本程序中，可以实现对由 SELECT 语句返回的结果集进行逐条处理。

1. 游标支持的功能

（1）在结果集中定位特定的数据行。

（2）从结果集的当前位置检索数据行。

（3）修改结果集当前位置数据行的数据。

2. 游标的分类

SQL Server 支持 3 种类型的游标：Transact-SQL 游标、应用程序编程接口（API）服务器游标及客户端游标，这里主要介绍 Transact-SQL 游标。

由于 Transact-SQL 游标和 API 服务器游标都在服务器上实现，所以它们统称为服务器游标。服务器游标的一个缺点是：并不支持所有的 Transact-SQL 语句。服务器游标不支持生成多个结果集的 Transact-SQL 语句，因此，当应用程序执行包含多个 SELECT 语句的存储过程或批处理时，不能使用服务器游标。服务器游标也不支持包含 COMPUTE、COMPUTE BY、FOR BROWSE 或 INTO 关键字的 SQL 语句。

3. 使用游标的步骤

使用游标的典型过程如下：声明游标；打开游标；循环从游标中检索记录；关闭游标；释放游标。

（1）声明游标

使用 DECLARE CURSOR 语句声明一个游标，它指定产生该游标结果的 SELECT 语句。语法格式如下：

```
DECLARE 游标名 CURSOR
[ LOCAL | GLOBAL ]
[ FORWARD_ONLY | SCROLL ]
[ STATIC | KEYSET | DYNAMIC | FAST_FORWARD ]
[ READ_ONLY ]
FOR SELECT 语句
```

```
[ FOR UPDATE [ OF 列名 [,…n ] ] ]
```

参数说明：

LOCAL：定义游标的作用域仅限其所在的批处理、存储过程或触发器中。

GLOBAL：指定该游标的作用域是全局的。

SELECT 语句：用来定义游标所要处理的结果集。在 SELECT 语句中不允许使用关键字 COMPUTE、COMPUTE BY、FOR BROWSE 和 INTO。

FORWARD_ONLY：指定游标只能从第一行滚动到最后一行。

SCROLL：指定所有的提取选项（FIRST、LAST、PRIOR、NEXT、RELATIVE、ABSOLUTE）均可使用。

STATIC：静态游标类型。

KEYSET：键集游标类型。

DYNAMIC：动态游标类型。

FAST_FORWRD：只进游标类型。

READ_ONLY：设定游标为只读。

UPDATE [OF 列名 [,…n]]：定义游标中能够更新的列。如果指定“OF 列名 [,…n]”就只允许修改列出的列，如果在 UPDATE 中未指定列的列表，除非指定了 READ_ONLY 并发选项，否则所有列均可更新。

举例：声明一个名为 SelClass 的游标，该游标的查询结果集为“班级表”中的所有记录。

在查询窗口中执行如下 SQL 语句：

```
--将当前数据库切换至 Student
USE Student
GO
--声明一个名为 SelClass 的游标
DECLARE SelClass CURSOR SCROLL FOR SELECT * FROM 班级表
```

（2）打开游标

游标创建后，需将其打开才能从中提取记录，使用 OPEN 语句打开游标。语法格式如下：

```
OPEN 游标名
```

举例：打开游标 SelClass。

在查询窗口中执行如下 SQL 语句：

```
OPEN SelClass
```

（3）循环从游标中检索记录。

1）从游标中提取数据

游标打开后，可使用 FETCH 语句从 SELECT 结果集中查询单独的数据行。其语法格式如下：

```
FETCH [ FIRST | LAST | PRIOR | NEXT | ABSOLUTE { n | @nvar } | RELATIVE { n | @nvar } ]
FROM 游标名
[ INTO @变量名 [,…n ] ]
```

参数说明：

FIRST：返回游标中的第一行并将其作为当前行。

LAST：返回游标中的最后一行并将其作为当前行。

PRIOR：返回当前行的前一行数据，并移动记录指针到当前位置。如果 FETCH PRIOR 为对游标的第一行提取操作，则没有行返回并且游标置于第一行之前。

NEXT：返回当前行的下一行数据，并移动记录指针到当前位置。如果 FETCH NEXT 为对游标的第一次提取操作，则返回结果集的第一行。NEXT 为默认的游标提取选项。

ABSOLUTE { n | @nvar }：当 n 或@nvar 为正数时，返回从游标头开始的第 n 行并将返回的行变成新的当前行。当 n 或@nvar 为负数时，返回游标尾之前的第 n 行并将返回的行变成新的当前行。当 n 或@nvar 为 0 时，则没有行返回。n 必须为整型常量且@nvar 必须为 smallint、tinyint 或 int。

RELATIVE { n | @nvar }：当 n 或@nvar 为正数时，返回当前行之后的第 n 行并将返回的行变成新的当前行。当 n 或@nvar 为负数时，返回当前行之前的第 n 行并将返回的行变成新的当前行。当 n 或@nvar 为 0 时，返回当前行。如果对游标的第一次提取操作将 FETCH RELATIVE 的 n 或@nvar 指定为负数或 0，则没有行返回。n 必须为整型常量且@nvar 必须为 smallint、tinyint 或 int。

INTO @变量名 [,…n]：存入变量。允许将当前行的指定列数据存放到所给出的局部变量中。列表中的每个局部变量从左到右要与游标 SELECT 结果集中的相应列对应，数据类型必须与对应列的数据类型相同或兼容，局部变量的数目必须与游标选择列表中列的数目相同。

举例：提取游标 SelClass 的第二条记录，并将其存放到局部变量中。

首先定义 3 个局部变量，用来存储从游标中提取出来的记录信息。在查询窗口中执行如下 SQL 语句：

```
DECLARE @class_No varchar (8), @class_Name nvarchar (30),
        @depart_No varchar (3)
FETCH ABSOLUTE 2 FROM SelClass
INTO @class_No, @class_Name, @depart_No
```


2）如果需要，可以使用 UPDATE 或 DELETE 语句修改游标位置的数据行。

如果游标定义为可修改，那么当定位在游标中的某个数据行时，可以执行修改或删除操作。修改或删除只针对在游标中建立当前行的基表，称为定位修改。要以使用 UPDATE 或 DELETE 语句中的“WHERE CURRENT OF 游标名”子句执行定位修改。

举例 1：修改游标 SelClass 的第一行数据，将“班级名称”列的值改为“14 级网络工程”。

在查询窗口中执行如下 SQL 语句：

```
FETCH FIRST FROM SelClass
UPDATE 班级表 SET 班级名称 ='14 级网络工程' WHERE CURRENT OF SelClass
```

举例 2：删除游标 SelClass 的最后一行数据。

在查询窗口中执行如下 SQL 语句：

```
FETCH LAST FROM SelClass
```

```
DELETE 班级表 WHERE CURRENT OF SelClass
```

3）关于@@FETCH_STATUS

要判断游标数据提取是否成功，可通过全局变量@@FETCH_STATUS 的返回值来确定。在每次用 FETCH 语句从游标中读取数据时，都应检查该变量，以确定上次 FETCH 操作是否成功，决定如何进行下一步处理。@@FETCH_STATUS 返回值的含义如下：

0：FETCH 语句成功。

-1：FETCH 语句失败或此行不在结果集中。

-2：被提取的行不存在。

在未执行任何提取操作前，@@FETCH_STATUS 的值是未知的。

举例：提取游标 SelClass 的第一条记录，若提取成功，则显示“提取成功!”，若提取不成功，则显示“提取不成功!”

首先使用 FETCH 语句提取游标的第一条记录，然后测试@@FETCH_STATUS 的值，来判断提取是否成功。在查询窗口中执行如下 SQL 语句：

```
FETCH FIRST FROM SelClass
IF @@FETCH_STATUS = 0
    PRINT '提取成功！'
ELSE
    PRINT '提取不成功！'
```

（4）关闭游标

当游标使用完毕之后，使用 CLOSE 语句可以关闭游标，但不释放游标占用的系统资源。因此，游标关闭后还可以使用 OPEN 语句重新打开。其语法格式如下：

```
CLOSE 游标名
```

举例：关闭游标 SelClass。

在查询窗口中执行如下 SQL 语句：

```
CLOSE SelClass
```

（5）释放游标

当游标关闭之后，仍在内存中占用系统资源。因此可使用 DEALLOCATE 语句从当前会话中删除对游标的引用，以释放分配给该游标的所有资源。游标释放之后不可以用 OPEN 语句重新打开，必须使用 DECLARE 语句重建游标。其语法格式如下：

```
DEALLOCATE 游标名
```

举例：释放游标 SelClass。

在查询窗口中执行如下 SQL 语句：

```
DEALLOCATE SelClass
```

9.4.3 任务实施

任务 4-1：使用游标将学生表中第三条记录的“政治面貌”列的值改为“预备党员”。

步骤 1：在 SQL Server Management Studio 中，单击工具栏中的“新建查询（N）”按钮。

步骤 2：在新建查询窗口中输入如下代码：

```
--将当前数据库切换至 Student
USE Student
GO
--声明游标 SelStudent，要处理的结果集是从学生表中检索所有记录。
DECLARE SelStudent CURSOR SCROLL FOR SELECT * FROM 学生表
--打开游标
OPEN SelStudent
--获取游标的第三条记录
FETCH ABSOLUTE 3 FROM SelStudent
--将该记录的“政治面貌”列的值修改为预备党员
UPDATE 学生表 SET 政治面貌 ='预备党员' WHERE CURRENT OF SelStudent
--关闭游标
CLOSE SelStudent
--释放游标
DEALLOCATE SelStudent
```

步骤 3：在 SQL Server Management Studio 中，单击工具栏中的“执行（X）”按钮。学生表第三条记录的“政治面貌”列的值原来是“团员”，执行完上述代码后，变成了“预备党员”。

程序分析：该题目很好地展现了使用游标的典型过程，即使用 DECLARE 语句声明游标；使用 OPEN 语句打开游标；使用 FETCH 语句获取游标记录，由于要获取第三条记录，所以 FETCH 使用的参数为 ABSOLUTE 3，然后使用 UPDATE 语句修改当前记录的值，其中 WHERE CURRENT OF SelStudent 表示修改的是游标的当前记录；使用 CLOSE 语句关闭游标；使用 DEALLOCATE 语句释放游标。

任务 4-2：使用游标将学生表中的最后一条记录删除。

步骤 1：在 SQL Server Management Studio 中，单击工具栏中的“新建查询（N）”按钮。

步骤 2：在新建查询窗口中输入如下代码：

```
--将当前数据库切换至 Student
USE Student
GO
--声明游标 SelStudent，要处理的结果集是从学生表中检索所有记录。
DECLARE SelStudent CURSOR SCROLL FOR SELECT * FROM 学生表
--打开游标
OPEN SelStudent
--获取游标的最后一条记录
FETCH LAST FROM SelStudent
--将该记录删除
DELETE 学生表 WHERE CURRENT OF SelStudent
--关闭游标
CLOSE SelStudent
--释放游标
```

```
DEALLOCATE SelStudent
```

步骤 3：在 SQL Server Management Studio 中，单击工具栏中的“执行（X）”按钮，则学生表中的最后一条记录被删除。

程序分析：该题目要求将学生表中的最后一条记录删除。故在使用 FETCH 获取游标记录时，使用了参数 LAST，以获取游标的最后一条记录。然后使用 DELETE 语句将获取的记录删除，其中 WHERE CURRENT OF SelStudent 表示删除的是游标的当前记录。

任务 4-3：使用游标逐行显示班级编号为 01201401 的学生学号和姓名信息。

步骤 1：在 SQL Server Management Studio 中，单击工具栏中的“新建查询（N）”按钮。

步骤 2：在新建查询窗口中输入如下代码：

```
--将当前数据库切换至 Student
USE Student
GO
/*声明两个局部变量，用来存储游标记录中学号和姓名的值*/
DECLARE @student_ID varchar (12), @student_Name nvarchar (10)
/*声明游标 SelStudent，处理的结果集是班级编号为 01201401 的学号和姓名信息*/
DECLARE SelStudent CURSOR FOR
SELECT 学号, 姓名 FROM 学生表 WHERE 班级编号 ='01201401'
--打开游标
OPEN SelStudent
--获取游标的第一条记录，并将其存放在局部变量中
FETCH NEXT FROM SelStudent INTO @student_ID, @student_Name
--输出游标记录的字段名
PRINT SPACE (4) + '学号' + SPACE (12) + '姓名'
/*判断@@FETCH_STATUS 的值是否为 0，如果为 0 表示提取成功，执行循环体*/
WHILE @@FETCH_STATUS = 0
BEGIN
    --输出记录信息
    PRINT @student_ID + SPACE (1) +
        SPACE ((20 - DATALENGTH (@student_Name)) / 2) + @student_Name
    --获取游标的下一条记录，并将其存放在局部变量中
    FETCH NEXT FROM SelStudent INTO @student_ID, @student_Name
END
--关闭游标
CLOSE SelStudent
--释放游标
DEALLOCATE SelStudent
```

步骤 3：在 SQL Server Management Studio 中，单击工具栏中的“执行（X）”按钮，得到的执行结果如图 9-19 所示。

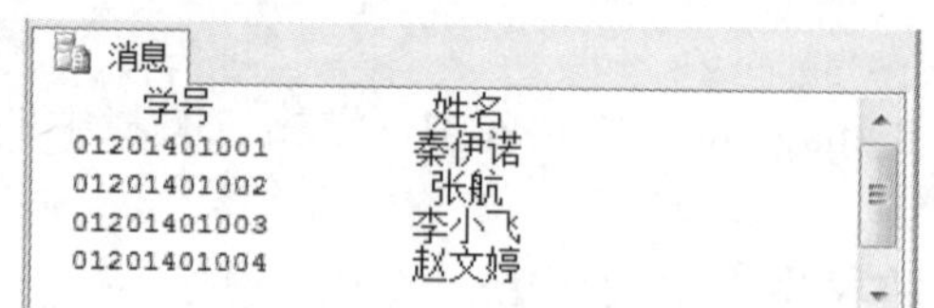

图 9-19 使用游标显示信息的执行结果

程序分析：定义两个局部变量@student_ID 和@student_Name，分别用来存放游标记录中的学号和姓名信息。在使用 DECLARE 语句声明游标，使用 OPEN 语句打开游标后：首先使用 FETCH NEXT 语句获取游标的第一条记录，并将其存放在局部变量中，然后判断@@FETCH_STATUS 的值是否为 0，如果为 0，表示提取成功，则使用 PRINT 语句将该记录信息输出显示。再提取下一条记录，然后再判断@@FETCH_STATUS 的值是否为 0，这里使用 WHILE 循环来遍历游标中的所有记录。最后关闭游标和释放游标。在上述代码中还使用了系统内置函数 SPACE 函数和 DATALENGTH 函数，主要是用于调整输出后的显示效果，使其更整齐美观。

项目小结

本项目主要介绍了 Transact-SQL 编程的基础知识，包括批处理、注释符、标识符、常量、变量、运算符、表达式、输出语句、流控语句、系统内置函数、用户自定义函数和游标。其中流控语句又包括 BEGIN…END 语句、IF…ELSE 语句、CASE…END 语句、WHILE 语句和 RETURN 语句；系统内置函数又包括聚合函数、字符串函数、日期函数、系统函数和排序函数等；用户自定义函数又包括用户自定义标量值函数、用户自定义内嵌表值函数和用户自定义多语句表值函数。读者应掌握上述知识的使用方法，并能综合运用上述知识编写程序，以解决实际问题。

实训项目

综合实训 1：创建用户自定义标量值函数，计算用户给定整数的阶乘值（假设用户给定值为 n，则计算 1*2*3*…*n 的值，n 的取值范围为 1～20 的任何整数）。

实训目标：掌握 Transact-SQL 编程的基础知识，包括局部变量的声明和赋值，BEGIN 语句、IF 语句、WHILE 语句、RETURN 语句和系统内置函数 CONVERT 函数的使用方法，用户自定义标量值函数的创建和调用等。并能够综合运用上述知识编写程序，解决实际问题。

实训要求：该题目要求通过创建用户自定义标量值函数来实现，使用 WHILE 语句计算输入参数的阶乘值，并通过 IF 语句对输入参数进行判断，以决定是返回阶乘值，还是返回错误提示信息。

实训操作步骤：

步骤 1：在 SQL Server Management Studio 中，单击工具栏中的“新建查询（N）”按钮。

步骤 2：在新建查询窗口中输入如下代码：

```
/*创建用户自定义标量值函数，计算用户给定整数的阶乘值（假设用户给定值为 n，则计算 1*2*3*…*n 的值，n 的取值范围为 1～20 的任何整数）*/
CREATE FUNCTION dbo.CalcFactorial (@n tinyint)
RETURNS nvarchar (30)
AS
BEGIN
--如果输入参数不在有效的范围内，则提示用户检查后重新调用。
IF @n < 1 OR @n > 20
    RETURN '您所给定的输入参数不在有效的范围内，请检查后重新调用！'
--定义循环控制变量@i，存放阶乘值的变量@Fact 和返回变量@ReturnFact
DECLARE @i tinyint, @Fact bigint, @ReturnFact nvarchar (30)
SELECT @i = 1, @Fact = 1     --为局部变量赋值
--判断@i 的值是否小于等于输入参数，如果条件成立，则执行循环体。
WHILE @i <= @n
BEGIN
    SET @Fact = @Fact * @i      --进行累乘操作
    SET @i = @i + 1             --循环控制变量进行加 1 操作
END
--将阶乘值的数据类型进行转换
SET @ReturnFact = CONVERT (nvarchar (30), @Fact)
--返回阶乘值
RETURN @ReturnFact
END
```

步骤 3：在 SQL Server Management Studio 中，单击工具栏中的“执行（X）”按钮，名为 CalcFactorial 的用户自定义函数创建成功。

步骤 4：调用名为 CalcFactorial 的用户自定义函数，计算 10 的阶乘。在 SQL Server Management Studio 中，单击工具栏中的“新建查询（N）”按钮。在该查询窗口中输入如下代码：

```
SELECT dbo.CalcFactorial (10)
```

在 SQL Server Management Studio 中，单击工具栏中的“执行（X）”按钮，得到执行结果是：3628800。

若在该查询窗口中输入如下代码：

```
SELECT dbo.CalcFactorial (30)
```

选中该语句，单击工具栏中的“执行（X）”按钮，得到执行结果是：您所给定的输入参数不在有效的范围内，请检查后重新调用！

综合实训 2：创建用户自定义内嵌表值函数，统计给定日期的图书借出量信息，要求显示借出日期和数量。

实训目标：掌握 Transact-SQL 编程的基础知识，包括系统内置函数 COUNT 函数的使用方法，用户自定义内嵌表值函数的创建和调用等。并能够综合运用上述知识编写程序，解决实际问题。

实训要求：该题目要求通过创建用户自定义表值函数来实现，使用系统内置函数 COUNT 来统计图书的借出量，使用 GROUP BY 子句根据借出日期进行分组统计。

实训操作步骤：

步骤 1：在 SQL Server Management Studio 中，单击工具栏中的“新建查询（N）”按钮。

步骤 2：在新建查询窗口中输入如下代码：

```
--将当前数据库切换到 Book 数据库
USE Book
GO
/* 创建用户自定义内嵌表值函数，统计给定日期的图书借出量信息，要求显示借出日期和数量。*/
CREATE FUNCTION dbo.StaQuantity (@Borrow_Date datetime)
RETURNS TABLE --返回值的数据类型为 TABLE
AS
RETURN (SELECT Borrow_Date '借出日期', COUNT (*) '借出数量' --统计数量
    FROM Borrow_Info
    WHERE Borrow_Date = @Borrow_Date
    GROUP BY Borrow_Date)--根据借出日期进行分组统计
```

步骤 3：在 SQL Server Management Studio 中，单击工具栏中的“执行（X）”按钮，名为 StaQuantity 的用户自定义函数创建成功。

步骤 4：调用名为 StaQuantity 的用户自定义函数，查询借出日期为 2014/04/16 的图书借出量信息。在 SQL Server Management Studio 中，单击工具栏中的“新建查询（N）”按钮。在该查询窗口中输入如下代码：

```
SELECT * FROM dbo.StaQuantity ('2014/04/16')
```

在 SQL Server Management Studio 中，单击工具栏中的“执行（X）”按钮，得到的执行结果如图 9-20 所示。

图 9-20 用户自定义内嵌表值函数 StaQuantity 的执行结果

综合实训 3：创建用户自定义内嵌表值函数，使用简单 CASE 表达式，查询给定出版社的图书信息，内容包括图书编码、图书名称和图书状态。

实训目标：掌握 Transact-SQL 编程的基础知识，包括简单 CASE 表达式的使用方法，用户自定义内嵌表值函数的创建和调用等。并能够综合运用上述知识编写程序，解决实际问题。

实训要求：该题目要求通过创建用户自定义内嵌表值函数来实现，使用简单 CASE 表达

式来获取“图书状态”列的值，该列的值是由 Is_Borrow 列的值来决定的。若 Is_Borrow 列的值为“是”，则图书状态列的值为“已借出”；若 Is_Borrow 列的值为“否”，则图书状态列的值为“未借出”。

实训操作步骤：

步骤 1：在 SQL Server Management Studio 中，单击工具栏中的“新建查询（N）”按钮。

步骤 2：在新建查询窗口中输入如下代码：

```
--将当前数据库切换到 Book 数据库
USE Book
GO
/*  创建用户自定义内嵌表值函数，使用简单 CASE 表达式，查询给定出版社的图书信息，内容包括图书编码、图书名称和图书状态。*/
CREATE FUNCTION dbo.SelBook (@Publisher nvarchar (30))
RETURNS TABLE --返回值的数据类型为 TABLE
AS
RETURN
(SELECT Book_No '图书编码', Book_Name '图书名称', '图书状态' =
      CASE Is_Borrow      --使用简单 CASE 表达式，判断 Is_Borrow 列的值。
          --若 Is_Borrow 列的值为“是”，则图书状态的值为“已借出”
          WHEN '是' THEN '已借出'
          --若 Is_Borrow 列的值为“否”，则图书状态的值为“未借出”
          WHEN '否' THEN '未借出'
      END
FROM Book_Info
WHERE Publisher = @Publisher)
```

步骤 3：在 SQL Server Management Studio 中，单击工具栏中的“执行（X）”按钮，名为 SelBook 的用户自定义函数创建成功。

步骤 4：调用名为 SelBook 的用户自定义函数，查询出版社为“中国水利水电出版社”的图书信息。在 SQL Server Management Studio 中，单击工具栏中的“新建查询（N）”按钮。在该查询窗口中输入如下代码：

```
SELECT * FROM dbo.SelBook ('中国水利水电出版社')
```

在 SQL Server Management Studio 中，单击工具栏中的“执行（X）”按钮，得到的执行结果如图 9-21 所示。

结果 消息

	图书编码	图书名称	图书状态
1	00000002	Web应用程序开发教程	已借出
2	00000003	SQL Server 2005数据库及应用	已借出
3	00000005	人工智能基础	未借出

图 9-21　用户自定义内嵌表值函数 SelBook 的执行结果

综合实训 4：创建用户自定义内嵌表值函数，使用 CASE 搜索表达式，查询给定读者编码的图书借阅情况，内容包括图书名称、归还日期和借阅状态。

实训目标：掌握 Transact-SQL 编程的基础知识，包括 CASE 搜索表达式的使用方法，用户自定义内嵌表值函数的创建和调用等。并能够综合运用上述知识编写程序，解决实际问题。

实训要求：该题目要求通过创建用户自定义内嵌表值函数来实现，使用 CASE 搜索表达式来获取“借阅状态”列的值，该列的值是由 Is_Return 列的值来决定的。若 Is_Return 列的值为“是”，则借阅状态列的值为“已归还”；若 Is_Return 列的值为“否”，则借阅状态列的值为“未归还”。由于图书名称来自于图书信息表，故要完成该题目，就要用到多表查询。

实训操作步骤：

步骤 1：在 SQL Server Management Studio 中，单击工具栏中的“新建查询（N）”按钮。

步骤 2：在新建查询窗口中输入如下代码：

```
--将当前数据库切换到 Book 数据库
USE Book
GO
/*  创建用户自定义内嵌表值函数，使用 CASE 搜索表达式，查询给定读者编码的图书借阅情况，内容包括图书名称、归还日期和借阅状态。*/
CREATE FUNCTION dbo.SelBorrow (@Reader_No varchar (5))
RETURNS TABLE --返回值的数据类型为 TABLE
AS
RETURN
(SELECT Book_Name '图书名称', Return_Date '归还日期', '借阅状态' =
      CASE   --使用 CASE 搜索表达式，判断 Is_Return 列的值。
           --若 Is_Return 列的值为“是”，则借阅状态的值为“已归还”
           WHEN Is_Return = '是' THEN '已归还'
           --若 Is_Return 列的值为“否”，则借阅状态的值为“未归还”
           WHEN Is_Return = '否' THEN '未归还'
      END
FROM Borrow_Info JOIN Book_Info   --多表连接查询
--两个表的多表连接查询，要有一个连接条件
ON Borrow_Info.Book_No = Book_Info.Book_No
WHERE Reader_No = @Reader_No)
```

步骤 3：在 SQL Server Management Studio 中，单击工具栏中的“执行（X）”按钮，名为 SelBorrow 的用户自定义函数创建成功。

步骤 4：调用名为 SelBorrow 的用户自定义函数，查询读者编码为 00001 的图书借阅信息。在 SQL Server Management Studio 中，单击工具栏中的“新建查询（N）”按钮。在该查询窗口中输入如下代码：

```
SELECT * FROM dbo.SelBorrow ('00001')
```

在 SQL Server Management Studio 中，单击工具栏中的“执行（X）”按钮，得到的执行结

果如图 9-22 所示。

	图书名称	归还日期	借阅状态
1	Oracle数据库应用教程	2014-04-22 00:00:00.000	已归还
2	SQL Server 2005数据库及应用	2014-04-23 00:00:00.000	未归还

图 9-22　用户自定义内嵌表值函数 SelBorrow 的执行结果

综合实训 5：创建用户自定义多语句表值函数，统计用户给定读者编码的罚款信息，要求显示读者编码、读者姓名、最多罚款金额、最少罚款金额和总罚款金额。

实训目标：掌握 Transact-SQL 编程的基础知识，包括系统内置函数 MAX、MIN、SUM 函数的使用方法，用户自定义多语句表值函数的创建和调用等。并能够综合运用上述知识编写程序，解决实际问题。

实训要求：该题目要求通过创建用户自定义多语句表值函数来实现。使用系统内置函数 MAX、MIN 和 SUM 函数，获取最多罚款金额、最少罚款金额和总罚款金额。由于读者姓名信息来自于读者信息表，故涉及两个表的多表连接查询，要有一个连接条件。使用 GROUP BY 子句根据读者编码和读者姓名进行分组统计。

实训操作步骤：

步骤 1：在 SQL Server Management Studio 中，单击工具栏中的“新建查询（N）”按钮。

步骤 2：在新建查询窗口中输入如下代码：

```
--将当前数据库切换到 Book 数据库
USE Book
GO
/*创建用户自定义多语句表值函数，统计用户给定读者编码的罚款信息，要求显示读者编码、读者姓名、最多罚款金额、最少罚款金额和总罚款金额。*/
CREATE FUNCTION dbo.SelFine (@Reader_No varchar (5))
/*返回表变量@Fine，该表变量定义了 5 个列，分别用来存储查询结果集中的读者编码、读者姓名、最多罚款金额、最少罚款金额和总罚款金额信息*/
RETURNS @Fine TABLE (读者编码 varchar (5), 读者姓名 nvarchar (10),
                     最多罚款金额 float, 最少罚款金额 float, 总罚款金额 float)
AS
BEGIN
    --将查询结果集插入到表变量@Fine 中
    INSERT @Fine
    SELECT Fine_Info.Reader_No '读者编码', Reader_Name '读者姓名',
    /*使用系统内置函数 MAX、MIN 和 SUM 函数，获取最多罚款金额、最少罚款金额和总罚款金额*/
        MAX (Fine_Money) '最多罚款金额', MIN (Fine_Money) '最少罚款金额',
        SUM (Fine_Money) '总罚款金额'
    --涉及两个表的多表连接查询
    FROM Fine_Info JOIN Reader_Info
```

```
        --两个表的多表连接查询要有一个连接条件
        ON Fine_Info.Reader_No = Reader_Info.Reader_No
        WHERE Fine_Info.Reader_No = @Reader_No
        --根据读者编码和读者姓名进行分组统计
        GROUP BY Fine_Info.Reader_No, Reader_Name
        RETURN --返回表变量
END
```

步骤 3：在 SQL Server Management Studio 中，单击工具栏中的“执行（X）”按钮，名为 SelFine 的用户自定义函数创建成功。

步骤 4：调用名为 SelFine 的用户自定义函数，查询读者编码为 00001 的罚款信息。在 SQL Server Management Studio 中，单击工具栏中的“新建查询（N）”按钮。在该查询窗口中输入如下代码：

```
SELECT * FROM dbo.SelFine ('00001')
```

在 SQL Server Management Studio 中，单击工具栏中的“执行（X）”按钮，得到的执行结果如图 9-23 所示。

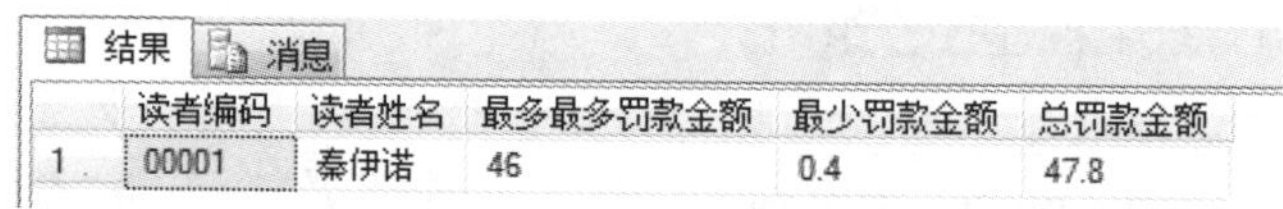

图 9-23　用户自定义多语句表值函数 SelFine 的执行结果

综合实训 6：使用游标逐行显示图书信息表中的图书编码和图书名称信息。

实训目标：掌握 Transact-SQL 编程的基础知识，包括局部变量的声明和赋值，PRINT 语句、BEGIN 语句、WHILE 语句、系统内置函数 SPACE 和游标的使用方法等。并能够综合运用上述知识编写程序，解决实际问题。

实训要求：该题目要求使用游标来实现。使用 DECLARE 语句声明游标；使用 OPEN 语句打开游标；使用 FETCH 语句获取游标记录，并将其存储到局部变量中；通过判断 @@FETCH_STATUS 的值来判断获取记录是否成功，如果成功，使用 PRINT 语句将信息输出，通过 WHILE 语句遍历游标的所有记录；使用 CLOSE 语句关闭游标；使用 DEALLOCATE 语句释放游标。

实训操作步骤：

步骤 1：在 SQL Server Management Studio 中，单击工具栏中的“新建查询（N）”按钮。

步骤 2：在新建查询窗口中输入如下代码：

```
--将当前数据库切换到 Book 数据库
USE Book
GO
/*使用游标逐行显示图书信息表中的图书编码和图书名称信息。*/
/*声明 2 个局部变量，用来存储游标记录中图书编码和图书名称的值*/
DECLARE @Book_No varchar (8), @Book_Name nvarchar (50)
```

```
/*声明游标 SelBook，要处理的结果集是图书信息表中的图书编码和图书名称信息。*/
DECLARE SelBook CURSOR FOR SELECT Book_No, Book_Name FROM Book_Info
--打开游标
OPEN SelBook
--获取游标的第一条记录，并将其存放在局部变量中
FETCH NEXT FROM SelBook INTO @Book_No, @Book_Name
--输出游标记录的字段名
PRINT '图书编码' + SPACE (14) + '图书名称'
/*判断@@FETCH_STATUS 的值是否为 0，如果为 0 表示提取成功，执行循环体*/
WHILE @@FETCH_STATUS = 0
BEGIN
    --输出记录信息
    PRINT @Book_No + SPACE (10) + @Book_Name
    --获取游标的下一条记录，并将其存放在局部变量中
    FETCH NEXT FROM SelBook INTO @Book_No, @Book_Name
END
--关闭游标
CLOSE SelBook
--释放游标
DEALLOCATE SelBook
```

步骤3：在SQL Server Management Studio中，单击工具栏中的“执行（X）”按钮，得到的执行结果如图9-24所示。

```
消息
图书编码              图书名称
00000001          Oracle数据库应用教程
00000002          Web应用程序开发教程
00000003          SQL Server 2005数据库及应用
00000004          Visual C#.NET面向对象程序设计教程
00000005          人工智能基础
```

图 9-24　综合实训 6 的执行结果

综合实训 7：使用游标遍历借阅信息表的所有记录，若某读者所借阅的图书已经到期，但还未归还，则输出提示信息，该信息包括读者姓名和图书名称。

实训目标：掌握 Transact-SQL 编程的基础知识，包括局部变量的声明和赋值，PRINT 语句、BEGIN 语句、IF 语句、WHILE 语句、系统内置函数 SPACE、DATEDIFF、GETDATE 和游标的使用方法等。并能够综合运用上述知识编写程序，解决实际问题。

实训要求：该题目要求使用游标来实现。使用 DECLARE 语句声明游标；使用 OPEN 语句打开游标；使用 FETCH 语句获取游标记录，并将其存储到局部变量中；通过判断@@FETCH_STATUS 的值来判断获取记录是否成功，如果成功，还要使用 IF 语句判断该读者借阅的图书是否到期，有没有归还，如果已经到期且还未归还，则使用 PRINT 语句将信息输出，通过 WHILE 语句遍历游标的所有记录；使用 CLOSE 语句关闭游标；使用 DEALLOCATE

语句释放游标。该题目需要使用系统内置函数 GETDATE 和 DATEDIFF 来计算借阅图书是否到期，使用 SPACE 函数调整美化输出信息。另外该题目涉及到三个表的多表查询，要用到两个连接条件。

实训操作步骤：

步骤 1：在 SQL Server Management Studio 中，单击工具栏中的“新建查询（N）”按钮。

步骤 2：在新建查询窗口中输入如下代码：

```
--将当前数据库切换到 Book 数据库
USE Book
GO
/*使用游标遍历借阅信息表的所有记录，若某读者所借阅的图书已经到期，但还未归还，则输出提示信息，该信息包括读者姓名和图书名称。*/
/*声明 4 个局部变量，用来存储游标记录中读者姓名、图书名称、归还日期、是否归还的值*/
DECLARE @Reader_Name nvarchar (10), @Book_Name nvarchar (50),
        @Return_Date datetime, @Is_Return nchar (1)
/*声明游标 SelBorrow，要处理的结果集是借阅信息表的所有记录。*/
DECLARE SelBorrow CURSOR FOR
    SELECT Reader_Name, Book_Name, Return_Date, Is_Return
    --涉及三个表的多表查询，要有两个连接条件。
    FROM Reader_Info JOIN Borrow_Info
    ON Reader_Info.Reader_No = Borrow_Info.Reader_No
    JOIN Book_Info
    ON Borrow_Info.Book_No = Book_Info.Book_No
--打开游标
OPEN SelBorrow
--输出提示信息
PRINT '下列读者的借阅图书已经到期，但还未归还，请及时归还图书！'
PRINT ''
--输出游标记录的字段名
PRINT '读者姓名' + SPACE (14) + '图书名称'
--获取游标的第一条记录，并将其存放在局部变量中
FETCH NEXT FROM SelBorrow INTO @Reader_Name, @Book_Name, @Return_Date, @Is_Return
/*判断@@FETCH_STATUS 的值是否为 0，如果为 0 表示提取成功，执行循环体*/
WHILE @@FETCH_STATUS = 0
BEGIN
    --如果该读者借阅的图书已经到期但还未归还，则输出记录信息
    IF DATEDIFF (DAY, @Return_Date, GETDATE ()) >= 0 AND @Is_Return = '否'
        --输出记录信息
        PRINT SPACE (1) + @Reader_Name + SPACE (10) + @Book_Name
    --获取游标的下一条记录，并将其存放在局部变量中
    FETCH NEXT FROM SelBorrow INTO @Reader_Name, @Book_Name,
@Return_Date, @Is_Return
```

```
END
--关闭游标
CLOSE SelBorrow
--释放游标
DEALLOCATE SelBorrow
```

步骤 3：在 SQL Server Management Studio 中，单击工具栏中的“执行（X)”按钮，得到的执行结果如图 9-25 所示。

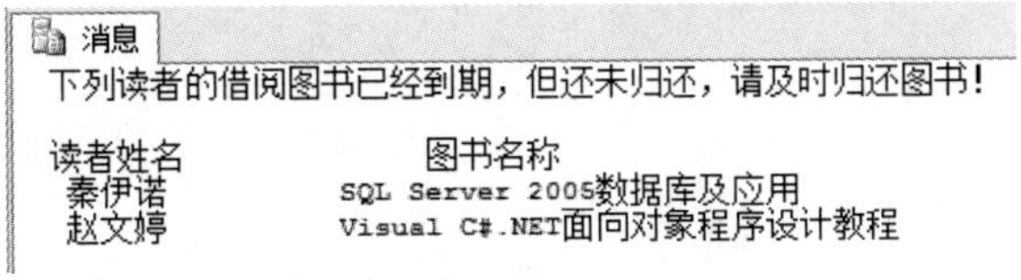

```
消息
下列读者的借阅图书已经到期，但还未归还，请及时归还图书！

读者姓名        图书名称
 秦伊诺        SQL Server 2005数据库及应用
 赵文婷        Visual C#.NET面向对象程序设计教程
```

图 9-25　综合实训 7 的执行结果

10

触发器

任务 1　创建 DML 触发器

10.1.1　相关知识

触发器（trigger）是个特殊的存储过程，它的执行不是由程序调用，也不是手工启动，而是由事件来触发，当对一个数据库的表进行操作时，如 insert 插入新记录，delete 删除记录，update 更新记录，就会激活它执行。

触发器就像一个开关，负责灯的亮与灭，你动了开关（触发器），灯的状态改变命令（触发器要执行的命令）就会被触发。你也可以把触发器理解为多米诺骨牌倒塌前抽掉的那张骨牌。

1. SQL Server 2008 的触发器

触发器经常用于加强数据的完整性约束和业务规则等。SQL Server 2008 中，触发器类型包括 DML 触发器、DDL 触发器及登录触发器三种类型。

（1）DML 触发器

DML（数据操纵语言，Data Manipulation Language）触发器：是指触发器在数据库中发生 DML 事件时将启用。即如果用户要通过数据操纵语言（DML）事件编辑数据，则执行 DML 触发器。DML 事件包括在指定表或视图中修改数据的 insert 语句、update 语句或 delete 语句。一个数据表中可以有多个触发器。同一类型的触发器也可以有多个。DML 触发器包括以下类型：

- AFTER 触发器

在执行 insert、update 或 delete 语句操作之后执行 AFTER 触发器。比如对某个表中的数据进行了更新操作后，要求立即对相关的表进行指定的操作，这时就可以采用 AFTER 触发器。

- INSTEAD OF 触发器

当对表进行 insert、update 或 delete 操作时，系统不是直接对表执行这些操作，而是把操作内容交给触发器，让触发器检查所进行的操作是否正确。如果正确才进行相应的操作。INSTEAD OF 触发器的操作有点类似于完整性约束。

- CLR 触发器

CLR 触发器可以是 AFTER 触发器或 INSTEAD OF 触发器，还可以是 DLL 触发器。CLR 触发器将执行在托管代码（在.NET Framework 中创建并在 SQL Server 中上载的程序集的成员）中编写的方法。

（2）DDL 触发器

DDL（数据定义语言，Data Definition Language）触发器：是指当服务器或数据库中发生 DDL 事件时将启用。DDL 事件即对应于 Transact-SQL CREATE、ALTER 和 DROP 语句，以及执行类似 DDL 操作的某些系统存储过程。

（3）登录触发器

登录触发器：是在遇到 LOGON 事件时触发。LOGON 事件是在建立用户会话时引发的。其中，DML 是数据库应用中最常用的触发器，本章以 DML 触发器作为主要学习内容。

2. DML 触发器执行的临时状态

在 SQL Server 2008 中，DML 触发器的实现是基于两个临时的逻辑表（DELETED 表和 INSERTED 表），当触发执行 DML 触发器时，这两个临时表将被创建，并存在于数据库服务器的内存中，我们只有只读的权限。

DELETED 和 INSERTED 表的结构和触发器所在的数据表的结构是一样的。当触发器执行完成后，它们也会被自动删除。

触发器分为后触发和替代触发两种方式。后触发为执行 INSERT、UPDATE、DELETE 等 SQL 命令完成之后，再执行触发器的代码，后触发器只能创建在表上，不能创建在视图上。替代触发的特征是引起触发器执行的 SQL 语句只起到启动触发器的作用，而且实际上没有执行，取而代之的是执行触发器中的 SQL 语句，替代触发器可以建立在表上或者视图上。

（1）INSERTED 表

INSERTED 表存放了 INSERT 和 UPDATE 语句中相关行的副本。在 INSERT 或 UPDATE 语句的执行中，这些新行同时被加到 INSERTED 表和 TRIGGER 表中。INSERTED 表中的行是 TRIGGER 表中新行的副本。比如你想向一个表插入一条新数据记录，那么触发器执行时，就会把这条新记录插入到 INSERTED 表中备用。

（2）DELETED 表

DELETED 表存放了 DELETE 和 UPDATE 语句中相关行的副本。在 DELETE 或 UPDATE 语句的执行中，这些相关行从 TRIGGER 表中移到了 DELETED 表中。一般情况下，这两张表中无共同行。因此，DELETED 表用于存放操作 UPDATE、DELETE 语句时，触发器所在的表中即将被删除或者即将被更新替换的数据。

一个 UPDATE 效果上等价于一个 DELETE 再接着一个 INSERT。首先“旧”行被复制到 DELETED 表中，然后新行被复制到 TRIGGER 表和 INSERTED 表中。

3. DML 触发器语法

表或视图的 DML 触发器创建语法：

```
CREATE TRIGGER [schema_name.]触发器名
ON {表|视图}
[ WITH ENCRYPTION]
{ FOR | AFTER | INSTEAD OF }
{ [ INSERT ] [,] [ UPDATE ] [,] [ DELETE ] }
[ WITH APPEND ]
[ NOT FOR REPLICATION ]
AS
[{IF UPDATE(列名)[{AND |OR} UPDATE(列名)][…n]}]
SQL 语句块
```

参数说明：

①WITH ENCRYPTION：对 CREATE TRIGGER 语句的文本进行模糊处理。使用 WITH ENCRYPTION 可以防止将触发器作为 SQL Server 复制的一部分进行发布。不能为 CLR 触发器指定 WITH ENCRYPTION。

②FOR|AFTER：AFTER 指定 DML 触发器仅在触发 SQL 语句中指定的所有操作都已成功执行时才被触发。所有的引用级联操作和约束检查也必须在激发此触发器之前成功完成。

如果仅指定 FOR 关键字，则 AFTER 为默认值。不能对视图定义 AFTER 触发器。

③INSTEAD OF：指定执行 DML 触发器而不是触发 SQL 语句，因此，其优先级高于触发语句的操作。不能为 DDL 或登录触发器指定 INSTEAD OF。

SQL Server 2008 对于表或视图，每个 INSERT、UPDATE 或 DELETE 语句最多可定义一个 INSTEAD OF 触发器。但是，可以为具有自己的 INSTEAD OF 触发器的多个视图定义视图。

INSTEAD OF 触发器不可以用于使用 WITH CHECKOPTION 的可更新视图。如果将 INSTEAD OF 触发器添加到指定了 WITH CHECKOPTION 的可更新视图中，则 SQL Server 将引发错误。用户须用 ALTER VIEW 删除该选项后才能定义 INSTEAD OF 触发器。

④{[DELETE][,][INSERT][,][UPDATE]}：指定数据修改语句，这些语句可在 DML 触发器对此表或视图进行尝试时激活该触发器。必须至少指定一个选项。在触发器定义中允许使用上述选项的任意顺序组合。

对于 INSTEAD OF 触发器，不允许对具有指定级联操作 ON DELETE 的引用关系的表使用 DELETE 选项。同样，也不允许对具有指定级联操作 ON UPDATE 的引用关系的表使用 UPDATE 选项。

⑤NOTFORREPLICATION：指示当复制代理修改涉及到触发器的表时，不应执行触发器。

⑥IF UPDATE(列名)：测试在指定的列上进行的 INSERT 或者 UPDATE 操作，不能用于

DELETE 操作，可以指定多列。因为已经在 ON 子句中指定了表名，所以在 IF UPDATE 子句中的列名前不要包含表名。若要测试多个列上进行的 INSERT 或 UPDATE 操作，要分别单独地指定 UPDATE(列名)子句。在 INSERT 操作中 IF UPDATE 将返回 TRUE 值。

注意：创建触发器时使用 AFTER 或者 FOR 关键字，创建的是后触发器，即当引起触发器执行的语句操作完成，并通过了各种约束检查之后，才执行触发器中的语句。创建触发器时使用 INSTEAD OF 关键字，创建的是替代触发器。此外，TRUNCATE TABLE 语句的操作不被记录在事务日志文件，不会激发 DELETE 触发器。

10.1.2 任务实施

注意，执行以下测试代码前，请先删除成绩表的外键约束。

1. 创建 INSERT 触发器

任务目标：在 Student 数据库中创建一个触发器，当向成绩表插入一记录时，检查该记录的学号是否在学生表中存在，课程号在课程表中是否存在，若有一项不存在，则不允许插入成绩数据。

步骤 1：进入 SSMS 管理界面后，在工具栏中单击“新建查询”按钮，打开查询编辑器窗口，如图 10-1 所示。

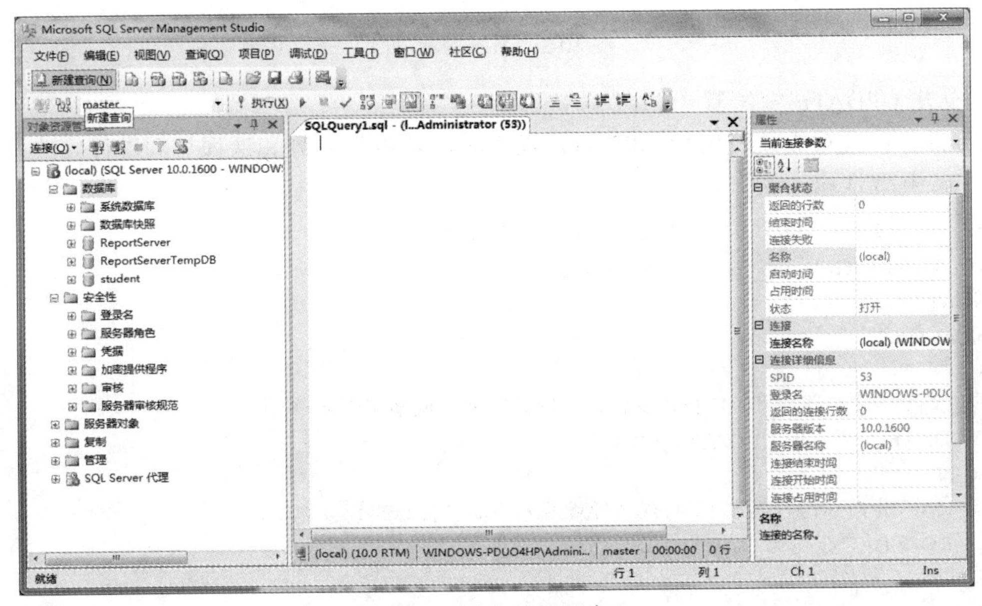

图 10-1 查询编辑器窗口

步骤 2：编写 SQL 命令，在查询编辑器窗口输入建立 INSERT 触发器命令，代码如下：

```
USE Student
GO
```

```
CREATE TRIGGER trig_check_cj_for_insert
ON 成绩表
FOR INSERT
AS
IF EXISTS(SELECT * FROM INSERTED a
    WHERE a.学号 NOTIN(SELECT b.学号 FROM 学生表 b)
    OR a.课程编号 NOTIN(SELECT c.课程编号 FROM 课程表 c))
BEGIN
    RAISERROR('插入的数据不完整，违背数据一致性原则！',16,1)
END
GO
```

步骤 3：执行以上代码，系统提示触发器创建成功之后，在查询编辑器窗口输入测试命令，代码如下（注意，执行以下测试代码前，请先删除成绩表的外键约束）。

```
insert into 成绩表(学号,课程编号,成绩) values ('01201401002','009',97)
```

系统提示如图 10-2 所示。

```
消息
消息 50000，级别 16，状态 1，过程 trig_check_cj_for_insert，第 9 行
插入的数据不完整，违背数据一致性原则！

(1 行受影响)
```

图 10-2　系统提示窗口

2. 创建 UPDATE 触发器

任务目标：当对成绩表执行 UPDATE 操作时，若对学号列和课程号列进行修改，则给出提示信息，并取消修改操作。

步骤 1：创建 UPDATE 检查触发器的代码如下：

```
CREATE TRIGGER trig_check_cj_for_update
ON 成绩表
FOR update
AS
--若更新学号或者课程号，则抛出异常，并回滚事务，取消更新命令
IF UPDATE(学号) OR UPDATE(课程编号)
BEGIN
    RAISERROR('成绩表的学号或者课程编号不能进行修改！',7,2)
    ROLLBACK TRANSACTION
END
GO
```

步骤 2：测试语句代码如下：

```
UPDATE 成绩表 SET 课程编号=111,成绩=90
    WHERE 学号='01201401001' AND 课程编号='001'
```

系统触发器拦截后，抛出异常消息，如图 10-3 所示。

```
消息
成绩表的学号或者课程编号不能进行修改!
消息 50000，级别 7，状态 2
消息 3609，级别 16，状态 1，第 1 行
事务在触发器中结束。批处理已中止。
```

图 10-3　异常消息窗口

3. 创建 DELETE 触发器

任务目标：当从学生表中删除一个学生的记录时，应该相应的从成绩表删除该学生的所有成绩数据，以免造成成绩表存在垃圾数据。

步骤 1：创建 DELETE 级联删除的触发器代码如下：

```
CREATE TRIGGER trig_aft_del_student
ON 学生表
AFTER DELETE
AS
    DELETE FROM 成绩表 WHERE 学号=(SELECT 学号 FROM DELETED)

GO
```

步骤 2：测试删除学生表的语句代码如下：

```
SELECT * FROM 学生表 --查看学生表数据
SELECT * FROM 成绩表 --查看成绩表数据
DELETE FROM 学生表 WHERE 学号='01201401001'      -删除学生表的数据
SELECT * FROM 成绩表 --再次查看成绩表数据，检查触发器的影响
```

任务 2　管理触发器

10.2.1　删除触发器

1. 用命令删除

使用“DROP TRIGGER 触发器名称”来删除触发器。

也可以同时删除多个触发器：DROP TRIGGER 触发器名称,触发器名称...

注意：触发器名称是不加引号的。在删除触发器之前可以先看一下触发器是否存在：

测试代码如下：

```
IF EXISTS(SELECT NAME FROM SYSOBJECTS
    WHERE NAME='trig_aft_del_student' AND XTYPE='TR')
    DROP TRIGGER trig_aft_del_student
```

2．用 SSMS 删除

在 SSMS 中，展开“学生表->触发器”，选中所要删除的触发器，然后从右键菜单中单击“删除”，如图 10-4 所示。

10.2.2　重命名触发器

命令格式：

```
exec sp_rename [原名称], [新名称]
```

sp_rename 是 SQL Server 自带的一个存储过程，用于更改当前数据库中用户创建的对象的名称，如表名、列表、索引名等。

测试代码如下：

```
Exec sp_rename trig_aft_del_student,trig_aft_delete_student
```

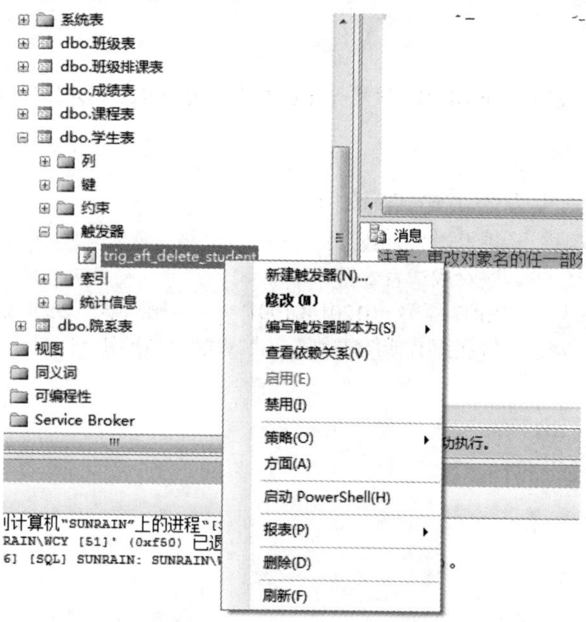

图 10-4　删除触发器窗口

10.2.3　查看数据库中所有的触发器

在查询窗口中运行：

```
USE Student
GO
SELECT * FROM SYSOBJECTS WHERE XTYPE='TR'
```

SYSOBJECTS 保存着数据库的对象，其中 XTYPE 为 TR 的记录即为触发器对象。

10.2.4 查看触发器内容

命令格式：

```
use 数据库名
go
exec sp_helptext '触发器名称'
```

范例：

```
USE Student
GO
EXEC SP_HELPTEXT 'trig_check_cj_for_update'
```

以上命令将会以表的样式显示触发器内容，如图 10-5 所示。

除了触发器外，sp_helptext 还可以显示规则、默认值、未加密的存储过程、用户定义函数、视图的文本。

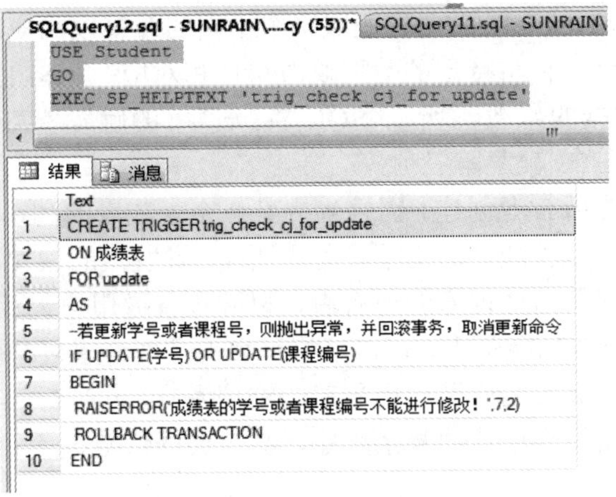

图 10-5 触发器内容窗口

10.2.5 禁用、启用触发器

语法格式如下：

```
ALTER TABLE 表名
    {ENABLE | DISABLE} TRIGGER
    {ALL | 触发器名[,…n]}
```

如果有多个触发器，则各个触发器名称之间用英文逗号隔开。

如果把“触发器名”换成“ALL”，则表示禁用或启用该表的全部触发器。

实例代码如下：

```
ALTER TABLE 学生表  DISABLE TRIGGER trig_check_cj_for_insert;
insert into 成绩表(学号,课程编号,成绩) values ('01201401002','009',97)
```

项目小结

SQL Server 2008 的 DML 触发器主要有插入触发器、更新触发器、删除触发器。本章主要讲述了 SQL Server 2008 数据库的 DML 触发器的基本概念和基本操作，以及触发器的常用管理功能。

任何一种对触发器表中数据进行修改的操作（包括操作人员录入数据或其他应用程序的修改）都能自动激活触发器，从而触发对这些操作进行的完整性检查。

触发器能够实施的检查和操作比主键和外键约束、CHECK 约束和规则对象等更为复杂。例如，CHECK 约束只能根据一个逻辑表达式或同一个表中其他列值来检查指定列值的有效性，而使用触发器时则可以参照其他表中的列值。

触发器也可以根据数据修改前后的表状态，再行采取对策。一个表中的多个同类触发器（INSERT、UPDATE 或 DELETE）允许采取多个不同的对策以响应同一个修改语句。

触发器建立在表一级，它与特定的数据修改事件相对应。INSERT、UPDATE 和 DELETE 三种操作都可能导致数据的修改，所以 SQL Server 中的触发器可分为 INSERT 触发器、UPDATE 触发器和 DELETE 触发器三种。

触发器只能由数据库所有者创建。因为当为某一个表或表的列、行创建触发器时，表的访问方式及其对象之间的关系也随之改变了。也就是说，触发器的创建变动了数据库模式，所以创建触发器的权利应该保留给数据库的所有者，以防止普通用户无意间修改了系统格局。

与此同时，虽然触发器功能强大，可以轻松可靠地实现许多复杂的功能，但为什么又要慎用？因为过多触发器会造成数据库及应用程序的维护困难，同时对触发器过分的依赖，势必影响数据库的结构，同时增加了维护的复杂程序，甚至会降低数据库的执行效率。

实训项目

步骤 1：创建数据库及表

```
--创建数据库
Create database sampledb
go
USE sampledb
GO
IF EXISTS(SELECT NAME FROM SYSOBJECTS WHERE XTYPE='U' AND NAME='卷烟库存表')
DROP TABLE 卷烟库存表
GO
IF EXISTS(SELECT NAME FROM SYSOBJECTS WHERE XTYPE='U'ANDNAME='卷烟销售表')
```

```
DROP TABLE 卷烟销售表
GO

--卷烟销售表的业务规则约束需求：销售金额= 销售数量* 销售单价
CREATE TABLE 卷烟销售表
(卷烟品牌 VARCHAR(40) PRIMARYKEY NOT NULL,
购货商 VARCHAR(40)NULL,
销售数量 INT NULL,
销售单价 MONEY NULL,
销售金额 MONEY NULL
)
GO

--卷烟库存表业务规则约束需求：库存金额= 库存数量* 库存单价
CREATE TABLE 卷烟库存表
(卷烟品牌 VARCHAR(40) PRIMARYKEY NOT NULL,
库存数量 INT NULL,
库存单价 MONEY NULL,
库存金额 MONEY NULL
)
GO
```

步骤 2：创建"T_INSERT_卷烟库存表"触发器

说明：每当卷烟库存表发生 INSERT 动作，则引发该触发器。触发器功能：强制执行业务规则，保证插入的数据中，库存金额=库存数量*库存单价。

注意：INSERTED、DELETED 为系统表，不可创建、修改、删除，但可以调用。这两个系统表的结构同插入数据的表的结构。

该触发器创建的 SQL 代码如下：

```
IF EXISTS(SELECT NAME FROM SYSOBJECTS
    WHERE XTYPE='TR' AND NAME='T_INSERT_卷烟库存表')
        DROP TRIGGER T_INSERT_卷烟库存表
    GO
CREATE TRIGGER T_INSERT_卷烟库存表
ON 卷烟库存表 FORINSERT
AS
    --提交事务处理
    BEGIN TRANSACTION
    --强制执行下列语句，保证业务规则
    UPDATE 卷烟库存表
```

```
        SET 库存金额=库存数量*库存单价
        WHERE 卷烟品牌 IN(SELECT 卷烟品牌 from INSERTED)
        COMMIT TRANSACTION
GO
```

步骤 3：针对卷烟库存表，插入测试数据

注意：第一条数据（红塔山新势力）中的数据符合业务规则；第二条数据（红塔山人为峰）中，“库存金额”为空，不符合业务规则；第三条数据（云南映像）中，“库存金额”不等于“库存数量”乘以“库存单价”，不符合业务规则；第四条数据中的库存数量为 0。

请注意在插入数据后，检查卷烟库存表中的数据是否符合业务规则，即：库存金额=库存数量*库存单价。

（1）卷烟库存表数据插入代码如下：

```
INSERT INTO 卷烟库存表(卷烟品牌,库存数量,库存单价,库存金额)
     SELECT '红塔山新势力',100,12,1200 UNION ALL
     SELECT '红塔山人为峰',100,22,NULL UNION ALL
     SELECT '云南映像',100,60,500 UNION ALL
     SELECT '玉溪',0,30,0
GO
--查询数据
SELECT * FROM 卷烟库存表
GO
```

（2）执行后的结果集如图 10-6 所示。

结果 | 消息

	卷烟品牌	库存数量	库存单价	库存金额
1	红塔山人为峰	100	22.00	2200.00
2	红塔山新势力	100	12.00	1200.00
3	玉溪	0	30.00	0.00
4	云南映像	100	60.00	6000.00

（所影响的行数为 4 行）

图 10-6　结果集

由结果集可见，虽然插入的数据不符合业务逻辑规则，但是经过触发器的强制约束，使卷烟库存表中的：库存金额=库存数量*库存单价。

步骤 4：创建触发器“T_INSERT_卷烟销售表”

说明：每当卷烟销售表发生 INSERT 动作，则引发该触发器。

触发器功能：实现业务规则。业务规则：如果销售的卷烟品牌在卷烟库存表中不存在或者库存数量为零，则返回错误；否则自动减少卷烟库存表中对应品牌卷烟的库存数量和库存金额。

详细代码如下：

```
IF EXISTS(SELECT NAME FROM SYSOBJECTS WHERE XTYPE='TR'
```

```
    AND NAME='T_INSERT_卷烟销售表')
    DROP TRIGGER T_INSERT_卷烟销售表
GO

CREATE TRIGGER T_INSERT_卷烟销售表
ON 卷烟销售表 FOR INSERT
AS
    BEGIN TRANSACTION
    --销售合法检查：库存表中，不存在销售的卷烟
    IF NOTEXISTS(SELECT 库存数量   FROM 卷烟库存表
        WHERE 卷烟品牌 IN(SELECT 卷烟品牌 FROM INSERTED))
    BEGIN
        --返回错误提示
        RAISERROR('错误！该卷烟不存在库存，不能销售。',16,1)
        --回滚事务
        ROLLBACK
        RETURN
    END

    --销售合法检查：该卷烟库存小于等于 0，则无法销售
    IF EXISTS(SELECT 库存数量 FROM 卷烟库存表 WHERE 卷烟品牌
        IN(SELECT 卷烟品牌 FROM INSERTED)
        AND 库存数量<= 0)
    BEGIN
        --返回错误提示
        RAISERROR('错误！该卷烟库存小于等于 0，不能销售。',16,1)
        --回滚事务
        ROLLBACK
        RETURN
    END

    --销售合法检查：对合法的数据进行处理
    --强制执行下列语句，保证业务规则
    UPDATE 卷烟销售表 SET 销售金额=销售数量*销售单价
        WHERE 卷烟品牌 IN(SELECT 卷烟品牌 FROM INSERTED)
    DECLARE @卷烟品牌 VARCHAR(40)
        SET @卷烟品牌=(SELECT 卷烟品牌 FROM INSERTED)
    DECLARE @销售数量 MONEY
        SET @销售数量=(SELECT 销售数量 FROM INSERTED)
```

```
    --同步更新库存表
    UPDATE 卷烟库存表 SET 库存数量=库存数量-@销售数量,
        库存金额=(库存数量-@销售数量)*库存单价
    WHERE 卷烟品牌=@卷烟品牌
    COMMIT TRANSACTION
GO
```

步骤 5：卷烟销售表数据插入测试

（1）针对卷烟销售表，插入第一条测试数据，该数据是正常的。

代码如下：

```
INSERT INTO 卷烟销售表(卷烟品牌,购货商,销售数量,销售单价,销售金额)
SELECT '红塔山新势力','某购货商',10,12,1200
GO
```

（2）针对卷烟销售表，插入第二条不正常测试数据。

该数据的“销售金额”不等于“销售单价*销售数量”，代码如下：

```
--触发器将自动更正数据，使销售金额等于销售单价* 销售数量。
INSERT INTO 卷烟销售表(卷烟品牌,购货商,销售数量,销售单价,销售金额)
SELECT '红塔山人为峰','某购货商',10,22,2000
GO
```

（3）针对卷烟销售表，插入第三条测试数据，该数据中的卷烟品牌在卷烟库存表中找不到对应数据，触发器将报错。

```
INSERT INTO 卷烟销售表(卷烟品牌,购货商,销售数量,销售单价,销售金额)
SELECT '红河 V8','某购货商',10,60,600
GO
```

触发器报错信息如下：

消息 50000，级别 16，状态 1，过程 T_INSERT_卷烟销售表，第 15 行 错误！该卷烟不存在库存，不能销售。 消息 3609，级别 16，状态 1，第 1 行 事务在触发器中结束。批处理已中止。

（4）针对卷烟销售表，插入第四条测试数据，该数据中的卷烟品牌在卷烟库存表中库存为 0。

```
--触发器将报错。
INSERT INTO 卷烟销售表(卷烟品牌,购货商,销售数量,销售单价,销售金额)
SELECT '玉溪','某购货商',10,30,300
GO
```

触发器报错信息如下：

消息 50000，级别 16，状态 1，过程 T_INSERT_卷烟销售表，第 29 行 错误！该卷烟库存小于等于 0，不能销售。 消息 3609，级别 16，状态 1，第 1 行 事务在触发器中结束。批处理已中止。

步骤 6：查看最终结果

```
--查询数据
SELECT * FROM 卷烟库存表
```

```
SELECT * FROM 卷烟销售表
GO
```

步骤 7：实训小结

（1）本示例主要通过一个简单的业务规则实现来进行触发器使用的说明，具体要根据需要灵活处理。

（2）关于触发器要理解并运用好 INSERTED，DELETED 两个系统表。

（3）本示例创建的触发器都是 FOR INSERT。

（4）关于触发器，还应该注意：

①DELETE 触发器不能捕获 TRUNCATE TABLE 语句。

②触发器中不允许出现以下 Transact-SQL 语句：

```
ALTER DATABASE CREATE DATABASE DISK INIT
DISK RESIZE DROP DATABASE LOAD DATABASE
LOAD LOG RECONFIGURE RESTORE   DATABASE
RESTORE LOG
```

③触发器最多可以嵌套 32 层。

④修改触发器，将 CREATE TRIGGER…修改为 ALTER TRIGGER…即可。

⑤删除触发器

```
DROP TRIGGER xxx
GO
```

⑥删除测试环境代码如下：

```
DROP TABLE 卷烟库存表
GO
DROP TABLE 卷烟销售表
GO
DROP TRIGGER T_INSERT_卷烟库存表
GO
DROP TRIGGER T_INSERT_卷烟销售表
GO
```

11

存储过程

任务1 创建存储过程

11.1.1 相关知识

在 SQL Server 2008 中存储过程和触发器是两个重要的数据库对象。使用存储过程，可以将 Transact-SQL 语句和控制流语句预编译到集合并保存到服务器端，它使得管理数据库、显示关于数据库及其用户信息的工作更为容易。

Transact-SQL 语句是应用程序与 SQL Server 数据库之间的主要编程接口，大量的时间也将花费在 Transact-SQL 语句和应用程序代码上。在很多情况下，许多代码被重复使用多次，每次都输入相同的代码不但繁琐，更由于客户机上的大量命令语句逐条向 SQL Server 发送将降低系统运行效率。因此，SQL Server 提供了一种方法，它将一些固定的操作集中起来由 SQL Server 数据库服务器来完成，应用程序只需调用它的名称，即可实现某个特定的任务，这种方法就是存储过程。

1. 存储过程概述

在 SQL Server 中 T-SQL 为了实现特定任务而将一些需要多次调用的固定操作编写成子程序并集中以一个存储单元的形式存储在服务器上，由 SQL Server 数据库服务器通过子程序名来调用它们，这些子程序就是存储过程。

存储过程是一种数据库对象，存储在数据库内，可由应用程序通过一个调用执行，而且允许用户声明变量、有条件执行，具有很强的编程功能。存储过程可以使用 EXECUTE 语句来运行。

在 SQL Server 中使用存储过程而不使用存储在客户端计算机本地的 T-SQL 程序有以下几个方面的好处。

（1）加快系统运行速度。存储程序只在创建时进行编译，以后每次执行存储过程都不需再重新编译，而一般 SQL 语句每执行一次就编译一次，所以使用存储过程可提高数据库执行速度。

（2）封装复杂操作。当对数据库进行复杂操作时（如对多个表进行更新、删除时），可用存储过程将此复杂操作封装起来，与数据库提供的事务处理结合起来使用。

（3）实现代码重用。可以实现模块化程序设计，存储过程一旦创建，以后即可在程序中调用任意多次，这可以改进应用程序的可维护性，并允许应用程序统一访问数据库。

（4）增强安全性。可设定特定用户具有对指定存储过程的执行权限，而不具备直接对存储过程中引用的对象具有权限。可以强制应用程序的安全性，参数化存储过程有助于保护应用程序不受 SQL 注入式攻击。

（5）减少网络流量。因为存储过程存储在服务器上，并在服务器上运行。一个需要数百行 T-SQL 代码的操作可以通过一条执行过程代码的语句来执行，而不需要在网络中发送数百行代码，这样就可以减少网络流量。

2. 存储过程的分类

存储过程是一个被命名的存储在服务器上的 Transact-SQL 语句的集合，是封装重复性工作的一种方法，它支持用户声明的变量、条件执行和其他强大的编程功能。在 SQL Server 2008 中存储过程可以分为三类：系统存储过程、用户存储过程和扩展存储过程。

（1）系统存储过程

在 SQL Server 2008 中内置了许多存储过程，它们有时也被称为系统存储过程。同时，SQL Server 2008 还支持扩展存储过程，即调用第三方 DLL 文件的能力，通常它们与系统存储过程一块使用。

在 SQL Server 2008 中，许多管理活动和信息活动都可以使用系统存储过程来执行，这些系统存储过程可分为表 11-1 所示的几类。

表 11-1 系统存储过程分类

类型	描述
活动目录存储过程	用于在 Windows 的活动目录中注册 SQL Server 实例和 SQL Server 数据库
目录访问存储过程	用于实现 ODBC 数据字典功能，并且隔离 ODBC 应用程序，使之不受基础系统表更改的影响
游标过程存储过程	用于实现游标变量功能
数据库引擎存储过程	用于 SQL Server 数据库引擎的常规维护
数据库邮件 SQLMail 存储过程	用于从 SQL Server 实例内执行电子邮件操作

续表

类型	描述
数据库维护计划存储过程	用于设置管理数据库性能所需的核心维护任务
分布式查询存储过程	用于实现和管理分布式查询
全文搜索存储过程	用于实现和查询全文索引
日志传送存储过程	用于配置、修改和监视日志传送配置
自动化存储过程	用于在 Transact-SQL 批处理中使用 OLE 自动化对象
通知服务存储过程	用于管理 Microsoft SQL Server 2008 系统的通知服务
复制存储过程	用于管理复制操作
安全性存储过程	用于管理安全性
Porfile 存储过程	在 SQL Server 代理用于管理计划的活动和事件驱动活动
Web 任务存储过程	用于创建网页
XML 存储过程	用于 XML 文本管理

虽然 SQL Server 2008 中的系统存储过程被放在 master 数据库中，但是仍可以在其他数据库中对其进行调用，而且在调用时不必在存储过程名前加上数据库名。甚至当创建一个新数据库时，一些系统存储过程会在新数据库中被自动创建。

系统存储过程是由 SQL Server 系统提供的存储过程，可以作为命令执行各种操作。

系统存储过程主要用来从系统表中获取信息，为系统管理员管理 SQL Server 提供帮助，为用户查看数据库对象提供方便。例如，执行 sp_helptext 系统存储过程可以显示规则、默认值、未加密的存储过程、用户函数、触发器或视图的文本信息；执行 sp_depends 系统存储过程可以显示有关数据库对象相关性的信息；执行 sp_rename 系统存储过程可以更改当前数据库中用户创建对象的名称。SQL Server 中许多管理工作是通过执行系统存储过程来完成的，许多系统信息也可以通过执行系统存储过程而获得。

系统存储过程定义在系统数据库 master 中，其前缀是 sp_。在调用时不必在存储过程前加上数据库名。

SQL Server 2008 支持表 11-2 所示的系统存储过程，这些存储过程用于对 SQL Server 2008 实例进行常规维护。

表 11-2　系统存储过程

sp_add_data_file_recover_suspect_db	sp_help	sp_recompile
sp_addextendedproc	sp_helpconstraint	sp_refreshview
sp_addextendedproperty	sp_helpdb	sp_releaseapplock
sp_add_log_file_recover_suspect_db	sp_helpdevice	sp_rename
sp_addmessage	sp_helpextendedproc	sp_renamedb

续表

sp_addtype	sp_helpfile	sp_resetstatus
sp_addumpdevice	sp_helpfilegroup	sp_serveroption
sp_altermessage	sp_helpindex	sp_setnetname
sp_autostats	sp_helplanguage	sp_settriggerorder
sp_attach_db	sp_helpserver	sp_spaceused
sp_attach_single_file_db	sp_helpsort	sp_tableoption
sp_bindefault	sp_helpstats	sp_unbindefault
sp_bindrule	sp_helptext	sp_unbindrule
sp_updateextendedproperty	sp_helptrigger	sp_bindsession
sp_certify_removable	sp_indexoption	sp_updatestats
sp_configure	sp_invalidate_textptr	sp_validname
sp_control_plan_guide	sp_lock	sp_who
sp_create_plan_guide	sp_monitor	sp_createstats
sp_create_removable	sp_procoption	sp_cycle_errorlog
sp_datatype_info	sp_detach_db	sp_executesql
sp_dbcmptlevel	sp_dropdevice	sp_getapplock
sp_dboption	sp_dropextendedproc	sp_getbindtoken
sp_dropextendedproperty	sp_dbremove	sp_droptype
sp_delete_backuphistory	sp_dropmessage	sp_depends

（2）用户存储过程

用户存储过程是指用户根据自身需要，为完成某一特定功能，在用户数据库中创建的存储过程。用户创建存储过程时，存储过程名的前面加上“##”，是表示创建全局临时存储过程；在存储过程名前面加上“#”，是表示创建局部临时存储过程。局部临时存储过程只能在创建它的会话中使用，当前会话结束时除去。全局临时存储过程可以在所有会话中使用，即所有用户均可以访问该过程。它们都在 tempdb 数据库上。

存储过程可以接受输入参数、向客户端返回表格或者标量结果和消息、调用数据定义语言（DDL）和数据操纵语言（DML），然后返回输出参数。在 SQL Server 2008 中，用户定义的存储过程有两种类型：Transact-SQL 或者 CLR，如表 11-3 所示。

表 11-3 用户定义存储过程的两种类型

存储过程类型	说明
Transact-SQL	Transact-SQL 存储过程是指保存的 Transact-SQL 语句集合，可以接受和返回用户提供的参数。存储过程也可能从数据库向客户端应用程序返回数据

续表

存储过程类型	说明
CLR	CLR 存储过程是指对 Microsoft .NET Framework 公共语言运行时方法的引用，可以接受和返回用户提供的参数。它们在.NET Framework 程序集中是作为类的公共静态方法实现的

（3）扩展存储过程

扩展存储过程以在 SQL Server 环境外执行的动态链接库（Dynamic Link Libraries，DLL）来实现。扩展存储过程通过前缀“xp_”来标识，它们以与存储过程相似的方式来执行。

扩展存储过程就是保存在动态链接库（DLL）中从动态链接中执行的 C++代码。多数扩展存储过程与其他系统存储过程一起执行，因此它们很少单独使用，下面列出了 2 个可以单独使用的扩展存储过程：

1）xp_cmdshell：用于执行命令提示符下的 DOS 程序。例如，dir 命令和 md 命令（更改目录）。在需要 SQL Server 2008 创建一个用来自动存档 Bulk Copy Program（BCP）文件或此类文件的目录时，可以使用该存储过程。

2）xp_fileexist：用于测试文件是否存在，可以使用该存储过程。

例如，下面代码演示了如何使用 xp_fileexist 测试 C 盘下的 boot.ini 文件是否存在。如果@Result 等于 1，则文件存在；如果等于 0，则文件不存在。具体语句如下所示：

```
USE Master
GO
DECLARE @Result int
EXEC xp_fileexist 'c:\boot.ini',@Result OUTPUT
SELECT @Result AS 是否存在
```

这里对上述语句简单说明一下：第 3 行声明一个保存输出参数的变量，第 4 行用一个输出参数调用该过程，第 5 行显示输出结果。这里要注意的是必须在主数据库 Master 中进行。执行上述语句，运行结果如图 11-1 所示。

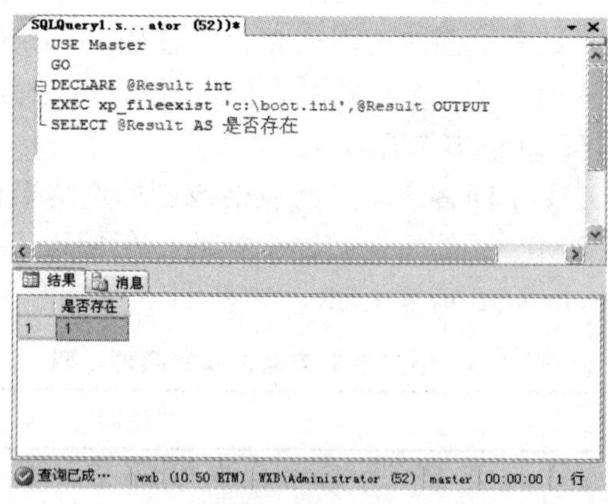

图 11-1　测试文件是否存在

例如，要获取当前 SQL Server 2008 服务器的计算机名称，可以使用扩展存储过程完成，语句如下：

```
EXECUTE MASTER..XP_GETNETNAME
```

运行上面的语句结果如图 11-2 所示。

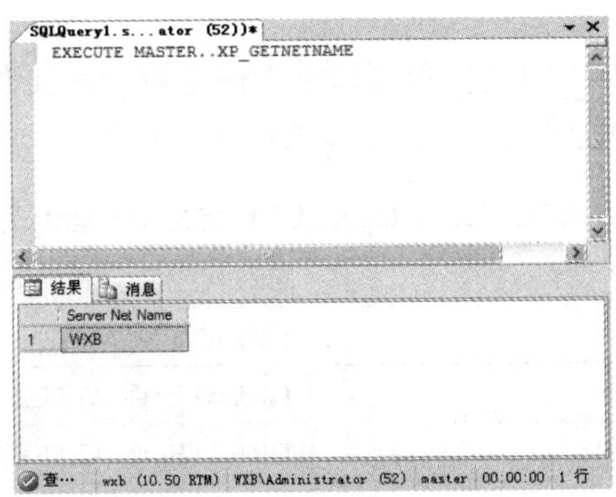

图 11-2　查看计算机名称

其他的扩展存储过程包括如下几个：

xp_enumgroups：提供 Windows 本地组列表或在指定 Windows 域中定义的全局组列表。

xp_findnextmsg：接受输入的邮件 ID 并返回输出的邮件 ID，需要与 xp_processmail 配合使用。

xp_grantlogin：授予 Windows 组或用户对 SQL Server 的访问权限。

xp_logevent：将用户定义消息记入 SQL Server 日志文件和 Windows 事件查看器。

xp_loginconfig：报告 SQL Server 2008 实例在 Windows 上运行时的登录安全配置。

xp_logininfo：报告账户、账户类型、账户的特权级别、账户的映射登录名和账户访问 SQL Server 的权限路径。

xp_msver：返回有关 SQL Server 2008 的版本信息。

xp_revokelogin：撤销 Windows 组或用户对 SQL Server 的访问权限。

xp_sprintf：设置一系列字符和值的格式并将其存储到字符串输出参数中。每个格式参数都用相应的参数替换。

xp_sqlmaint：用包含 SQLMAINT 开关的字符串调用 SQLMAINT 实用工具，在一个或多个数据库上执行一系列维护操作。

xp_sscanf：将数据从字符串读入每个格式参数所指定的参数位置。

3. 创建存储过程语法

在使用存储过程之前，首先需要创建一个存储过程，这可以通过 T-SQL 语句 CREATE PROCEDURE 来完成。在使用的过程中，包括对存储过程的执行、查看、修改以及删除操作。

在 SQL Server 2008 中，可以使用 T-SQL 语句 CREATE PROCEDURE 来创建存储过程。

在创建存储过程时，应该指定所有的输入参数、执行数据库操作的编程语句、返回至调用过程或批处理时以示成功或失败的状态值、捕获和处理潜在错误时的错误处理语句等。

（1）创建存储过程的规则

在设计和创建存储过程时，应该满足一定的约束和规则。只有满足了这些约束和规则才能创建有效的存储过程。

①CREATE PROCEDURE 定义自身可以包括任意数量和类型的 SQL 语句，但表 11-4 中的语句除外。因为不能在存储过程的任何位置使用这些语句。

表 11-4　CREATE PROCEDURE 定义中不能出现的语句

CREATE AGGREGATE	CREATE RULE
CREATE DEFAULT	CREATE SCHEMA
CREATE 或 ALTER FUNCTION	CREATE 或 ALTER TRIGGER
CREATE 或 ALTER PROCEDURE	CREATE.或 ALTER VIEW
SET PARSEONLY	SET SHOWPLAN_ALL
SET SHOWPLAN_TEXT	SET SHOWPLAN_XML
USE Database_name	

②可以引用在同一存储过程中创建的对象，只要引用时已经创建了该对象即可。

③可以在存储过程内引用临时表。

④如果在存储过程内创建本地临时表，则临时表仅为该存储过程而存在；退出该存储过程后，临时表将消失。

⑤如果执行的存储过程将调用另一个存储过程，则被调用的存储过程可以访问由第一个存储过程创建的所有对象，包括临时表在内。

⑥如果执行对远程 SQL Server 2008 实例进行更改的远程存储过程，则不能回滚这些更改，而且远程存储过程不参与事务处理。

⑦存储过程中的参数的最大数目为 2100。

⑧存储过程中的局部变量的最大数目仅受可用内存的限制。

⑨根据可用内存的不同，存储过程最大可达 128MB。

（2）存储过程的语法

使用 CREATE PROCEDURE 语句创建存储过程的语法如下。

```
CREATE PROCDURE procedure_name[;number]
[{@parameter data_type}
[VARYING][=default][OUTPUT]][,…n]
[WITH
{RECOMPILE|ENCRYPTION|RECOMPILE,ENCRYPTION}]
[FOR REPLICATION]
```

```
AS sql_statement[…n]
```

其主要参数含义如下：

①procedure_name：新存储过程的名称。过程名称在架构中必须唯一，可在 procedure_ name 前面使用一个符号“#”来创建局部临时过程，使用两个符号“#”来创建全局临时过程。对于 CLR 存储过程，不能指定临时名称。

②;number：是可选的整数，用来对同名的过程分组。使用一个 DROP PROCEDURE 语句可将这些分组过程一起删除。如果名称中包含分隔标识符，则数字不应该包含在标识符中；只应在 procedure_name 前使用分隔符。

③@parameter：过程中的参数。在 CREATE PROCEDURE 语句中可以声明一个或多个参数。除非定义了参数的默认值或者将参数设置为等于另一个参数，否则用户必须在调用过程时为每个声明的参数提供值，如果指定了 FOR REPLICATION，则无法声明参数。

④data_type：参数的数据类型。所有数据类型均可以用作存储过程的参数。不过 cursor 数据类型只能用于 OUTPUT 参数。如果指定的数据类型为 cursor，则还必须指定 VARYING 和 OUTPUT 关键字。对于 CLR 存储过程，不能指定 char、varchar、text、ntext、image、cursor 和 table 作为参数。如果参数的数据类型为 CLR 用户定义类型，则必须对此类型有 EXECUTE 权限。

⑤default：参数的默认值。如果定义了 dafault 值，则无须指定此参数的值即可执行过程。默认值必须是常量或 NULL。如果过程使用带 like 关键字的参数，则可包含下列通配符：%、_、[]、[^]。

⑥Output：指示参数是输出参数。此选项的值可以返回给调用 EXECUTE 的语句。使用 OUTPUT 参数将值返回给过程的调用方。除非是 CLR 过程，否则 text、ntext 和 image 参数不能用作 OUTPUT 参数。OUTPUT 关键字的输出参数可以为游标占位符，CLR 过程除外，<sql_statement>要包含在过程中的一个或多个 T-SQL 语句中。

4. 执行存储过程

在需要执行存储过程时，可以使用 T-SQL 语句 EXECUTE。如果存储过程是批处理中的第一条语句，那么不使用 EXECUTE 关键字也可以执行该存储过程，EXECUTE 语法格式如下：

```
[ { EXEC | EXECUTE } ]
{
[ @return_status= ]
{ procedure_name [;number] | @procedure_name_var }
@parameter = [ { value | @variable [ OUTPUT ] | [ DEFAULT ] } ]
[,…n]
[ WITH RECOMPILE ]
```

其中主要参数的含义如下：

①@return_status：是一个可选的整型变量，保存存储过程的返回状态。这个变量在用于 EXECUTE 语句之前，必须在批处理、存储过程或函数中声明过。

②Procedure_name：要调用的存储过程名称。

③;number：是可选的整数，用于将相同名称的过程进行组合，使得它们可以用一条语句 DROP PROCEDURE 删除。在 Student 中使用的过程可以 Reader_proc;1、proc_GetCountsBook;2 等来命名。DROP PROCEDURE Reader_proc 语句将除去整个组。在对过程分组后，不能删除组中的单个过程。例如，DROP PROCEDURE proc_GetCountsBook;2 是不允许的。

④@procedure_name_var：是局部定义变量名，代表存储过程名称。

⑤@parameter：是过程参数，在 CREATE PROCEDURE 语句中定义。参数名称前必须加上符号“@”。

⑥Value：是过程中参数的值。如果参数名称没有指定，参数值必须以 CREATE PROCEDURE 语句中定义的顺序给出。

⑦@variable：是用来保存参数或者返回参数的变量。

⑧OUTPUT：指定存储过程必须返回一个参数。该存储过程的匹配参数也必须由关键字 OUTPUT 创建。使用游标变量作参数时使用该关键字。

⑨DEFAULT：根据过程的定义，提供参数的默认值。当过程需要的参数值是没有事先定义好的默认值，或缺少参数，或指定了 DEFAULT 关键字，就会出错。

5. 管理存储过程

在 SQL Server 2008 系统中，可以使用 OBJECT_DEFINITION 系统函数查看存储过程的内容，使用 ALTER PROCEDURE 语句修改已有存储过程。

（1）查看存储过程信息

在 SQL Server 2008 系统中，可以使用系统存储过程和目录视图查看有关存储过程的信息。

如果希望查看存储过程的定义信息，可以使用 sys.sql_modules 对象目录视图、OBJECT_DEFINITION 系统函数、sp_helptext 系统存储过程等。例如，下面代码使用 OBJECT_DEFINITION 系统函数查看 proc_GetReaderBookscount 存储过程的定义内容。

```
SELECT OBJECT_DEFINITION (OBJECT_ID(N'proc_GetReaderBookscount'))
```

在创建存储过程时使用了 WITH ENCRYPTION 子句，则将隐藏存储过程定义文本的信息，上面将不能查看到具体的文本信息。

还可以使用 sys.sql_dependencies 对象目录视图、sp_depends 系统存储过程等查看存储过程的依赖信息，使用 sys.objects、sys.procedure、sys.parameters、sys.numbered_procedures 等目录视图查看有关存储过程的名称、参数等信息。

（2）修改存储过程

使用 ALTER PROCEDURE 语句来修改现有的存储过程与删除和重建存储过程不同，因为它仍保持存储过程的权限不发生变化。在使用 ALTER PROCEDURE 语句修改存储过程时，SQL Server 2008 会覆盖以前定义的存储过程。修改存储过程的基本语句如下：

```
ALTER PROCEDURE procedure_name[;number]
[{@parameter data_type}
```

```
[VARYING][=default][OUTPUT]]
[,...n]
[WITH
{ RECOMPILE|ENCRYPTION|RECOMPILE,ENCRYPTION}]
[FOR REPLICATION]
AS
sql_statement[...n]
```

修改存储过程语法中的各参数与创建存储过程语法中的各参数相同，这里就不再重复介绍。

在使用 ALTER PROCEDURE 语句时，需考虑以下方面的事项：

①如果要修改具有任何选项的存储过程，例如 WITH ENCRYPTION 选项，必须在 ALTER PROCEDURE 语句中包括该选项以保留该选项提供的功能。

②ALTER PROCEDURE 语句只能修改一个单一的过程，如果过程调用了其他存储过程，嵌套的存储过程不受影响。

③在默认状态下，允许该语句的执行者是存储过程最初的创建者、sysadmin 服务器角色成员和 db_owner 与 db_ddladmin 固定数据库角色成员，用户不能授权执行 ALTER PROCEDURE 语句。

建议不要直接修改系统存储过程，相反，可以通过从现有的存储过程中复制语句来创建用户定义的系统存储过程，然后修改它以满足要求。

（3）删除存储过程

使用 DROP PROCEDURE 语句来从当前的数据库中删除用户定义的存储过程。删除存储过程的基本语法如下所示。

```
DROP PROCEDURE {procedure}[,...n]
```

11.1.2 任务实施

1. 创建简单的存储过程

方法 1：使用命令创建存储过程

例如，在 SQL Server 2008 的示例数据库 Student 中创建一个名为 Reader_student 的存储过程，它将从表中返回所有学生的学号、姓名、性别、出生日期、政治面貌、班级编号、家庭住址、邮编等信息。使用 CREATE PROCEDURE 语句如下：

```
Use Student
Go
CREATE PROCEDURE Reader_student
As
SELECT 学号,姓名,性别,出生日期,政治面貌,班级编号,家庭住址,邮编
FROM 学生表
```

下面的存储过程 proc_GetCountsStudent 获取了 Student 数据库中学生的总人数，具体语句如下所示：

```
Use Student
Go
CREATE PROCEDURE proc_GetCountsStudent
As
SELECT count(*) AS  学生总数  FROM  学生表
```

以上两个存储过程示例都是从单个表中提取数据，在第二个示例中使用了简单的表达式。下面使用SELECT语句连接多个表，最终返回借书人的简明信息。存储过程名称是proc_Get_cj，创建语句如下：

```
Use Student
Go
CREATE PROCEDURE proc_Get_cj
As
select a.学号,b.课程名称,a.成绩
from dbo.成绩表  a,dbo.课程表  b
where a.课程编号  = b.课程编号
```

方法 2：使用图形工具创建

除了直接编写 T-SQL 语句创建外，SQL Server 2008 还提供了一种简便的方法，使用 SQL Server Management Studio 工具。操作步骤如下：

步骤 1：打开 SQL Server Management Studio 窗口，连接到 Student 数据库。

步骤 2：依次展开“服务器”|“数据库”|“Student”|“可编程性”节点。

步骤 3：从列表中右击“存储过程”节点，选择“新建存储过程”命令，将出现如图 11-3 所示的窗口，显示 CREATE PROCEDURE 语句的模板，可以修改要创建的存储过程的名称，然后加入存储过程所包含的 SQL 语句。

步骤 4：修改完后，单击“执行”按钮即可创建一个存储过程。

2. 执行存储过程

我们通过 EXECUTE 语句来依次执行上面创建的 3 个存储过程。首先是 Reader_student 存储过程，它位于 Student 数据库中，使用语句如下：

```
Use Student
Go
EXECUTE Reader_student
```

执行上述语句后，结果如图 11-4 所示。

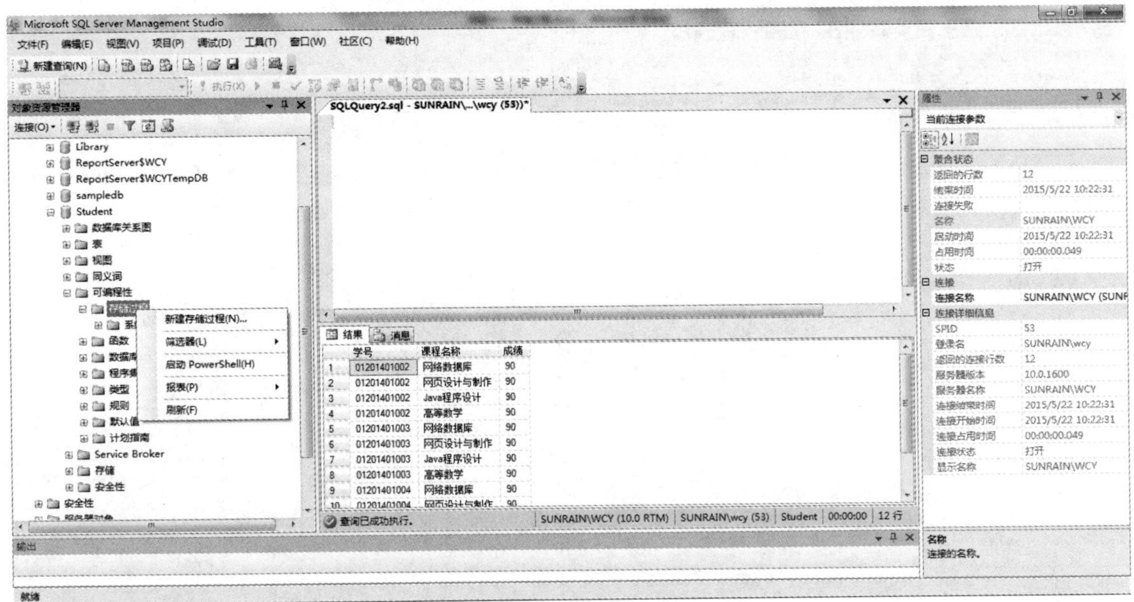

图 11-3　创建存储过程

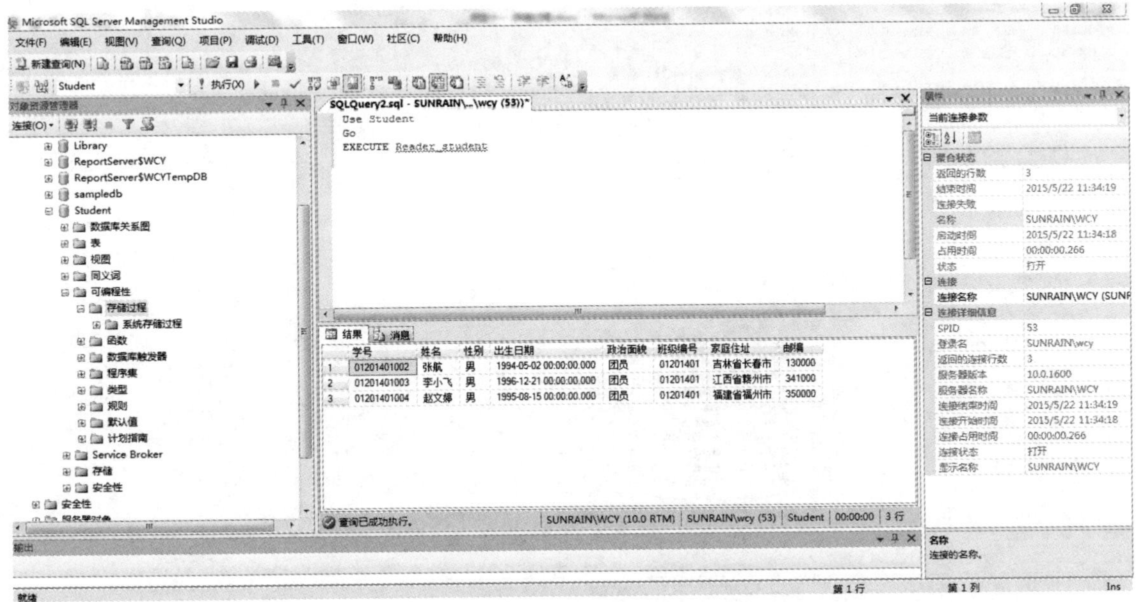

图 11-4　执行存储过程 Reader_student

然后再使用同样的方法，执行 Student 数据库中的另两个存储过程，结果分别如图 11-5 和图 11-6 所示。

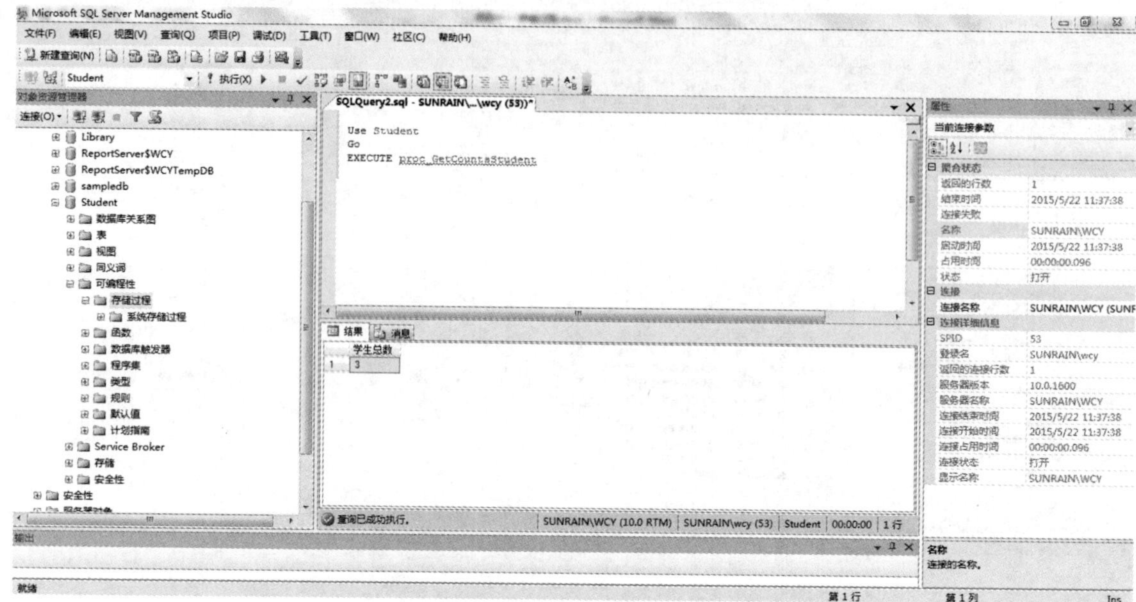

图 11-5　执行存储过程 proc_GetCountsStudent

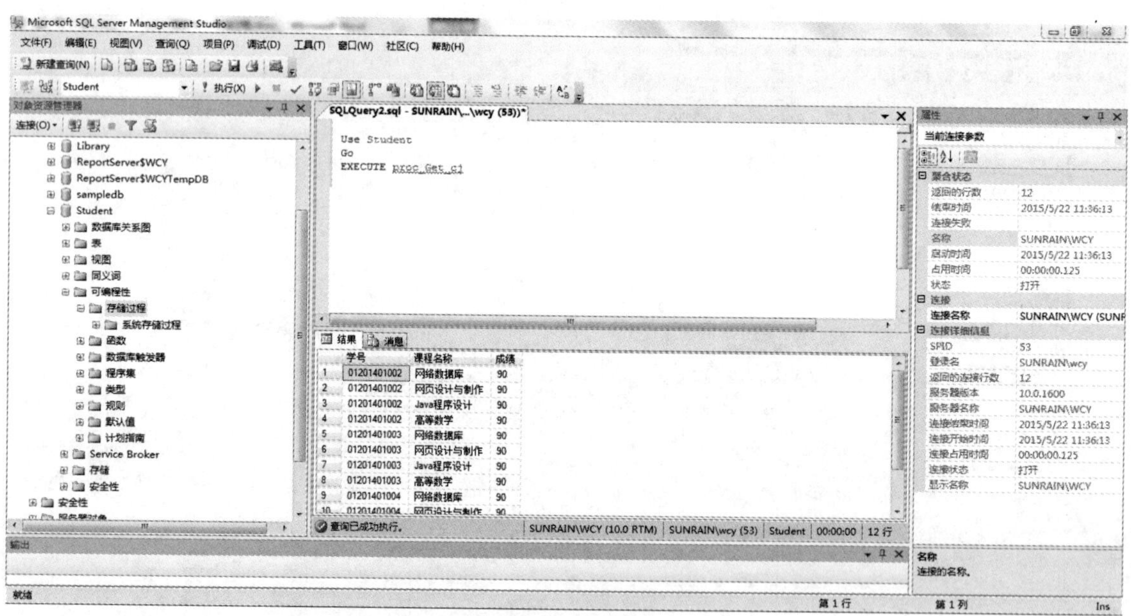

图 11-6　执行存储过程 proc_Get_cj

说明：运行 EXECUTE 语句无须权限，但是需要对 EXECUTE 字符串内引用对象的权限。例如，如果字符串包含 INSERT 语句，则 EXECUTE 语句的调用方对目标表必须具有 INSERT 权限。

除使用 EXECUTE 直接执行外，还可以将存储过程嵌入到 INSERT 语句中执行。这样操作时，INSERT 语句将把本地或远程存储过程返回的结果集加入到一个本地表中。SQL Server 2008 会将存储过程中的 SELECT 语句返回的数据载入表中，前提是表必须存在并且数据类型必须匹配。

3. 管理存储过程

（1）查看存储过程信息

用户可以通过系统存储过程 sp_helptext 查看存储过程的定义，通过 sp_text 查看存储过程的参数，通过 sp_depends 查看存储过程的相关性。

运行如下 SQL 语句：

```
EXECUTE sp_helptext Reader_student
EXECUTE sp_help proc_GetCountsStudent
EXECUTE sp_depends proc_Get_cj
```

执行结果如图 11-7 所示。

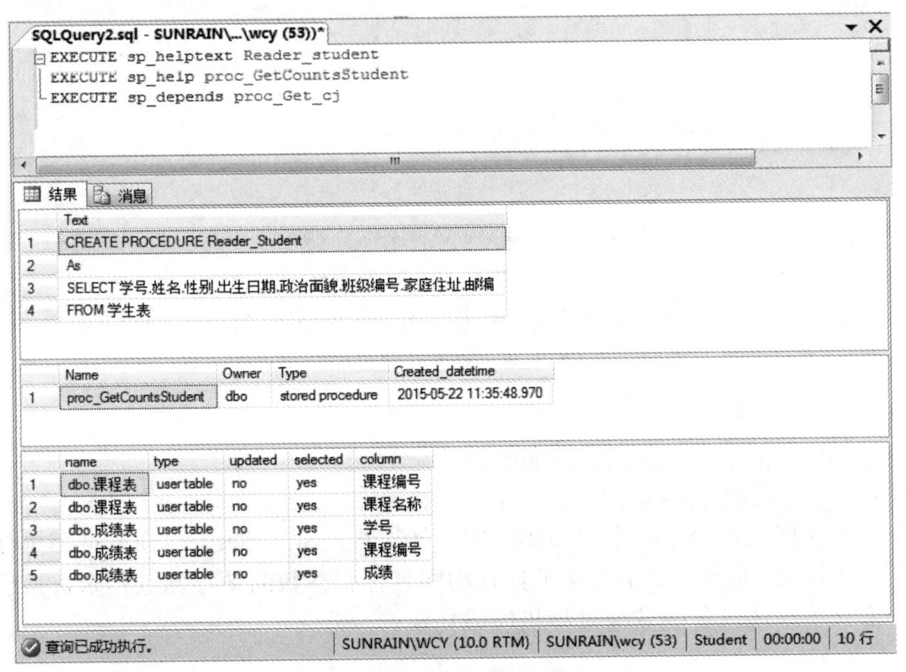

图 11-7 查看存储过程

（2）修改存储过程

上例 proc_Get_cj 中，若想在存储过程执行后获得学生姓名信息，则需要修改原存储过程，代码如下：

```
Use Student
Go
```

```
ALTER PROCEDURE proc_Get_cj
As
select a.学号,c.姓名,b.课程名称,a.成绩
from dbo.成绩表 a,dbo.课程表 b,学生表 c
where a.课程编号 =b.课程编号
      and a.学号 =c.学号
```

执行结果如图 11-8 所示。

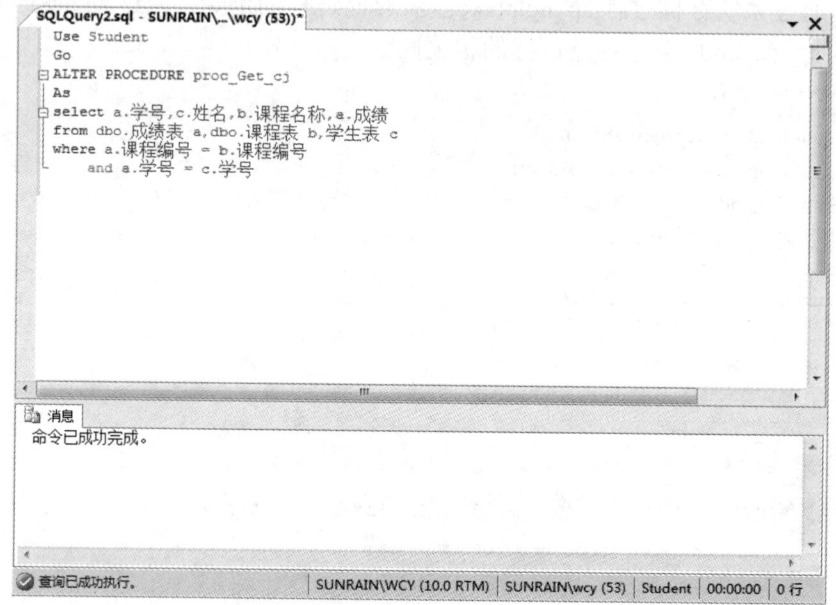

图 11-8　修改存储过程

（3）删除存储过程

下面的语句将删除 proc_GetCountsStudent 存储过程：

```
DROP PROC proc_GetCountsStudent
```

如果另一个存储过程调用某个已被删除的存储过程，SQL Server 2008 将在执行调用进程时显示一条错误消息。但是，如果定义了具有相同名称和参数的新存储过程来替换已被删除的存储过程，那么引用该过程的其他过程仍能成功执行。

任务 2　创建带参数的存储过程

11.2.1　相关知识

存储过程的优势不仅在于存储在服务器端、运行速度快，还有重要的一点就是存储过程可完成的功能非常强大，特别是在 SQL Server 2008 中。本节将学习如何在存储过程使用参数，

包括输入参数和输出参数，以及参数的默认值等。

SQL Server 2008 的存储过程可以使用两种类型的参数：输入参数和输出参数。参数用于在存储过程以及应用程序之间交换数据，其中：

- 输入参数允许用户将数据值传递到存储过程或函数。
- 输出参数允许存储过程将数据值或游标变量传递给用户。
- 每个存储过程向用户返回一个整数代码，如果存储过程没有显式设置返回代码的值，则返回代码为 0。

存储过程的参数在创建时应在 CREATE PROCEDURE 和 AS 关键字之间定义，每个参数都要指定参数名和数据类型，参数名必须以@符号为前缀，可以为参数指定默认值；如果是输出参数，则应用 OUTPUT 关键字描述。各个参数定义之间用逗号隔开，具体语法如下：

```
@parameter_name data_type [ =default ] [ OUTPUT ]
```

11.2.2 任务实施

1. 存储过程的输入参数

输入参数，即指在存储过程中有一个条件，在执行存储过程时为这个条件指定值，通过存储过程返回相应的信息。使用输入参数可以向同一存储过程多次查找数据库。例如，可以创建一个存储过程用于返回 Student 数据库上某条成绩中包含的课程名称。通过为同一存储过程指定不同的学号，来返回不同的课程成绩。

在前面创建的存储过程 proc_Get_cj 只能对成绩表进行特定的查询，返回整个表的数据，缺乏针对性。若要使这个存储过程更加通用化、灵活且能够查询某个学生的成绩信息，那么学生信息中的学号就应该是可变的，这样的存储过程才能返回某个学生的成绩数据。

在这个存储过程中将一个学生的学号作为参数来实现，名称为 proc_GetcjByCode，其代码如下：

```
Use Student
Go
CREATE PROCEDURE proc_GetcjByCode
@code varchar(12)
As
select a.学号,b.课程名称,a.成绩
from dbo.成绩表  a,dbo.课程表  b
where a.课程编号  = b.课程编号
  and a.学号  = @code
```

以上代码，创建一个名为 proc_GetcjByCode 的存储过程，使用一个字符串型的参数@code 来执行。执行带有输入参数的存储过程时，SQL Server 2008 提供了如下两种传递参数的方式：

- 按位置传递。这种方式是在执行存储过程的语句中，直接给出参数的值。当有多个参数时，给出的参数的顺序与创建存储过程的语句中的参数的顺序一致，即参数传递的顺序就是参数定义的顺序。使用这种方式执行 proc_GetcjByCode 存储过程的代码为：

```
EXEC proc_GetcjByCode '01201401002'
```

- 按参数名传递。这种方式是在执行存储过程的语句中，使用“参数名=参数值”的形式给出参数值。通过参数名传递参数的好处是，参数可以任意顺序给出。用这种方式执行 proc_GetcjByCode 存储过程的代码如下：

```
EXEC proc_GetcjByCode @code = '01201401002'
```

两种代码的执行结果如图 11-9 所示。

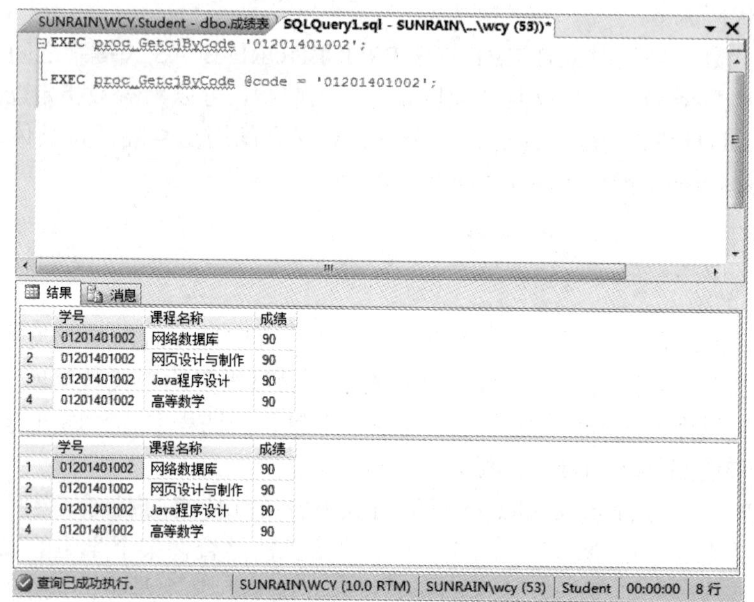

图 11-9 执行结果

2. 使用默认参数值

执行存储过程 proc_GetcjByCode 时，如果没有指定参数，则系统运行就会出错；如果希望不给出参数也能够正确运行，则可以通过给参数设置默认值来实现。

因此，如果要修改为默认值使用学号 00000000000 的 proc_GetcjByCode 存储过程，则可以运行下列代码：

```
Use Student
Go
CREATE PROCEDURE proc_GetcjByCode
@code    varchar(12) = '00000000000'
As
select a.学号,b.课程名称,a.成绩
from dbo.成绩表  a,dbo.课程表  b
where a.课程编号  = b.课程编号
        and a.学号  = @code
```

此时，执行该存储过程不指定学号也不会出错，代码如下：

```
Exec proc_GetcjByCode
```

3. 存储过程的输出参数

通过定义输出参数，可以从存储过程中返回一个或多个值。为了使用输出参数，必须在CREATE PROCEDURE 语句和 EXECUTE 语句中指定关键字 OUTPUT。

在执行存储过程时，如果忽略 OUTPUT 关键字，存储过程仍会执行但不返回值。

```
USE Student
GO
CREATE PROCEDURE proc_GetCountsTuanyuan
@zzmm varchar(10)='团员',
@TuanyuanCounts int OUTPUT
As
SELECT @TuanyuanCounts=COUNT(学号)
FROM 学生表
where 政治面貌 =@zzmm
```

以上代码创建一个名为 proc_GetCountsTuanyuan 的存储过程，它使用两个参数：@ zzmm 为输入参数，用于指定要查询的学生政治面貌，默认参数值为团员；@TuanyuanCounts 为输出参数，用来返回学生表中的团员总数量。

为了接收某一存储过程的返回值，需要一个变量来存放返回参数的值，在该存储过程的调用语句中，必须为这个变量加上 OUTPUT 关键字来声明。下面的代码显示了如何调用 proc_GetCountsTuanyuan，并将得到的结果返回到@TuanyuanCounts 中。

```
USE Student
GO
DECLARE @TuanyuanCountsint
EXEC proc_GetCountsTuanyuan ‘团员’,@TuanyuanCountsOUTPUT
SELECT'学生团员数量为：'+STR(@TuanyuanCounts)+'人'
GO
```

其运行结果如图 11-10 所示。

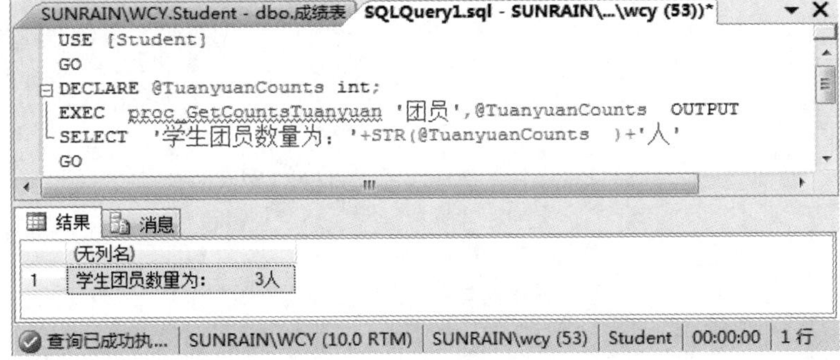

图 11-10 带输出参数的存储过程

4. *存储过程的返回值*

存储过程在执行后都会返回一个整型值。如果执行成功，则返回 0；否则返回-99～-1 之间的随机数，也可以使用 RETURN 语句来指定一个存储过程的返回值。

例如：下面创建一个名为 aAndb 的存储过程，用于计算出两个参数的和。本例使用 SET 语句，但是也可以使用 SELECT 语句来组织一个字符串，语句如下：

```
CREATE PROC aANDb
@a int=0,@b int=0,@c int=0 OUTPUT
AS
Set @c=@a+@b
Return @c
```

@c 参数由 OUTPUT 关键字指定。在执行这个存储过程时，需要指定一个变量存放返回值，然后再显示出来。如下为一个调用该存储过程的示例：

```
DECLARE @int c int
EXEC aANDb 6,2,@int c OUTPUT
SELECT '两个之和为：'+STR(@INT C)
```

项目小结

本项目主要讲述了存储过程的基本概念，存储过程的创建、修改以及删除等内容。存储过程是在服务器端执行的一段 T-SQL 程序，对于 C/S 模式的应用系统，服务器只把结果发送给客户端，这样不但减少了网络上的数据流量，而且提高了客户端的效率。

12 数据库的备份与还原

任务 1　数据库备份

数据库在使用过程中会遇到一些意外问题而导致数据丢失，这时数据库备份是保证数据完整性的一个很好手段，DBA（数据库管理员）应该养成良好的数据备份习惯。本任务中我们使用系统操作和命令两种方式完成数据备份。

12.1.1　相关知识

1．数据库恢复模式

备份数据库首先要设置数据库恢复模式，因为如果数据库恢复模式设置不正确，会导致数据无法还原。SQL Server 2008 数据库恢复模式分为三种：完整恢复模式、大容量日志恢复模式、简单恢复模式。

（1）完整恢复模式：默认恢复模式。它会完整记录下操作数据库的每一个步骤。使用完整恢复模式可以将整个数据库恢复到一个特定的时间点，这个时间点可以是最近一次可用的备份、一个特定的日期和时间或标记的事务。

（2）大容量日志恢复模式：它是对完整恢复模式的补充。简单地说就是对大容量操作进行最小日志记录，节省日志文件的空间（如导入数据、批量更新、SELECT INTO 等操作时）。一般只有在需要进行大量数据操作时才将恢复模式改为大容量日志恢复模式。

（3）简单恢复模式：在该模式下，数据库会自动把不活动的日志删除，因此简化了备份的还原，但因为没有事务日志备份，所以不能恢复到失败的时间点。通常，此模式只用于对数据安全要求不太高的数据库。并且在该模式下，数据库只能做完整和差异备份。

2. 数据库备份方式

了解了以上数据库的恢复模式后，接着备份数据库。SQL Server 2008 有四种备份方式：完整备份、差异备份、事务日志备份、文件和文件组备份。

（1）完整备份：备份整个数据库的所有内容，包括事务日志。该备份类型需要比较大的存储空间来存储备份文件，备份时间也比较长，在还原数据时，也只要还原一个备份文件。

（2）差异备份：差异备份是完整备份的补充，只备份上次完整备份后更改的数据。相对于完整备份来说，差异备份的数据量比完整备份小，备份的速度也比完整备份快。因此，差异备份通常作为常用的备份方式。在还原数据时，要先还原前一次做的完整备份，然后还原最后一次所做的差异备份，这样才能让数据库里的数据恢复到与最后一次差异备份时的内容相同。

（3）事务日志备份：事务日志备份只备份事务日志里的内容。事务日志记录了上一次完整备份或事务日志备份后数据库的所有变动过程。事务日志记录的是某一段时间内的数据库变动情况，因此在进行事务日志备份之前，必须要进行完整备份。与差异备份类似，事务日志备份生成的文件较小、占用时间较短，但是在还原数据时，除了先要还原完整备份之外，还要依次还原每个事务日志备份，而不是只还原最后一个事务日志备份（这是与差异备份的区别）。

（4）文件和文件组备份：如果在创建数据库时，为数据库创建了多个数据库文件或文件组，可以使用该备份方式。使用文件和文件组备份方式可以只备份数据库中的某些文件，该备份方式在数据库文件非常庞大时十分有效，由于每次只备份一个或几个文件或文件组，可以分多次来备份数据库，避免大型数据库备份的时间过长。另外，由于文件和文件组备份只备份其中一个或多个数据文件，当数据库里的某个或某些文件损坏时，可以只还原损坏的文件或文件组备份。

除此之外，我们还可以使用 SQL 命令进行数据备份，语法如下：

数据库完整备份语法格式：

```
BACKUP DATABASE<数据库名字>
TO <备份设备名>
[ MIRROR TO <备份设备名> ]
[ WITH
    [ [,] NAME = { backup_set_name } ]  指定备份集名称
    [ [,] DESCRIPTION = { 'text' } ]  指定备份集的描述
    [ [,] DIFFERENTIAL ]  指定是否为完整差异备份
    [ [,] EXPIREDATE = { date }| RETAINDAYS = { days } ]
    [ [,] { INIT | NOINIT } ]  指定是否覆盖媒体集中已有的备份集
    [ [,] MEDIANAME = { media_name} ]  指定媒体集名称
    [ [,] MEDIADESCRIPTION = { 'text' } ]  指定媒体集描述
]
```

媒体集的作用：可以自动将备份数据平均地分布在指定的备份设备中。新建媒体集时在媒体集前面加 Format 参数即可。

镜像媒体集可以自动将媒体集中的数据再进行备份。MIRROR TO 子句指定镜像备份位置，要求和 TO 后面备份设备数量要完全相等。

事务日志备份语法格式：

```
BACKUP LOG <数据库名字>
TO <backup_device>[,...n ]
[MIRROR TO <backup_device>]
[ WITH
    [ [, ] NAME = { backup_set_name } ]
    [ [, ] DESCRIPTION = { 'text' } ]
    [ [, ] EXPIREDATE = { date } | RETAINDAYS = { days } ]
    [ [, ] { INIT | NOINIT } ]
    [ [, ] MEDIANAME = { media_name}]
    [ [, ] MEDIADESCRIPTION = { 'text' | @text_variable } ]
    [ [, ] NO_TRUNCATE ] 指定是否截断日志记录
    [ [, ] { NORECOVERY | STANDBY = undo_file_name } ]
]
```

NORECOVERY：备份事务日志的尾部并使数据库处于 RESTORING 状态。

使用 STANDBY 选项等同于 BACKUP LOG WITH NORECOVERY 后跟 RESTORE WITII STANDBY。

12.1.2 任务实施

1. 系统操作方法

步骤 1：在“对象资源管理器”窗口中展开“数据库”，找到创建好的 Student，右击选择“属性”，打开“数据库属性”窗口，如图 12-1 所示。在“选项”选择页里选择数据库的恢复模式，这里保留默认设置为“简单”，选择后单击“确定”按钮。

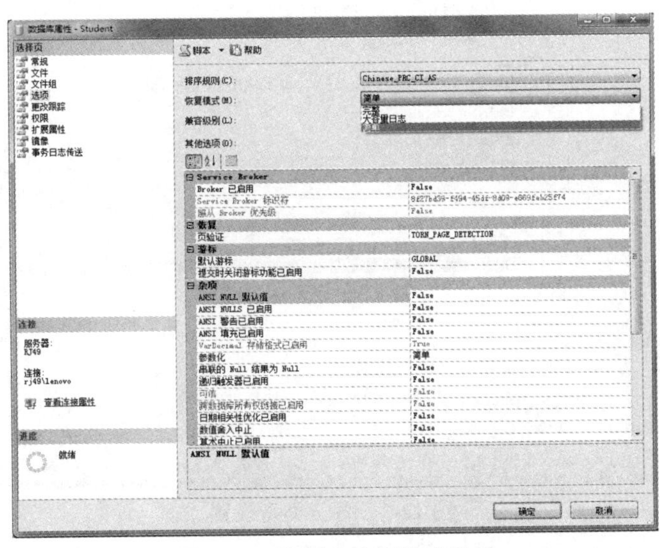

图 12-1 数据库恢复模式设置

步骤 2：在“对象资源管理器”窗口中展开数据库，找到创建好的 Student，右击，如图 12-2 所示，选择“任务”|“备份”，打开如图 12-3 所示窗口。

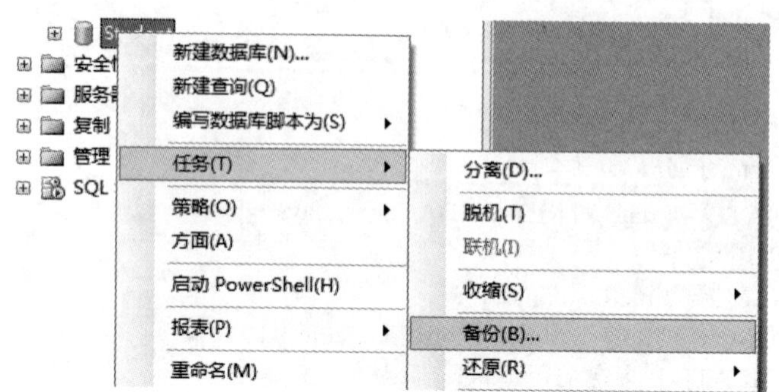

图 12-2　数据库备份

步骤 3：在图 12-3 窗口中，在“源”选项栏里，恢复模式默认为“简单”模式，备份类型选择“完整”；“备份集”选项栏里，名称可以默认也可以自己取名，过期时间可以选择晚于多少天过期，或者在某一天过期。

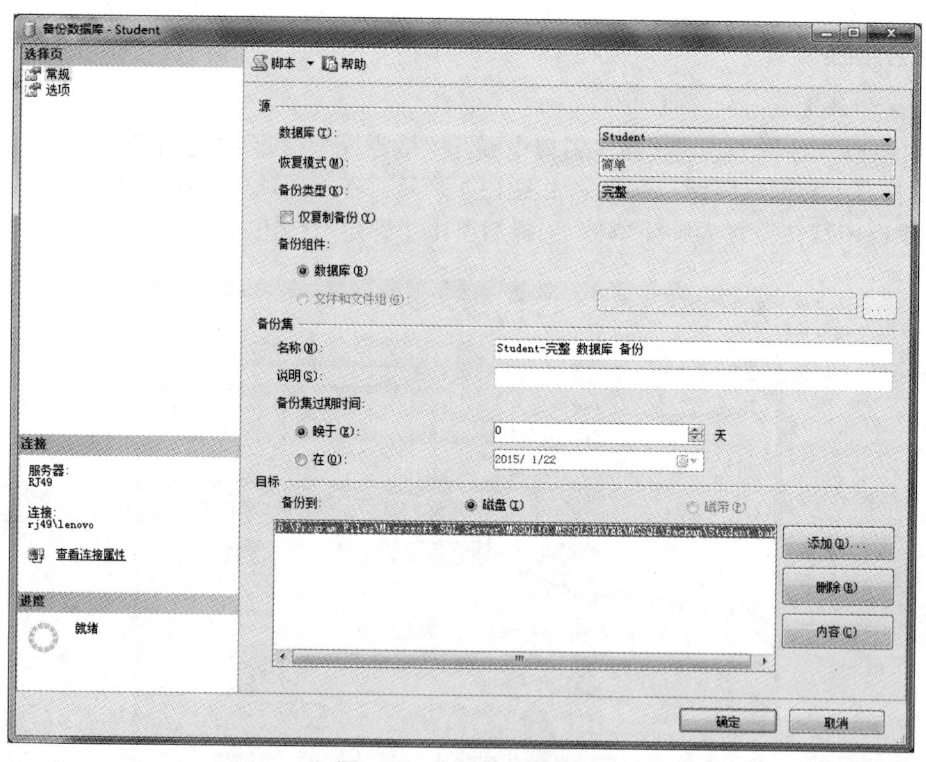

图 12-3　备份类型设置

步骤 4：在“目标”选项栏里，单击“添加”按钮，设定备份的目标位置，如图 12-4 所示，选择在 D:/Program Files/SQL Server 2008/Backup 文件夹下，输入备份文件名为 student 20150910.bak，单击“确定”按钮。

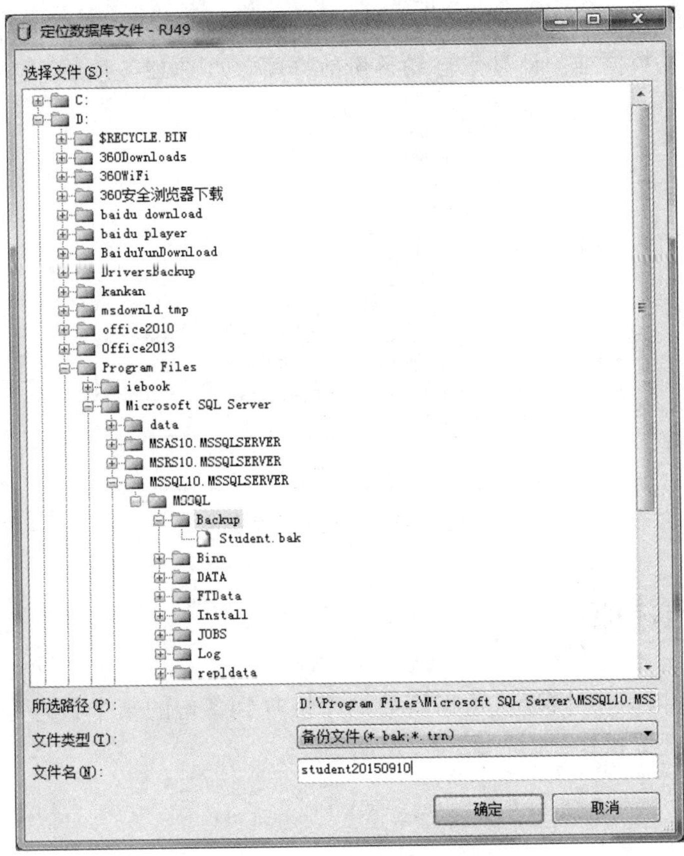

图 12-4　选择数据备份目录

步骤 5：回到图 12-3 窗口，这时在“目标”选项栏里出现了刚才输入的备份文件的路径和文件名，单击“确定”按钮即可完成备份。

与此类似，可以对数据库进行差异备份和事务日志备份。

2. 命令方法

备份数据库 Student 到.bak 文件，然后利用此 bak 文件恢复一个新的数据库 studentnew。

```
Use Student
Back database Student
    To disk ='e:\sql server\backup\student20150910.bak' \*数据库备份文件*/
Restore filelistonly
    From disk='e:\sql server\backup\student20150910.bak'
Restore database studentnew
    From disk ='e:\sql server\backup\student20150910.bak'
```

```
    With move 'studentnew' to 'e:\sql server\data\studentnew.mdf',
    move'studentnew_log' to 'e:\sql server\data\studentnew_log.ldf'
go
```

3. 自动备份数据库

我们也可以通过数据维护计划来自动备份数据库，如图 12-5 所示，详细请课后自行学习。

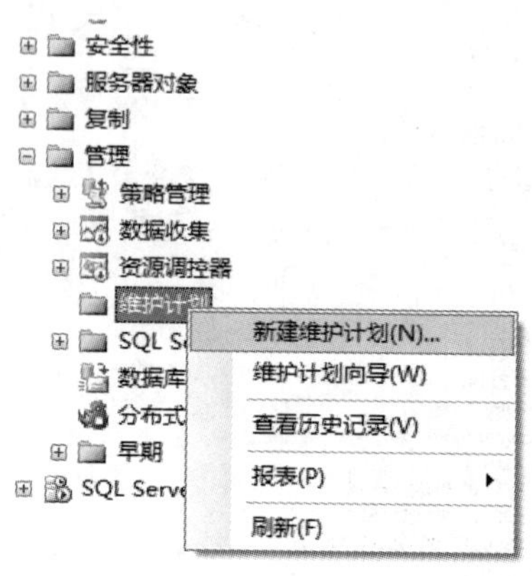

图 12-5 自动备份数据

任务 2 数据库还原

数据库还原又叫数据库恢复，是指将数据库恢复到备份的某个状态，本任务是将备份的 Student 数据库进行还原操作。

12.2.1 相关知识

恢复数据库的 SQL 语法格式如下：

```
RESTORE DATABASE { database_name }
[FROM <backup_device>[…n]]
[ WITH
    [ [, ] FILE = { file_number } ]
    [ [, ] MEDIANAME = { media_name } ]
    [ [, ] { RECOVERY | NORECOVERY | STANDBY =
            {standby_file_name } ] 是否回滚未提交的事务
    [ [, ] REPLACE ] 指定是否覆盖当前已经存在的数据库
    [ [, ] { STOPAT = { date_time } |
 STOPATMARK = { 'mark_name' [ AFTER datetime ]} |
STOPBEFOREMARK = { 'mark_name' [ AFTER datetime ]}   } ]
]
```

SQL Server 要求在除最后的 RESTORE 语句外的所有其他还原语句上使用 With

NORECOVERY 选项。使用该语句后，数据库将处于还原步骤中间的未完成状态，此时如果想使用数据库，需要先进行恢复数据库操作：Restore Database <> With Recovery，语法格式如下：

```
RESTORE LOG { database_name }
FROM <backup_device>[,...n ]
[ WITH
    [ [, ] FILE = { file_number } ]
    [ [, ] MEDIANAME = { media_name } ]
    [ [, ] { RECOVERY | NORECOVERY | STANDBY =
            {standby_file_name | @standby_file_name_var } } ]
    [ [, ] REPLACE ]
    [ [, ] { STOPAT = { date_time } |
STOPATMARK = { 'mark_name' [ AFTER datetime ] }|
STOPBEFOREMARK = { 'mark_name'    [ AFTER datetime ] }    } ]
]
```

12.2.2 实施步骤

1. 系统操作方式

步骤 1：选择要还原的数据库 Student，右击“任务”|“还原”|“还原数据库”，即打开“还原数据库”窗口，单击“选项”选项页，如图 12-6 所示。

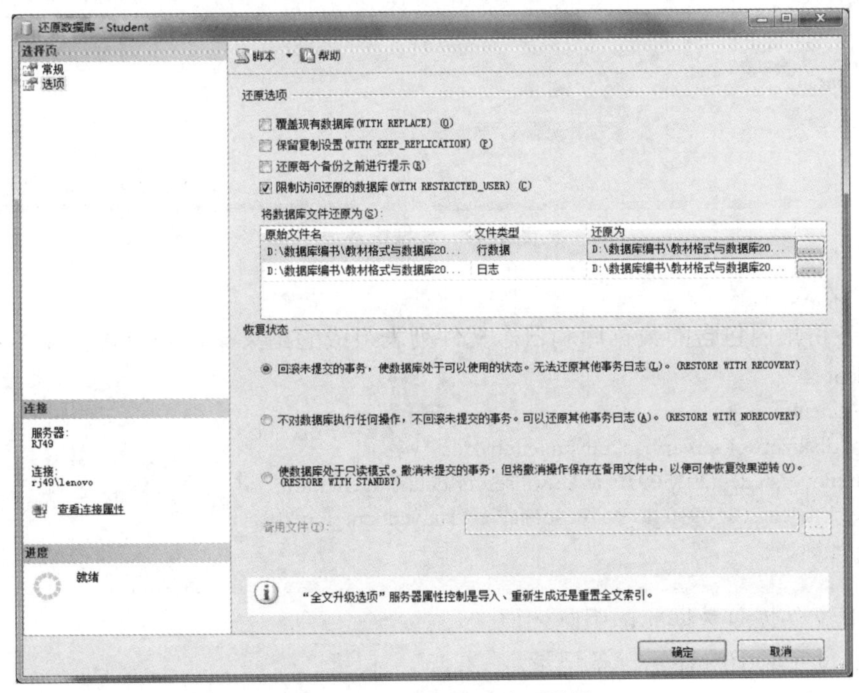

图 12 6 数据库还原选项设置

步骤 2：在图 12-4 窗口中对还原选项和恢复状态进行设置，也可以选择默认。

步骤 3：单击“常规”选择页，出现如图 12-7 所示窗口，在备份集里出现了曾经备份的记录，选择要还原的一项，单击“确定”按钮，即完成还原。

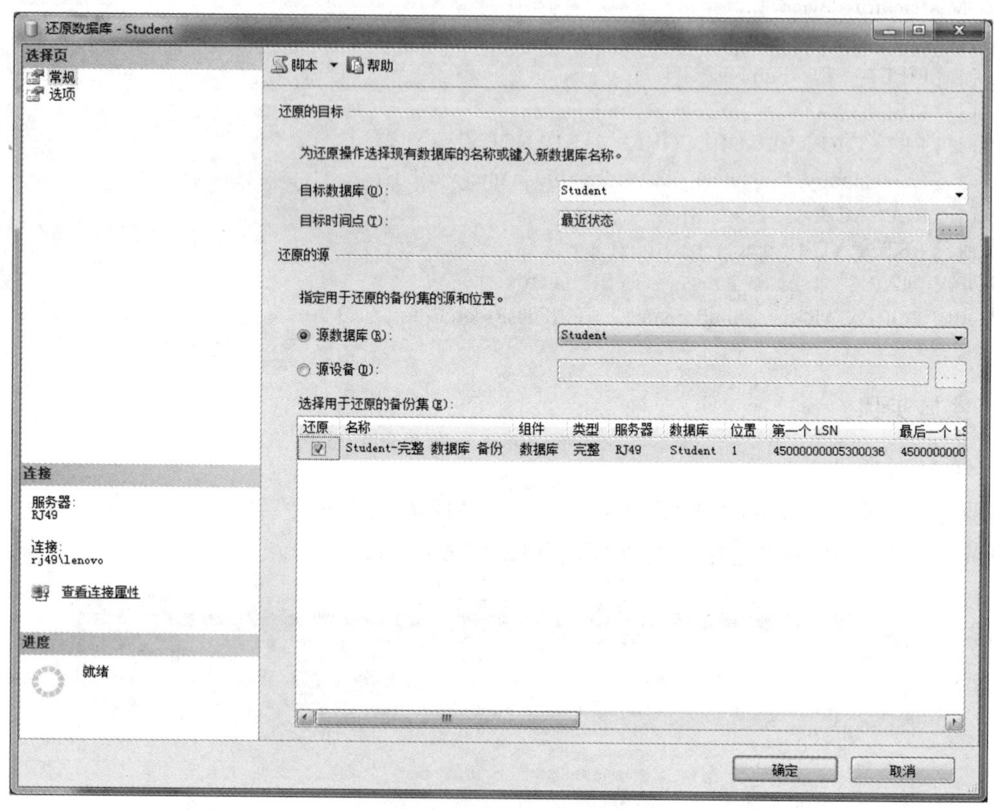

图 12-7　数据库还原

2. 命令方式

返回由备份集内包含的数据库和日志文件列表组成的结果集，获得逻辑文件名。

```
Use Student
Restore Student
    From disk='e:\sql server\backup\student.bak'
    With move 'student20150910' to 'e:\sql server\data\student.mdf',
    Move 'student20150910_log' to'e:\sql server\data\student_log.ldf',
Stats=10,replace
Go
```

利用 bak 文件恢复数据库，强制还原。

Stats=10 每完成 10%显示一条记录。

Student20150910 和 Student20150910_log 是 student.bak 里的逻辑文件。

项目小结

本项目主要讲述了 SQL Server 2008 备份和还原数据库的方法，备份有四种模式，分别是完整备份、差异备份、事务日志备份、文件和文件组备份。数据库恢复有三种模式，分别是完整恢复模式、大容量日志恢复模式、简单恢复模式。还讲解了数据库的备份与还原命令。

实训项目

综合实训：备份与还原 library 数据库

实训操作步骤：

步骤 1：设置数据还原模式为“完整模式”，备份模式为“完整模式”。

步骤 2：数据库的备份目录为 E:/SQl server2008/backup，备份文件名为 library_backup.bak。

步骤 3：对备份的数据库进行还原。

13 安全管理

任务 1　创建登录账户

创建一个 SQL Server 登录账户，账号名为 lgx，使其具有访问 Student 数据库的权限。

13.1.1　相关知识

为了保证 SQL Server 2008 数据库的安全，用户在访问 SQL Server 时需输入正确的用户名和密码方可登录，本任务介绍如何创建 SQL Server 登录账户。

1．身份验证模式

SQL Server 有两种验证机制：Windows 验证机制和 SQL Server 验证机制，由这两种验证机制产生了两种 SQL Server 身份验证模式：Windows 身份验证模式、SQL Server 和 Windows 身份验证模式(混合模式)。Windows 身份验证模式只能使用 Windows 验证机制，而 SQL Server 和 Windows 身份验证模式既可以使用 Windows 验证机制也可以使用 SQL Server 验证机制。

选择使用哪种验证模式是可以改变的，既可以在系统安装过程中设置 SQL Server 的身份验证模式，也可以在安装完成后修改。修改的方法为：在要修改的服务器实例上单击鼠标右键，在弹出的快捷菜单中选择“属性”命令，在弹出的“服务器属性”窗口中选择“安全性”，如图 13-1 所示，在“服务器身份验证”选项组中，选择“Windows 身份验证模式（W）”或者“SQL Server 和 Windows 身份验证模式（S）”。

（1）Windows 身份验证

如果 Windows 的当前用户在 SQL Server 中被赋予了权限，可以直接登录，不需要再次输入用户名和密码。如果要以其他 Windows 账户登录 SQL Server，则需要先用此账户登录 Windows，然后再选择以 Windows 身份验证模式登录 SQL Server。

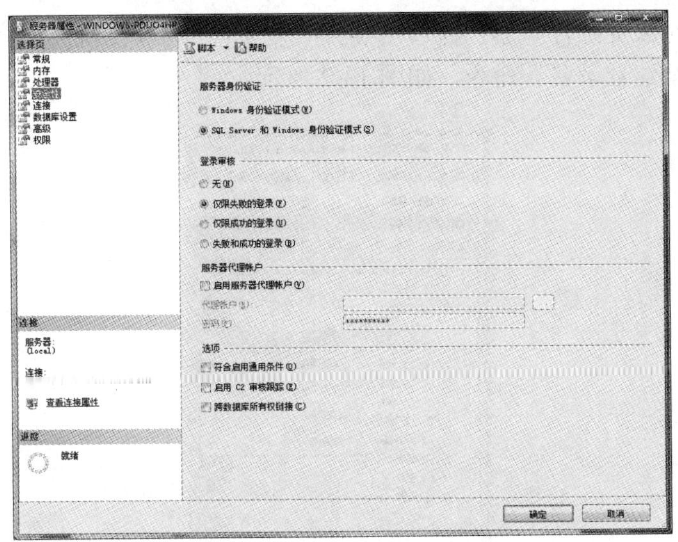

图 13-1 “服务器属性”窗口

（2）SQL Server 身份验证

因为 SQL Server 管理的账号与 Windows 操作系统无关，所以每次登录时都需要输入账户和密码。

2. 默认账户

不管选择哪种验证模式，都必须先具备有效的用户登录账户。SQL Scrver 有 3 个默认账户，分别为 sa、administrator 和 guest。sa 是 system administrator（系统管理员）的简称，在 SQL Server 系统和所有数据库中拥有所有权限。administrator 为 Windows 系统管理员提供的账户，也在 SQL Server 系统和所有数据库中拥有所有权限。guest 账户为默认访问系统用户账户。

3. 存储过程 sp_addlogin

系统存储过程 sp_addlogin 也可以创建 SQL Server 身份验证登录的登录账号，其基本语法格式如下：

```
EXECUTE sp_addlogin'登录名', '登录密码', '默认数据库', '默认语言'
```

说明：登录名要符合标识符的命名规则，不能包含“\”、保留的登录名或者已经存在的登录名，也不能是空字符串或 NULL 值。

除了登录名外，其他的参数为可选项，如果不指定密码，密码为 NULL；如果不指定默认数据库，则使用 master 数据库；如果不指定默认语言，则使用服务器当前的默认语言。

执行存储过程 sp_addlogin 时，需要具有相应的权限，只有 sysadmin 和 securityadmin 固定服务器角色的成员才可以执行。

13.1.2 任务实施

方法 1：用 SSMS 创建使用 SQL Scrver 身份验证的登录账户 “lgx”

步骤 1：在“对象资源管理器”窗口中展开“安全性”节点，右击“登录名”，在弹出的快捷菜单中选择“新建登录名”命令，如图 13-2 所示。

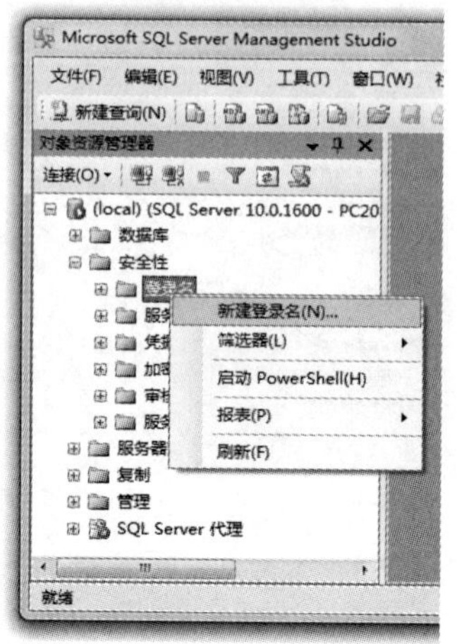

图 13-2 “对象资源管理器”窗口

步骤 2：在弹出的“登录名-新建”窗口中选择“SQL Server 身份验证”，在“登录名”文本框中输入“lgx”，在“密码”和“确认密码”文本框中输入相同的密码，比如“123”。选择“服务器角色”和“用户映射”选择页，指定服务器角色和访问的数据库及数据库角色，取消“强制密码过期”和“用户在下次登录时必须更改密码”的勾选，如图 13-3 所示。

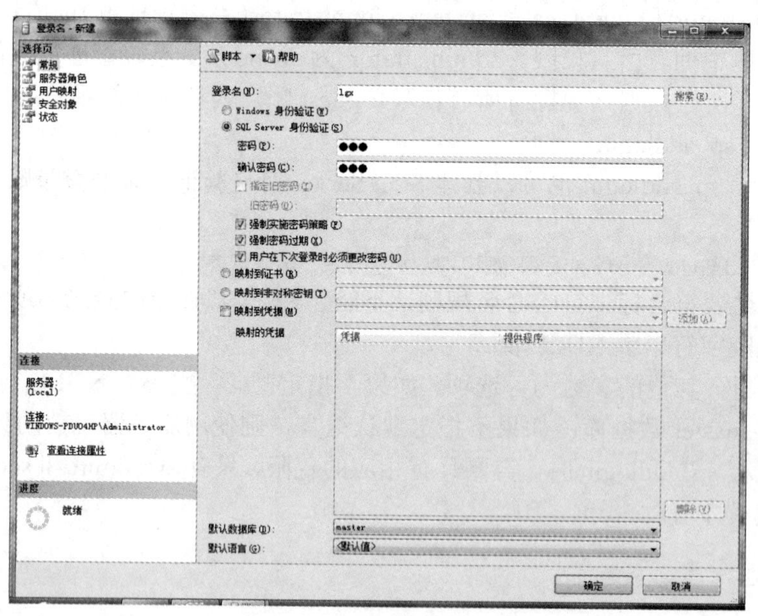

图 13-3 “登录名-新建”窗口

步骤 3：单击“确定”按钮，“lgx”登录名创建完成。

方法 2：用 SQL 命令创建账号“lgx”

步骤 1：进入 SSMS 管理界面后，在工具栏中单击“新建查询”按钮，打开“查询编辑器”窗口。

步骤 2：在“查询编辑器”窗口中输入命令：EXECUTE sp_addlogin 'lgx','123'，单击“执行”按钮，账号创建成功，如图 13-4 所示。

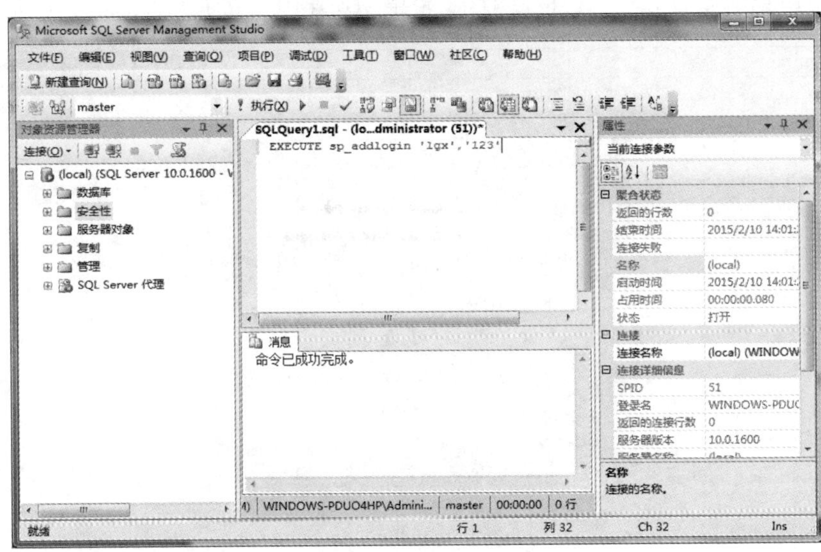

图 13-4　创建账号命令窗口

任务 2　禁止或删除登录账号

禁止或删除登录账号 lgx。

13.2.1　相关知识

禁止登录账号是暂时停止用户的使用权限，在必要的时候还可以恢复使用。删除登录账号是把该账号从服务器中移除，移除后不可恢复。

系统存储过程 sp_droplogin 的功能是删除一个 SQL Server 身份验证的登录账号，语法格式如下：

```
EXECUTE sp_droplogin '登录名'
```

其中“登录名”只能是 SQL Server 身份验证的登录账号。

系统存储过程 sp_revokelogin 的功能是删除一个 Windows 身份验证的登录账号，语法格式如下：

```
EXECUTE sp_revokelogin'登录名'
```

其中“登录名”只能是 Windows 身份验证的登录账号。

13.2.2 任务实施

禁止登录方法：用 SSMS 禁止登录账户 lgx

步骤 1：在“对象资源管理器”窗口里展开“安全性”节点，展开“登录名”。

步骤 2：右击登录账号 lgx，选择“属性”菜单项，弹出“登录属性”窗口，如图 13-5 所示。

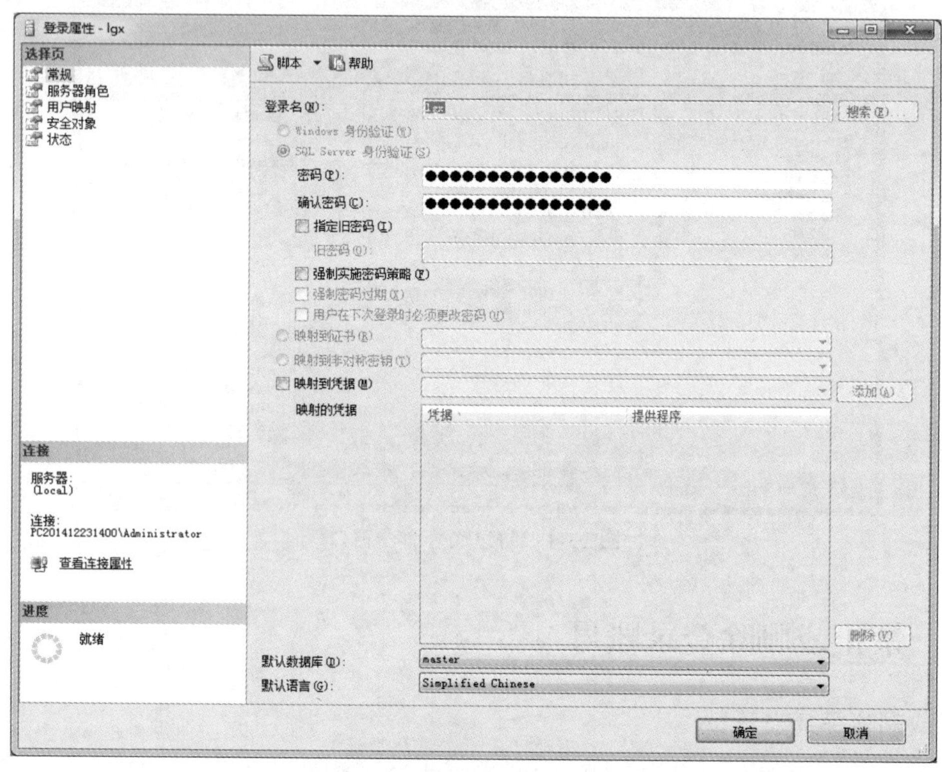

图 13-5 “登录属性”窗口

步骤 3：在“登录属性”窗口中选择“状态”选择页，如图 13-6 所示，在“设置”的“是否允许连接到数据库引擎”选项组下选择“拒绝”，在“登录”选项组下选择“禁用”。

步骤 4：单击“确定”按钮，完成禁止登录账号“lgx”。如果要恢复，用同样的方法单击“拒绝”或“禁用”即可恢复登录账号“lgx”，不再赘述。

删除登录方法 1：用 SSMS 删除登录账户“lgx”

步骤 1：在“对象资源管理器”窗口里展开“安全性”节点，展开“登录名”。

步骤 2：右击登录账号“lgx”，选择“删除”菜单项，如图 13-7 所示。

步骤 3：弹出“删除对象”窗口，如图 13-8 所示，单击“确定”按钮，删除账号“lgx”。

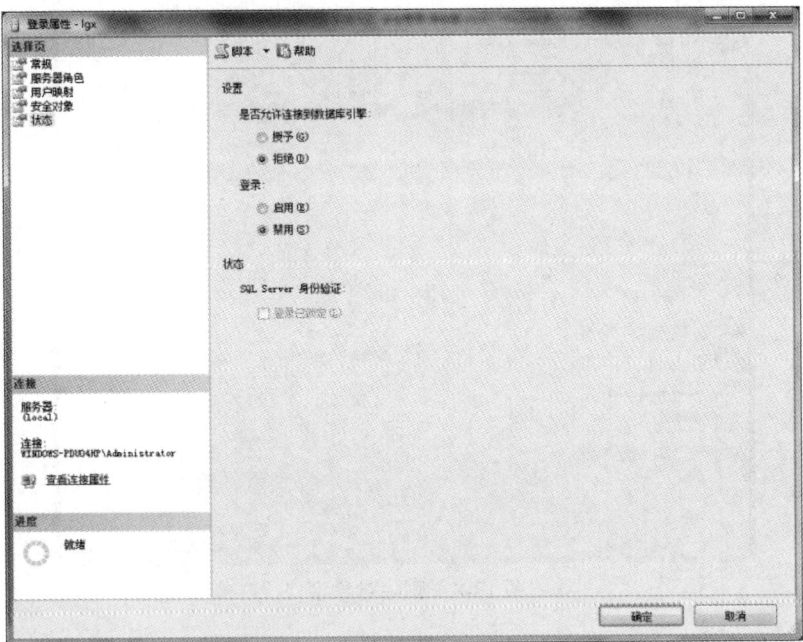

图 13-6 禁止登录账号窗口

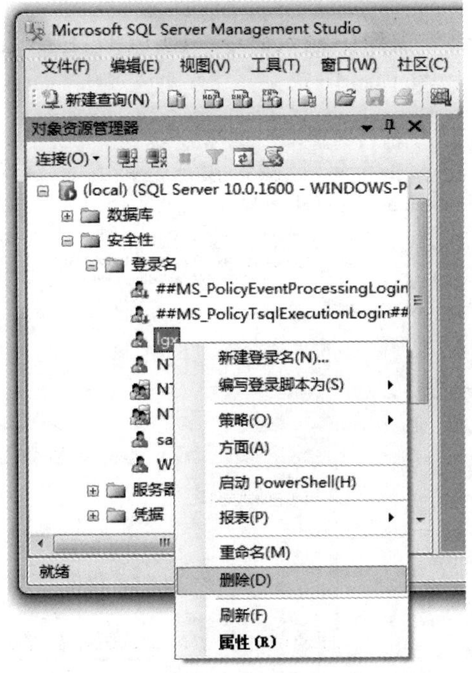

图 13-7 删除登录窗口

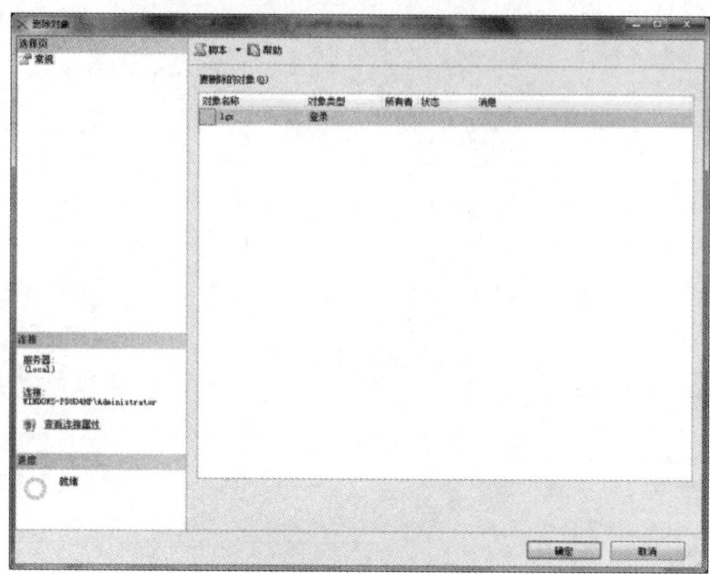

图 13-8　删除对象窗口

删除登录方法 2：用 T-SQL 命令删除登录账户 lgx

步骤 1：进入 SSMS 管理界面后，在工具栏中单击“新建查询”按钮，打开“查询编辑器”窗口。

步骤 2：在“查询编辑器”窗口中输入命令：EXECUTE sp_droplogin 'lgx'，单击“执行”按钮，删除登录账户成功，如图 13-9 所示。

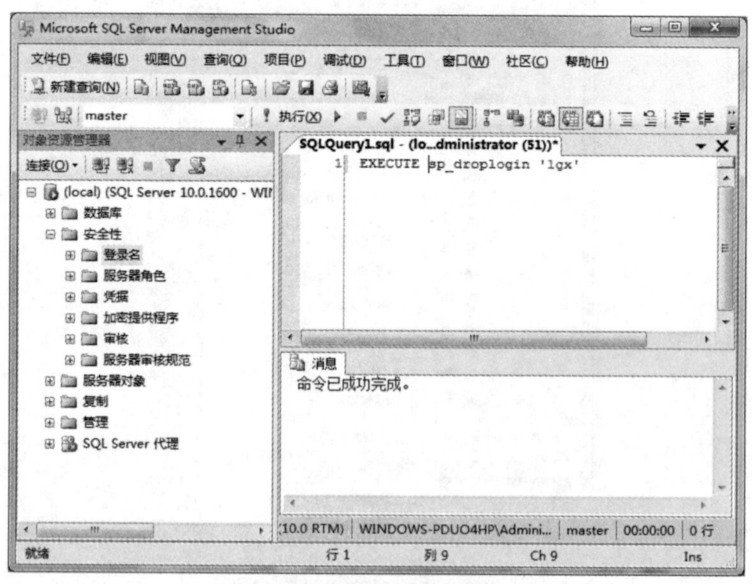

图 13-9　删除账号命令窗口

任务 3　添加数据库用户

在当前数据库 Student 中创建数据库用户 lgx。

13.3.1　相关知识

一般情况下，当用户用登录账号登录到 SQL Server 后，还不能访问数据库，要访问数据库，还需要为登录账号映射一个数据库用户。

添加数据库用户的方式有多种，可以在创建或者修改登录账号时的“登录属性”窗口的“用户映射”中建立登录名到指定数据库的映射，或者在数据库中直接建立数据库用户。

也可以使用存储过程 sp_grantdbaccess 添加数据库用户，格式如下：

```
Execute sp_grantdbaccess '登录名','用户名'
```

说明：登录名既可以是 Windows 身份验证的登录名，也可以是 SQL Server 身份验证的登录名，用户名是在该数据库使用的，如果没有指定，直接使用登录名。需要注意的是只能向当前数据库中添加用户登录账号的用户名，不能添加 sa 的用户名。

在 SQL Server 中有 dbo 和 guest 两个数据库预定义的特殊用户。

（1）dbo 是数据库的所有者，拥有数据库的所有权限，每个数据库都有自己的 dbo 用户。默认情况下，固定服务器角色 sysadmin 的成员都自动映射到所有数据库的 dbo 用户，该用户不能被删除。当一个登录账号可以创建数据库时，该登录账号就映射到该数据库的 dbo 用户。

（2）guest 用户是来宾用户，不能删除，在默认情况下该用户是禁用的。

13.3.2　任务实施

方法 1：在 SSMS 中创建 Student 数据库用户 lgx

步骤 1：在 SSMS 中，依次展开“数据库”|“Student”|“安全性”|“用户”，右击“用户”节点，在弹出的快捷菜单中选择“新建用户”命令，弹出“数据库用户-新建”窗口，在“用户名”文本框中输入“lgx”，如图 13-10 所示。

步骤 2：输入登录名或者单击“登录名”右侧的“…”按钮，弹出“选择登录名”对话框，如图 13-11 所示。

步骤 3：单击“浏览”按钮，弹出“查找对象”对话框，如图 13-12 所示。

步骤 4：选择要授权访问 Student 数据库的 SQL Server 登录账号“lgx”，连续三次单击“确定”按钮，完成数据库用户的创建。

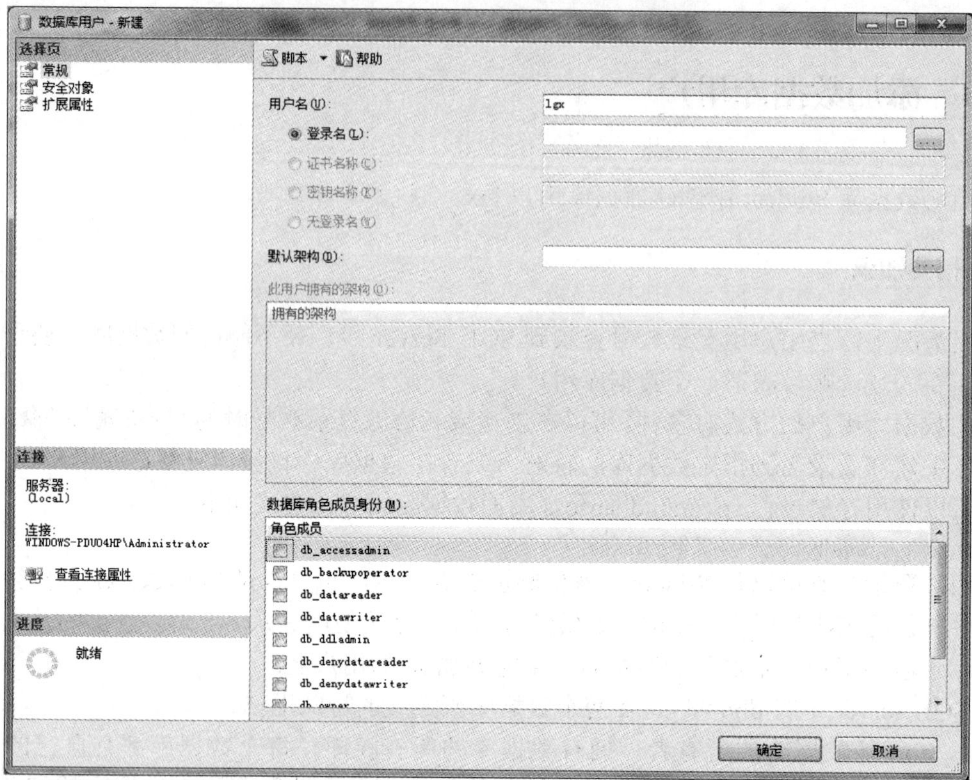

图 13-10 “数据库用户-新建”窗口

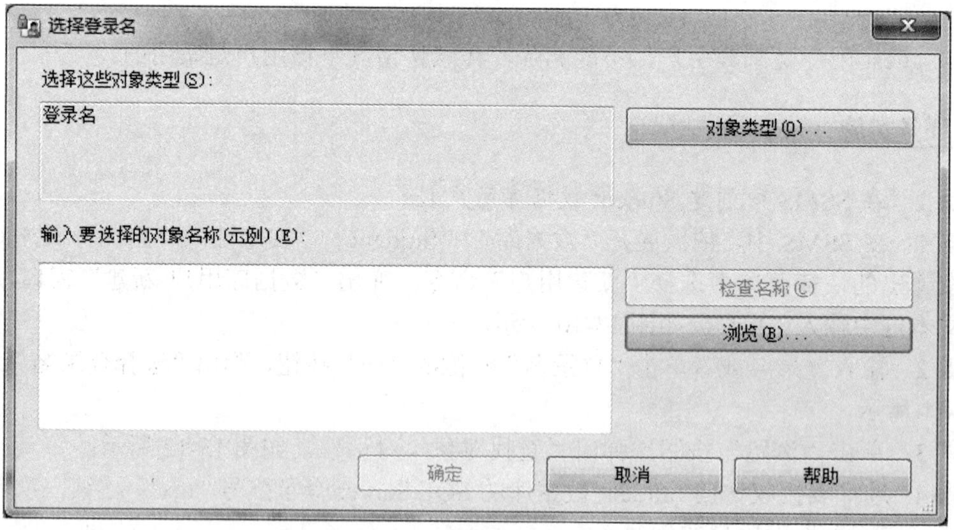

选择登录名

选择这些对象类型(S):

登录名 | 对象类型(O)...

输入要选择的对象名称(示例)(E):

检查名称(C)

浏览(B)...

确定 | 取消 | 帮助

图 13-11 “选择登录名”对话框

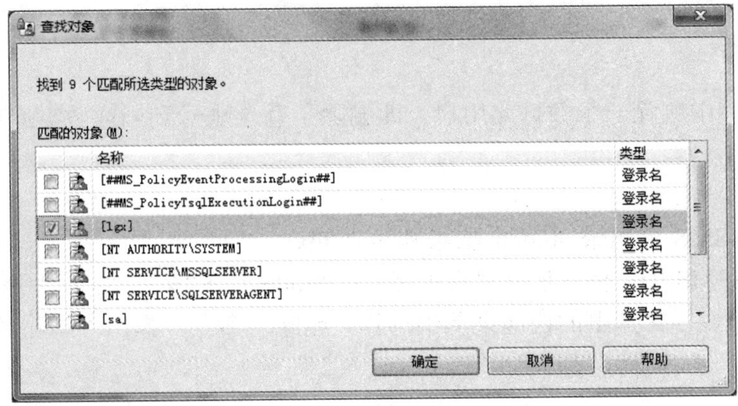

图 13-12 “查找对象”对话框

方法 2：使用存储过程 sp_grantdbaccess 创建 Student 数据库用户 lgx

步骤 1：进入 SSMS 管理界面后，在工具栏中单击“新建查询”按钮，打开“查询编辑器”窗口。

步骤 2：在“查询编辑器”窗口中输入命令：EXECUTE sp_grantdbaccess 'lgx','lgx'，单击“执行”按钮，创建成功，如图 13-13 所示。

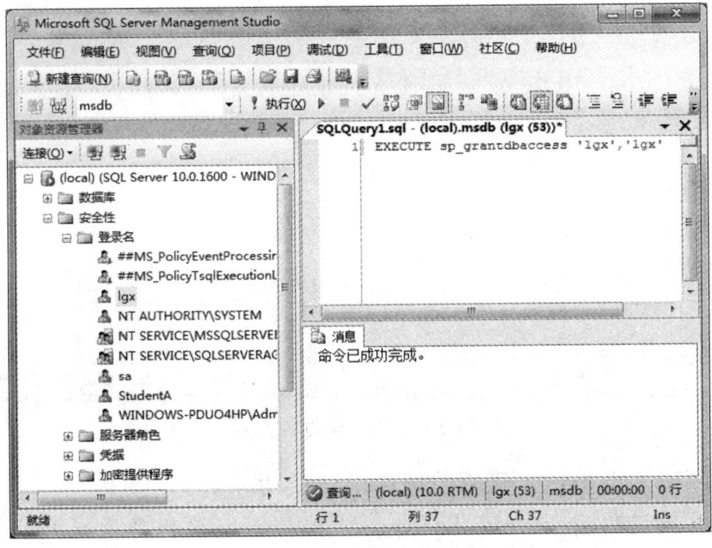

图 13-13 创建用户命令窗口

任务 4 删除数据库用户

删除数据库 Student 中的数据库用户“lgx”。

13.4.1 相关知识

从当前数据库中删除一个数据库用户，即删除了登录账号到当前数据库用户的映射。

13.4.2 任务实施

方法 1：在 SSMS 中删除 Student 数据库用户 lgx

步骤 1：在 SSMS 中，依次展开“数据库”|“Student”|“安全性”|“用户”，右击要删除的用户名节点“lgx”，在弹出的快捷菜单中选择“删除”命令，弹出“删除对象”窗口，如图 13-14 所示。

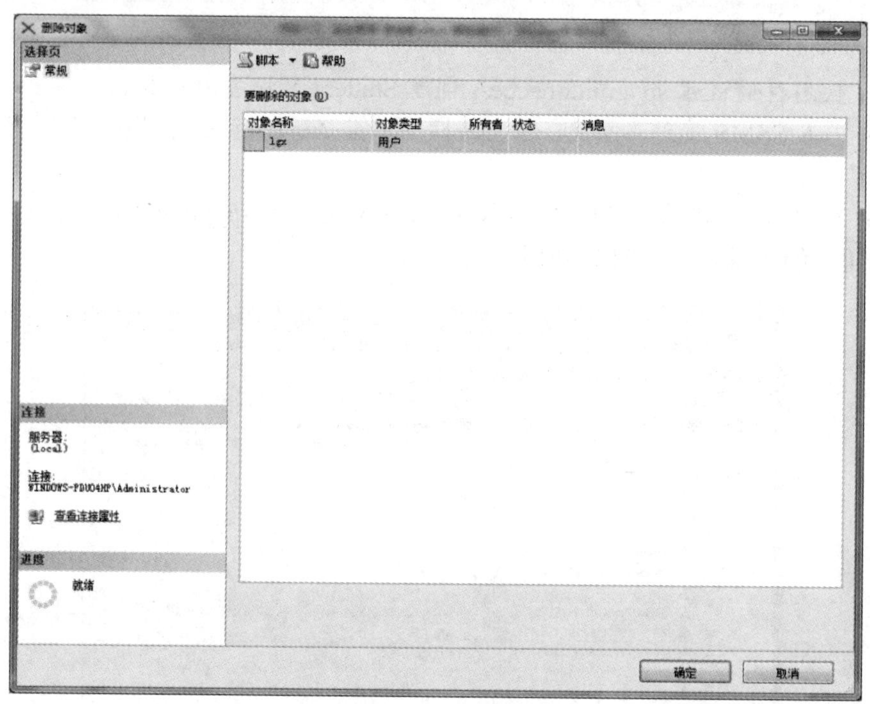

图 13-14 “删除对象”窗口

步骤 2：单击“确定”按钮，删除数据库用户成功。

方法 2：使用存储过程 sp_revokedbaccess 删除 Student 数据库用户 lgx

步骤 1：进入 SSMS 管理界面后，在工具栏中单击“新建查询”按钮，打开“查询编辑器”窗口。

步骤 2：在“查询编辑器”窗口中输入命令：EXECUTEsp_revokedbaccess'lgx'，单击“执行”按钮，删除成功，如图 13-15 所示。

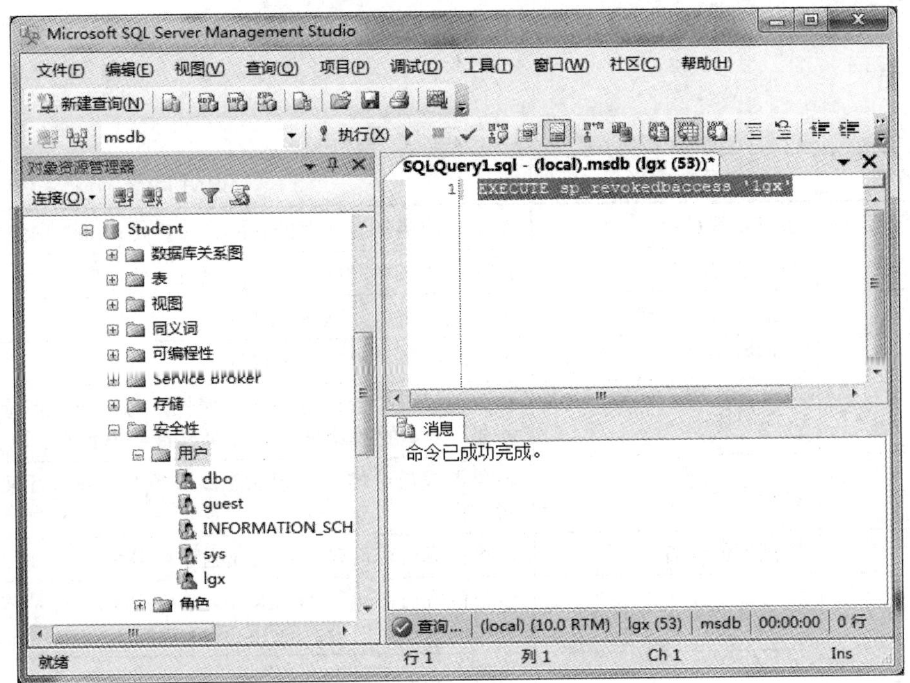

图 13-15 删除用户命令窗口

任务 5 创建数据库角色

在数据库 Student 中创建数据库角色 myrole，该角色中的成员有数据库用户 lgx。

13.5.1 相关知识

角色是用来集中服务器和数据库权限的，管理员把权限赋给角色，角色再赋给数据库用户或者登录账号，则登录账号或数据库用户就拥有了该角色的权限。在创建登录账号时可以对服务器角色进行设置，在创建数据库用户时也可以对数据库角色进行设置。在 SQL Server 中有两种角色，分别是服务器角色和数据库角色。

角色的概念比较抽象，比如在学校的教务管理系统中存在三类不同权限的用户：管理员、教师和学生，可以在数据库中定义三种角色：管理员角色、教师角色和学生角色。所有的管理员都是管理员角色的成员，所有的教师都是教师角色的成员，所有的学生都是学生角色的成员。在数据库设计时把所有的用户都作为这三种角色的成员之一，只需要对三种角色进行权限设置，该角色的成员就拥有了相应角色的权限，不需要再对每个用户进行权限设置。

1．服务器角色

服务器角色独立于各个数据库，当创建一个登录账号后，要赋予该登录账号管理服务器的权限，可以设置该登录账号为服务器角色的成员。SQL Server 2008 中提供的固定服务器角色如表 13-1 所示。

表 13-1　固定服务器角色

角色名称	角色含义	说明
sysadmin	系统管理员	该角色成员拥有所有的权限许可，是最高管理角色
serveradmin	服务器管理员	该角色成员可对服务器进行设置
diskadmin	磁盘管理员	该角色成员可管理磁盘文件
processadmin	进程管理员	该角色成员可管理系统进程
securityadmin	安全管理员	该角色成员可管理登录名及属性，可授予、拒绝、撤销服务器级和数据库级的权限，可重置登录名的密码
setupadmin	设置管理员	该角色成员可增加、删除连接服务器，并执行某些系统存储过程
dbcreator	数据库创建者	该角色成员可创建、修改或删除数据库
blkadmin	批量数据输入管理员	该角色成员可执行 BULK INSERT 语句，但是该角色成员对要插入数据的表具有 INSERT 权限
public		该角色成员可以查看数据库

2. 数据库角色

在 SQL Server 中包括两种数据库角色，分别是固定数据库角色和用户自定义角色。固定数据库角色定义在数据库级别上，用户不能增加、修改或者删除固定数据库角色。由于用户有时需要一些特殊的权限，固定数据库角色无法实现，因此需要用户自定义角色，这是对固定数据库角色的补充。在数据库角色中添加用户，可以使用户获得相关的管理或访问数据库及数据库对象的权限。

固定的数据库角色如表 13-2 所示。

表 13-2　固定数据库角色

角色名称	说明
db_owner	数据库所有者，该角色成员可执行数据库的所有管理操作
db_accessadmin	数据库访问权限管理员，该角色成员可添加或删除数据库用户、工作组和角色
db_securityadmin	数据库安全管理员，该角色成员可修改成员身份和管理数据库的权限
db_ddladmin	数据库 DDL 管理员，该角色成员可在数据库中运行数据定义语言（DDL）命令，允许创建、修改或者删除数据库对象
db_backupoperator	数据库备份操作者，该角色成员可备份数据库
db_datareader	数据库数据读取者，该角色成员可读取所有用户表中的数据
db_datawriter	数据库数据写入者，该角色成员可向所有用户表中添加、更改或者删除数据

续表

角色名称	说明
db_denydatareader	数据库拒绝数据读取者，该角色成员不能读取数据库中任何表的内容
db_denydatawriter	数据库拒绝数据写入者，该角色成员不能对任何表进行添加、删除或者修改操作
public	特殊的数据库角色，每个数据库用户都是public角色的成员，在没有对某个用户授予特定权限时，此用户将继承授予该安全对象的public角色的权限。public角色不可以被删除

13.5.2　任务实施

方法1：在SSMS中创建数据库角色myrole

步骤1：在SSMS中，依次展开“数据库”|“Student”|“安全性”|“角色”，右击“角色”节点，在弹出的快捷菜单中依次选择“新建”|“新建数据库角色”命令，如图13-16所示。

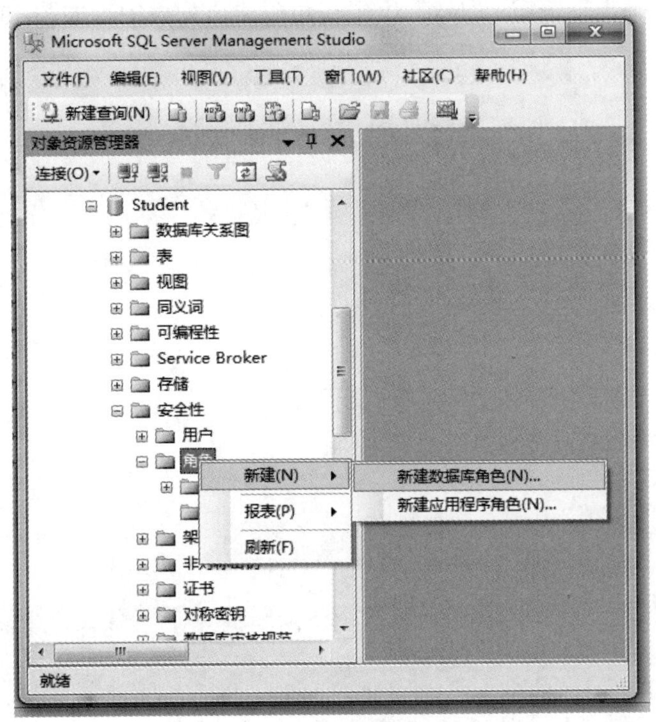

图13-16　“新建数据库角色”

步骤2：在弹出“数据库角色-新建”窗口中输入角色名称“myrole”，在“所有者”框中选择“dbo”，单击“添加”按钮，弹出“选择数据库用户或角色”对话框，单击“浏览”按钮，选择“lgx”，如图13-17所示。

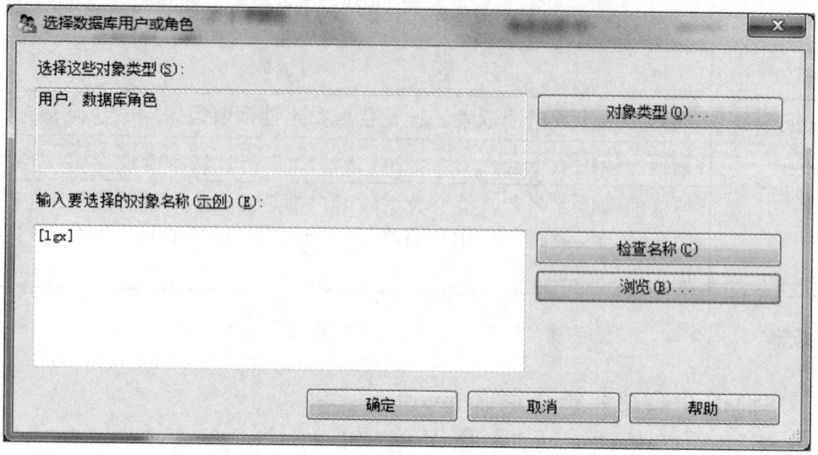

图 13-17 “选择数据库用户或角色”对话框

步骤 3：单击“确定”按钮，“lgx”出现在角色成员列表中，如图 13-18 所示。

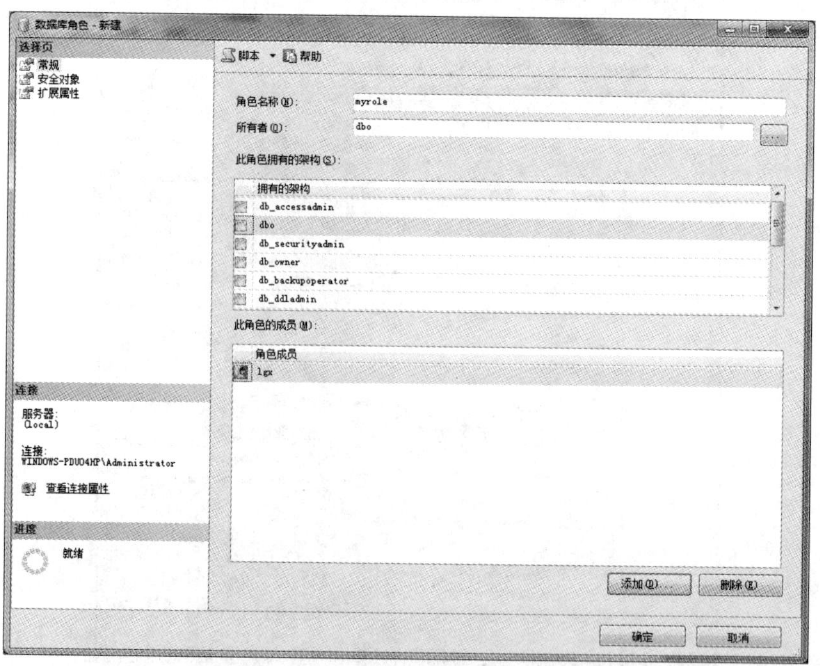

图 13-18 “数据库角色-新建”窗口

步骤 4：单击“确定”按钮，完成角色创建，此时仅仅创建了一个角色名，在后面的任务中将为该角色指定权限。

说明：如果要删除角色“myrole”，则选中角色名称，单击鼠标右键，在弹出的快捷菜单中选择“删除”命令，操作比较简单，不再赘述。

方法 2：使用存储过程 sp_addrole 创建数据库角色

步骤 1：进入 SSMS 管理界面后，在工具栏中单击“新建查询”按钮，打开“查询编辑器”窗口。

步骤 2：在“查询编辑器”窗口中输入命令：EXECUTE sp_addrole 'myrole'，单击“执行”按钮，创建成功，如图 13-19 所示。

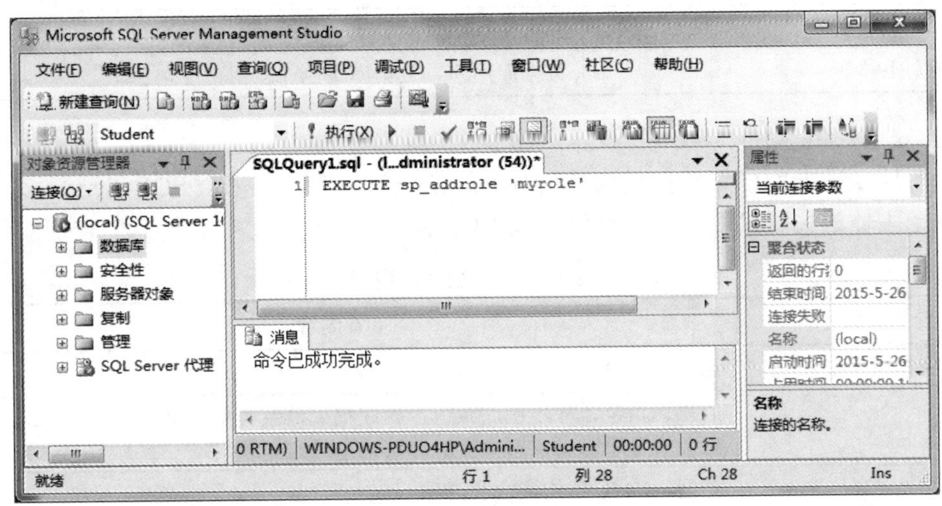

图 13-19　创建数据库角色

说明：删除数据库角色命令为存储过程：sp_droprole 角色名，删除时特别需要注意的是如果角色中有成员，则删除失败，为了保证删除操作成功运行，在删除角色前需要先删除角色成员，其他与创建过程类似，不再赘述。

任务 6　数据库权限管理

给数据库用户 lgx 授予在 Student 数据库上的 CREATE TABLE 语句的权限；给数据库用户 lgx 授予在学生表上的 SELECT、INSERT 权限。

13.6.1　相关知识

数据库的权限是指用户可以获得哪些数据库对象的使用权，以及用户能够对这些对象执行哪种操作。把一个登录名映射为一个数据库用户，把用户名添加到某个数据库角色中，或者直接对数据库用户进行设置，都是为了对数据库的访问权限进行设置，使用户可以执行被授权的操作。

1. 基本概念

权限管理是指把安全对象的权限授予主体，撤销或者禁止主体对安全对象的权限。

（1）主体

主体是可以请求 SQL Server 资源的个体、组和过程。主体的分类如表 13-3 所示。

表 13-3 主体的分类

主体	内容
Windows 级别主体	Windows 域名登录名、Windows 本地登录名
SQL Server 级别主体	SQL Server 登录名
数据库级别主体	数据库用户、数据库角色、应用程序角色

（2）安全对象

安全对象是数据库引擎授权系统控制对其进行访问的资源。每个 SQL Server 安全对象都有可能授予主体的关联权限，安全对象如表 13-4 所示。

表 13-4 安全对象内容

安全对象	内容
服务器	端点、登录账号、数据库
数据库	用户、角色、应用程序角色、程序集、消息类型、路由、服务、远程服务绑定、安全索引、证书、非对称密钥、约定和架构
架构	类型、XML 架构集合和对象
对象	聚合、约束、函数、过程、队列、统计信息、同义词、表和视图

（3）架构

数据库架构是一个独立于数据库用户的非重复的命名空间，数据库中的对象都属于某一个架构。一个架构只能有一个所有者，所有者可以使用用户、数据库角色等。

（4）权限

主要安全对象的权限如表 13-5 所示。

表 13-5 主要安全对象权限

安全对象	权限
数据库	BACKUP DATABASE、BACKUP LOG、CREATE DATABASE、CREATE FUNCTION、CREATE PROCEDURE、CREATE RULE、CREATE TABLE、CREATE VIEW
标量函数	REFERENCES、EXECUTE
表值函数、表和视图	DELETE、INSERT、SELECT、UPDATE、REFERENCES
存储过程	DELETE、EXECUTE、INSERT、SELECT、UPDATE

2. 权限管理

权限管理主要包括授予权限、拒绝访问和撤销权限三种操作。

（1）授予权限

允许某个用户或角色对某个对象执行某种操作。可以使用 SQL 命令 GRANT 实现该功能，也可以在 SSMS 中勾选复选框来实现。

使用 GRANT 语句可以给数据库用户或者数据库角色授予数据库级别或者对象级别的权限，语法格式如下：

```
GRANT {ALL[PRIVILEGES]}|权限[(列[,…])][,…]
    [ON 安全对象]TO 主体[,…]
    [WITH GRANT OPTION][AS 主体]
```

说明：

①ALL：指所有权限。ALL PRIVILEGES 是 SQL-92 标准用法。

②权限：权限名称。不同的安全对象，权限的取值也不同。数据库的权限取值可以为 BACKUP DATABASE、BACKUP LOG、CREATE DATABASE、CREATE DEFAULT、CREATE FUNCTION、CREATE PROCEDURE、CREATE RULE、CREATE TABLE 和 CREATE VIEW 等；表、视图或表值函数的权限可以是 SELECT、INSERT、DELETE、UPDATE 或 REFERENCES；存储过程的权限为 EXECUTE。

③列：指定表、视图或表值函数中要授予其权限的列的名称。

④ON 安全对象：指定将授予其权限的安全对象。

⑤主体：被授予权限的对象，可以是当前数据库用户、数据库角色。

⑥WITH GRANT OPTION：被授权者可以把获得的权限授予其他用户。

⑦AS 主体：当前数据库中执行 GRANT 语句的用户所属的角色名或组名。

（2）拒绝访问

拒绝某个用户或角色对某个对象执行某种操作。可以使用 SQL 命令 DENY 实现该功能，也可以在 SSMS 中勾选复选框来实现。

使用 DENY 语句可以拒绝给当前数据库中的用户授予权限，防止数据库用户通过组或者角色成员资格继承权限，语法格式如下：

```
DENY {ALL[PRIVILEGES]}|权限[(列[,…])][,…]
    [ON 安全对象]TO 主体[,…]
    [CASCADE][AS 主体]
```

说明：

①DENY 语法格式中各项的含义与 GRANT 中的相同项含义类似，不再赘述。

②CASCADE：拒绝授予指定用户或者角色的权限，同时对该用户或者角色授予该权限的所有其他用户和角色也拒绝授予该权限。

（3）撤销权限

撤销以前给当前数据库用户授予或拒绝的权限，语法格式如下：

```
REVOKE[GRANT OPTION FOR] {ALL[PRIVILEGES] |权限[(列[,…])][,…] }
    [ON 安全对象]{TO|FROM} 主体[,…]
```

[CASCADE][AS 主体]

说明：

①REVOKE 语法格式中各项的含义与 GRANT 中的相同项含义类似，不再赘述。

②CASCADE：回收指定用户或者角色的权限，同时回收转授出的权限。

13.6.2 任务实施

方法 1：在 SSMS 中授予权限

步骤 1：以系统管理员身份登录到 SQL Server 服务器，在 SSMS 中，依次展开“数据库”|“Student”，右击“Student”节点，在弹出的快捷菜单中选择“属性”菜单项，进入到“数据库属性”窗口，在该窗口中选择“权限”选择页，如图 13-20 所示。

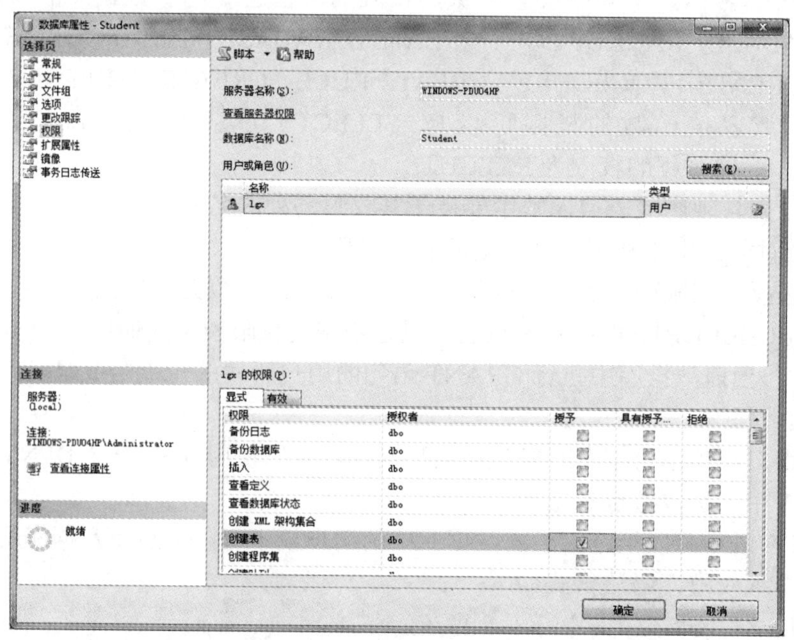

图 13-20 “数据库属性”窗口

步骤 2：在“用户或角色”栏中选择需要授予权限的用户或角色“lgx”，在窗口下方的权限列表中勾选需要设置的权限“创建表”，如图 13-20 所示，单击“确定”按钮，完成数据库权限的设置。

步骤 3：在 SSMS 中，依次展开“数据库”|“Student”|“表”|“学生表”，右击“学生表”节点，在弹出的快捷菜单中选择“属性”菜单项，进入到“表属性”窗口，在该窗口中选择“权限”选择页，如图 13-21 所示。

步骤 4：单击“搜索”按钮，在弹出的“选择用户或角色”对话框中单击“浏览”按钮，选择需要授权的用户或角色“lgx”，如图 13-22 所示。

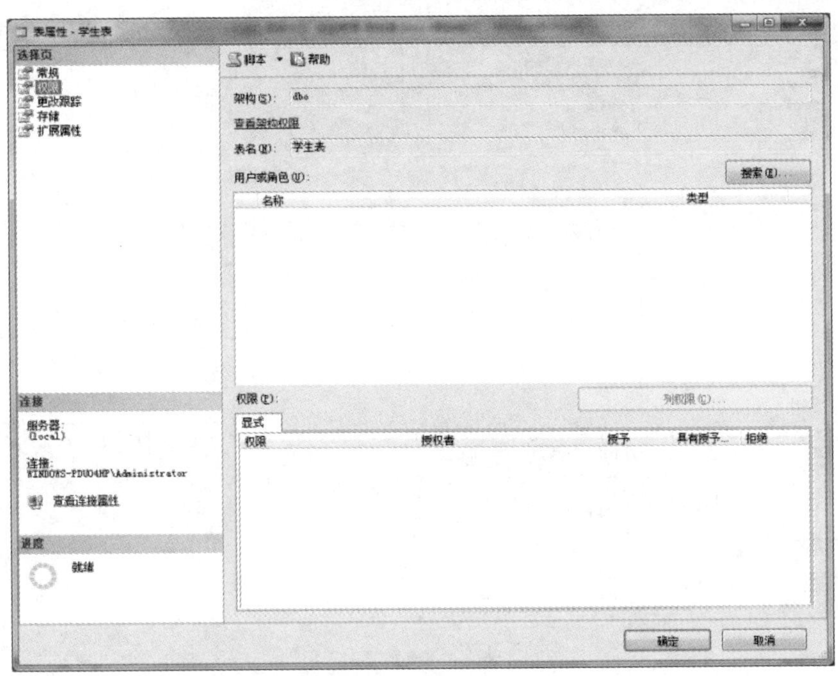

图 13-21 “表属性”对话框

查找对象

找到 4 个匹配所选类型的对象。

匹配的对象(M):

	名称	类型
☐	[guest]	用户
☑	[lgx]	用户
☐	[myrole]	数据库角色
☐	[public]	数据库角色

确定 取消 帮助

图 13-22 “查找对象”对话框

步骤 5：两次单击“确定”按钮，返回到“表属性”窗口，在该窗口中选择数据库用户 lgx，在“lgx 的权限”中选择需要授予的权限“插入”“选择”，勾选相应权限的“授予”列，如图 13-23 所示。单击“确定”按钮，完成授权。

说明：如果授予用户在表列上的 SELECT 权限，在选择“选择”权限后单击“列权限”按钮，在弹出的“列权限”对话框中选择要授予权限的列即可。

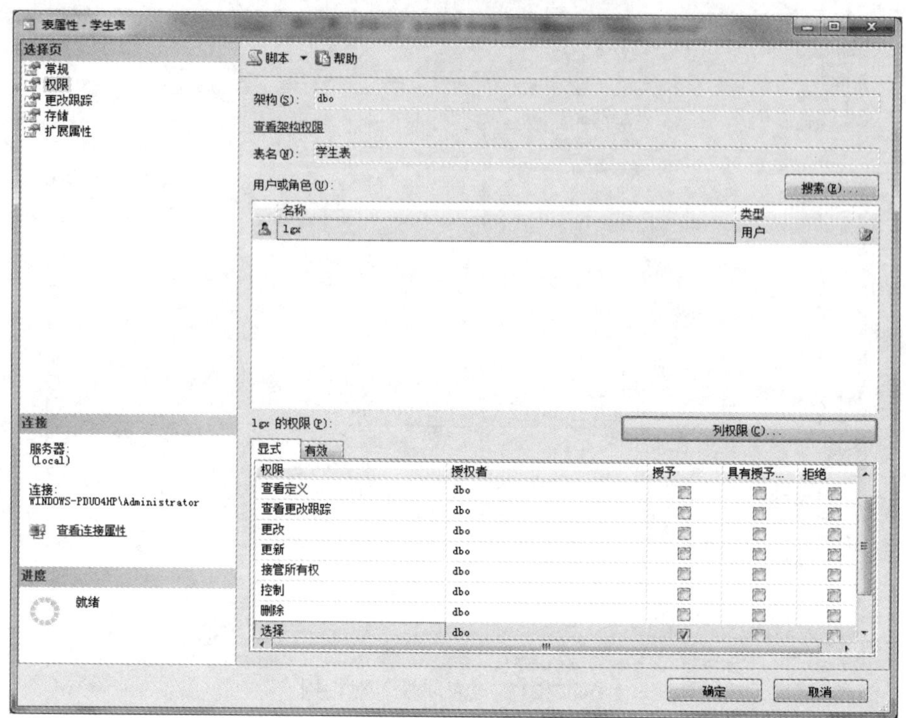

图 13-23 “表属性”授予权限窗口

对用户授予权限后，可以用该用户身份登录到 SQL Server，对数据库执行相关的操作进行测试。

方法 2：用命令方式授予权限

步骤 1：进入 SSMS 管理界面后，在工具栏中单击“新建查询”按钮，打开“查询编辑器”窗口。

步骤 2：在“查询编辑器”窗口中输入如下命令：

```
USE Student
GO
GRANT CREATE TABLE
TO lgx
GO
GRANT INSERT,SELECT
ON 学生表
TO lgx
GO
```

单击“执行”按钮，授权成功，如图 13-24 所示。

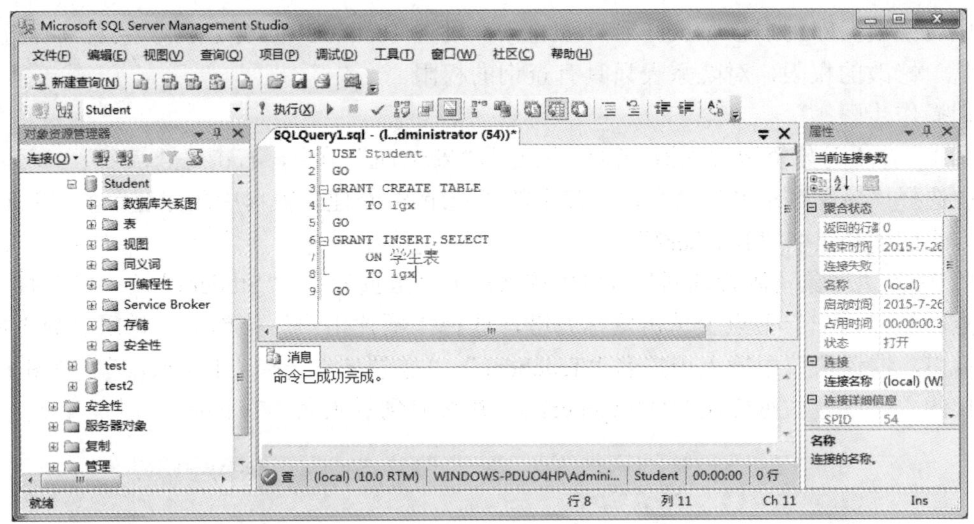

图 13-24 授予权限

项目小结

本项目主要讲述了 SQL Server 2008 中数据库的安全管理机制，SQL Server 通过登录服务器身份验证、授予数据库用户以及数据库对象权限等三个方面实现对数据库的安全管理。

在连接到 SQL Server 实例时，首先需要有效的登录账户登录到 SQL Server 实例，如果要继续访问系统中的特定数据库，需要映射一个数据库用户。在 SQL Server 2008 中，数据库登录账户要在所访问的数据库中与一个数据库用户建立映射，再为数据库用户设置权限。

本项目的主要内容如下：

- 身份验证模式
- 数据库的安全性
- 数据库用户
- 角色管理
- 权限管理

实训项目

综合实训 1：创建登录账户、数据库用户、角色，并设置权限

实训目标：掌握数据库的安全管理

实训要求：创建两个登录账户 Teacher1 和 Teacher2，在数据库 Student 中分别映射为数据库用户 Teacher1 和 Teacher2，在数据库 Student 上建立一个数据库角色 TeacherRole，并为该角色添加成员：数据库用户 Teacher1 和 Teacher2，设置 TeacherRole 角色对学生表具有查询、增加、删除、修改的权限，对院系表只具有查询的权限。

实训操作步骤：

步骤 1：在“对象资源管理器”窗口中展开“安全性”节点，右击“登录名”，在弹出的快捷菜单中选择“新建登录名”命令，在弹出的“登录名-新建”窗口中新建登录名“Teacher1”，同样的方式创建登录名“Teacher2”。

步骤 2：在“对象资源管理器”窗口里依次展开“数据库”|“Student”|“安全性”|“用户”节点，在“用户”节点上单击鼠标右键，选择“新建用户”菜单项，弹出“数据库用户-新建”窗口，在该窗口中输入用户名“Teacher1”，“登录名”选择“Teacher1”，如图 13-25 所示，同样的方法创建数据库用户“Teacher2”，并映射到登录名“Teacher2”上。

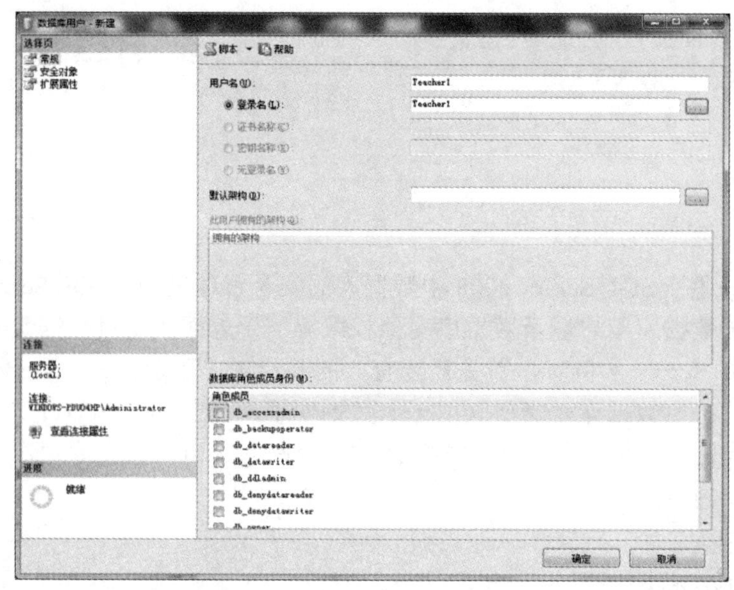

图 13-25　“数据库用户-新建”窗口

步骤 3：在“对象资源管理器”窗口里依次展开“数据库”|“Student”|“安全性”|“角色”|“数据库角色”节点，在“数据库角色”节点上单击鼠标右键，选择“新建数据库角色”菜单项，弹出“数据库角色-新建”窗口，在该窗口中输入角色名称“TeacherRole”，单击角色成员下方的“添加”按钮，添加角色成员数据库用户“Teacher1”“Teacher2”，如图 13-26 所示。

步骤 4：选择图 13-26“数据库角色-新建”窗口中的“安全对象”选择页，单击“搜索”按钮，弹出“添加对象”对话框，选择“特定对象”，单击“确定”按钮，弹出“选择对象”对话框，在该对话框中单击“对象类型”按钮，弹出“选择对象类型”对话框，在该对话框中选中“表”复选框，单击“确定”按钮，返回到“选择对象”对话框，在“选择对象”对话框中单击“浏览”按钮，弹出“查找对象”对话框，在该对话框中选择“学生表”和“院系表”，单击“确定”按钮，再单击“确定”按钮，效果如图 13-27 所示。

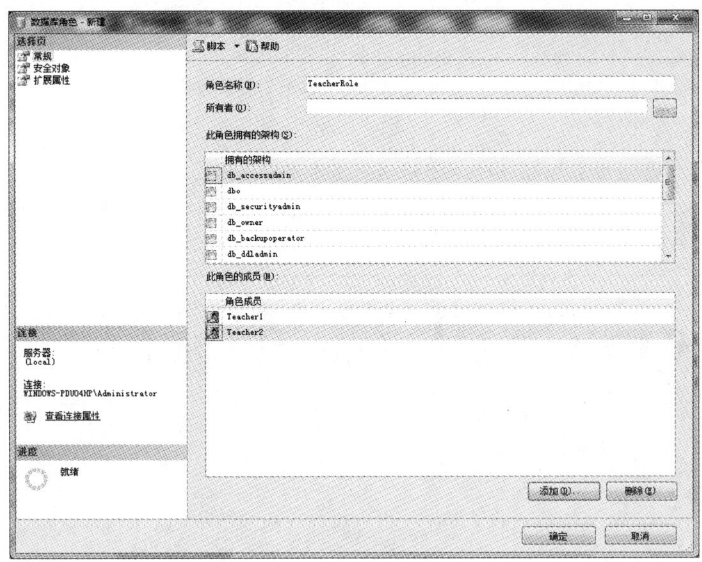

图 13-26　“数据库角色-新建”窗口

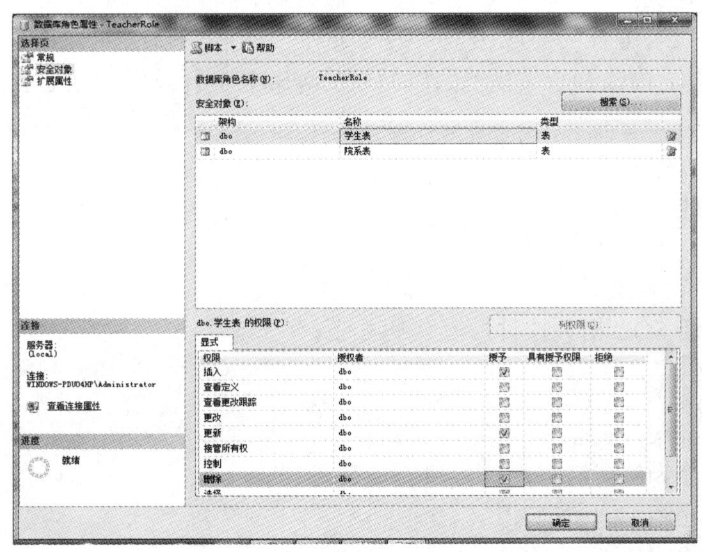

图 13-27　“安全对象”选择页

步骤 5：选择“安全对象”选择页中的“学生表”，选中“插入”“更新”“删除”以及“选择”复选框；选择“安全对象”选择页中的“院系表”，选中“选择”复选框，单击“确定”按钮，完成角色权限的设置。则数据库用户 Teacher1 和 Teacher2 与数据库角色 TeacherRole 有相同的权限。

14

SQL Server 开发与编程

14.1 相关知识

SQL Server 开发与编程当前应用最多的是 Java 开发和微软的 VS.NET 开发，主要是对数据库进行添加、删除、修改和查询，下面以微软的 VS.NET 开发学生信息管理系统为例进行简单阐述。

14.2 任务实施

1. 数据库连接的开发

在开发前先激活 SQL 相关控件，其代码如下：

```
Imports System
Imports System.Data
Imports System.Data.SqlClient
```

下面以登录界面为例对数据库连接进行代码设计。

设计登录界面如图 14-1 所示。

对应程序设计代码如下：

- “登录”按钮

```
Private Sub Button1_Click(ByVal sender As System.Object, ByVal e As System.EventArgs) Handles Button1.Click
checkFormat()
End Sub
```

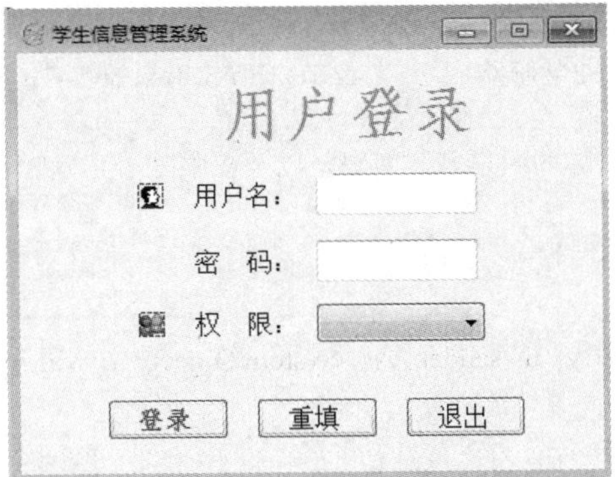

图 14-1　登录界面

● 权限验证

```
Sub checkFormat()
If TextBox1.Text = "" Or TextBox2.Text = "" Then
MsgBox("用户名和密码不能为空")
ElseIf ComboBox1.Text = "" Then
MsgBox("请选择登录用户权限")
Else
checkLoginName()
End If
End Sub

Sub checkLoginName()
Dim str As String
str = "Data Source=localhost;Initial Catalog = Student;integrated Security=true"
                              →数据库连接字符串
Dim con As New SqlConnection(str)
→连接数据库
con.Open()
→打开数据库
Dim sql As String
sql="select * from user_Info where user_ID='"&TextBox1.Text.ToString().Trim()
&"'and user_PWD='"&TextBox2.Text.ToString().Trim()&"'anduser_Des='"&ComboBox1.
Text.ToString.Trim() & "' "
Dim cmd As New SqlCommand(sql, con)
Dim reader As SqlDataReader
reader=cmd.ExecuteReader
→读取数据库用户信息
If reader.Read() = True Then
Me.Hide()
frm.Label1.Text = Me.ComboBox1.Text.ToString.Trim
```

```
frm.Show()
frm.Text = "浙江同济科技职业学院欢迎您---" & TextBox1.Text & "--" & ComboBox1.Text
Else
MsgBox("登录失败，请检查你的用户名，密码，以及权限是否正确")
End If
End Sub
```

- “取消”按钮

```
Private Sub Button3_Click(ByVal sender As System.Object, ByVal e As System.EventArgs) Handles Button3.Click
        Me.Close()
    End Sub
```

- “重置”按钮

```
Private Sub Button2_Click(ByVal sender As System.Object, ByVal e As System.EventArgs) Handles Button2.Click
TextBox1.Text = ""
TextBox2.Text = ""
    End Sub
```

- 登录主窗体

```
Private Sub Form1_Load(ByVal sender As System.Object, ByVal e As System.EventArgs) Handles MyBase.Load
TextBox1.Focus()
Me.ComboBox1.SelectedIndex = 0
End Sub
```

2. 创建新表

先判断数据库里有没有 day 这个表，有就什么都不干，没有就创建 day 表，day 表里有 id 和 temp 两列，id 是主键，则源代码如下：

```
Private Sub Button3_Click(ByVal sender As System.Object, ByVal e As System.EventArgs) Handles Button9.Click
str = "Data Source=localhost;Initial Catalog = Student;integrated Security=true" →连接字符串
Dim con As New SqlConnection(str)
  →连接数据库
        con.Open()
If not exists(select * from sysobjects where name = 'day')   then
create table [day](id int primary key，temp varchar(20))
End if
    End Sub
```

3. 数据库信息添加

以添加学生学籍信息为例，设计界面如图 14-2 所示。

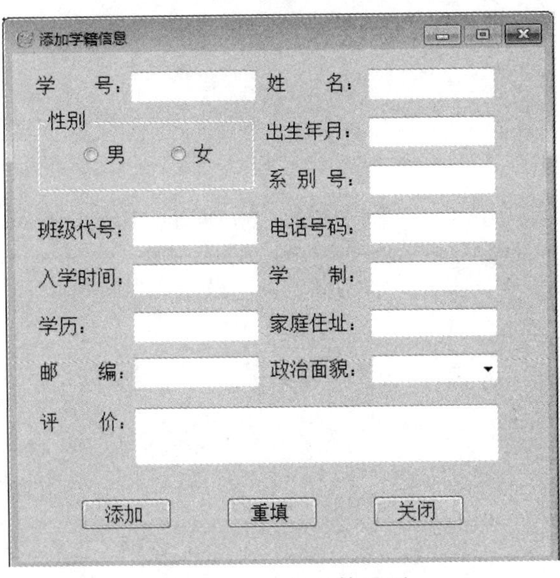

图 14-2　添加学籍界面

对应需要开发的参考代码如下：

- “关闭”按钮

```
Private Sub Button3_Click(ByVal sender As System.Object, ByVal e As System.EventArgs) Handles Button3.Click
Me.Close()
    End Sub
```

- “重填”按钮

```
Private Sub Button2_Click(ByVal sender As System.Object, ByVal e As System.EventArgs) Handles Button2.Click
clear()
End Sub

Sub clear()
TextBox1.Text = ""
TextBox2.Text = ""
TextBox3.Text = ""
TextBox4.Text = ""
TextBox5.Text = ""
TextBox6.Text = ""
TextBox7.Text = ""
TextBox8.Text = ""
TextBox9.Text = ""
TextBox10.Text = ""
TextBox11.Text = ""
```

```
ComboBox1.Text = ""
RadioButton1.Checked = False
RadioButton2.Checked = False
End Sub
```

- 信息检查与保存

```
Private Sub Button1_Click(ByVal sender As System.Object, ByVal e As System.EventArgs) Handles
Button1.Click
If TextBox1.Text = "" Then
MsgBox("学号不能为空")
ElseIf TextBox6.Text = "" Then
MsgBox("入学时间不能为空")
ElseIf TextBox7.Text = "" Then
MsgBox("学制不能为空")
Else
singleYanzheng()
→调用子程序
End If
End Sub

Sub singleYanzheng()
Dim str As String
str = "Data Source=localhost;Initial Catalog = Student;integrated Security=true"
Dim con As New SqlConnection(str)
con.Open()
Dim sql As String
Sql= "select * from student_Info where student_ID='" & TextBox1.Text.ToString().Trim() & "' "
Dim cmd As New SqlCommand(sql, con)
Dim reader As SqlDataReader
reader = cmd.ExecuteReader
If reader.Read() = True Then
MsgBox("该学号已存在")
Else
addStuInf()
Dim p As Integer = MsgBox("添加成功！ " + vbCrLf + "是否继续添加？ ", MsgBoxStyle.YesNo)
If p = 7 Then
Me.Hide()
Else
clear()
End If
End If
End Sub
```

```
Sub addStuInf()
Dim str As String
Dim sex As String
If RadioButton1.Checked Then
sex = "男"
ElseIf RadioButton2.Checked Then
sex = "女"
Else
sex = ""
End If
str = "Data Source=localhost;Initial Catalog = Student;integrated Security=true"
Dim con As New SqlConnection(str)
con.Open()
dim sql as String
sql="insertinto student_Info
(student_ID,student_Name,student_Sex,born_Date,depart_ID,class_NO,tele_Number,entr_Date,stu_Year,edu_bg,address,codeNo,zzmm,comment)values('"&TextBox1.Text.ToString().Trim()&"','"&TextBox2.Text.ToString().Trim()&"','"&sex&"','"&TextBox3.Text.ToString.Trim()&"','"&TextBox12.Text.ToString.Trim()&"','"&TextBox4.Text.ToString.Trim()&"','"&TextBox5.Text.ToString.Trim()&"','"&TextBox6.Text.ToString.Trim()&"','"&TextBox7.Text.ToString.Trim()&"','"&TextBox8.Text.ToString.Trim()&"','"&TextBox9.Text.ToString.Trim()&"','"&TextBox10.Text.ToString.Trim()&"','"&ComboBox1.Text.ToString.Trim()&"','"&TextBox11.Text.ToString.Trim()&"') "                Dim
cmd As New SqlCommand(sql, con)
Try
cmd.ExecuteNonQuery()
→执行插入动作
Catch e As Exception
Console.WriteLine(e.Message)
→无法执行时提示出错信息
End Try
Console.WriteLine("Record Added")
End Sub

Private Sub RadioButton_CheckedChanged(ByVal sender As System.Object, ByVal e As System.EventArgs)
Handles RadioButton1.CheckedChanged, RadioButton2.CheckedChanged
Dim sex As String
If RadioButton1.Checked Then
sex = "男"
ElseIf RadioButton2.Checked Then
sex = "女"
Else
sex = ""
End If
```

```
End Sub

Private Sub Form6_Load(ByVal sender As System.Object, ByVal e As System.EventArgs) Handles MyBase.Load
Me.RadioButton1.Select()
Me.ComboBox1.SelectedIndex = 0
End Sub
```

4. 数据库信息修改更新

以下仍对学生学籍进行修改，首先设计界面如图 14-3 所示。

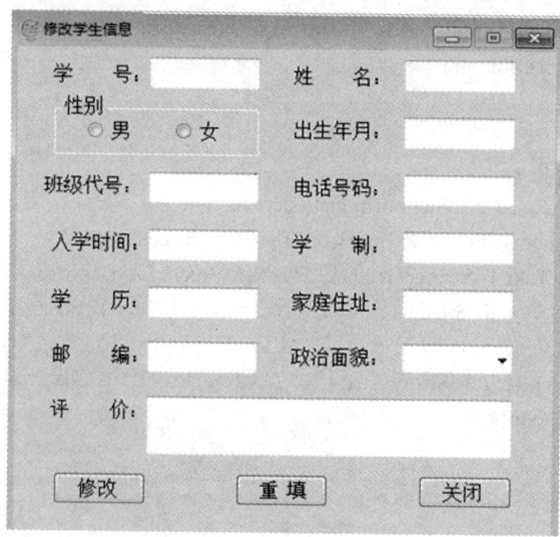

图 14-3　修改学生信息界面

对应开发的参考代码如下：

- “重填”按钮

```
Private Sub Button2_Click(ByVal sender As System.Object, ByVal e As System.EventArgs) Handles Button2.Click
clear()
End Sub
```

- “关闭”按钮

```
Private Sub Button3_Click(ByVal sender As System.Object, ByVal e As System.EventArgs) Handles Button3.Click
Me.Close()
End Sub
Sub clear()
TextBox1.Text = ""
TextBox2.Text = ""
TextBox3.Text = ""
```

```
TextBox4.Text = ""
TextBox5.Text = ""
TextBox6.Text = ""
TextBox7.Text = ""
TextBox8.Text = ""
TextBox9.Text = ""
TextBox10.Text = ""
TextBox11.Text = ""
ComboBox1.Text = ""
RadioButton1.Checked = False
RadioButton2.Checked = False
End Sub
```

- 自查和保存修改后的数据

```
Private Sub Button1_Click(ByVal sender As System.Object, ByVal e As System.EventArgs) Handles Button1.Click
If TextBox1.Text = "" Then
MsgBox("学号不能为空！")
Else
changeStuInfo()
MsgBox("修改成功！")
clear()
End If
End Sub
Sub changeStuInfo()
Dim str As String
Dim sex As String
If RadioButton1.Checked Then
sex = "男"
ElseIf RadioButton2.Checked Then
sex = "女"
Else
sex = ""
End If
str = "Data Source=localhost;Initial Catalog = Student;integrated Security=true"
Dim con As New SqlConnection(str)
con.Open()
Dim sql As String
Sql= "select * from student_Info where student_ID='" & TextBox1.Text.ToString().Trim() & "' "
Dim sql2 As String
Sql2="update student_Info set student_Name='"&TextBox2.Text.ToString().Trim()&"',student_Sex='"&sex&"',
born_Date='"&TextBox3.Text.ToString.Trim()&"',depart_ID='"&TextBox4.Text.ToString.Trim()&"',tele_Number='"&TextBox5.Text.ToString.Trim()&"',entr_Date='"&TextBox6.Text.ToString.Trim()&"',stu_Year='"&extBox7.T
```

```
ext.ToString.
    Trim()&"',edu_bg='"&TextBox8.Text.ToString.Trim()&"',address='"&TextBox9.
    Text.ToString.Trim()&"',codeNo='"&TextBox10.Text.ToString.Trim()&"',zzmm='"&ComboBox1.Text.ToStrin
g.Trim()&"',comment='"&TextBox11.Text.ToString.Trim() & "' where student_ID='" & TextBox1.Text.ToString().
Trim() & "' "
    Dim cmd As New SqlCommand(sql, con)
    Dim cmd2 As New SqlCommand(sql2, con)
    Dim reader As SqlDataReader
    reader = cmd.ExecuteReader
    If reader.Read() = True Then
    reader.Close()
    MsgBox("有记录")
    cmd2.ExecuteNonQuery()
    Me.Hide()
    Else
    MsgBox("该用户 ID 不存在！")
    End If
    End Sub
```

5．数据库信息查询

设计查询界面如图 14-4 所示。

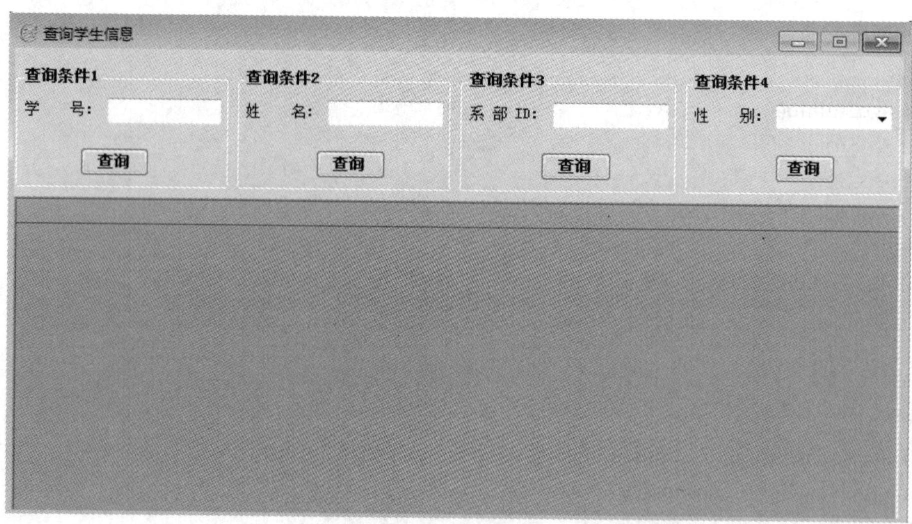

图 14-4　查询学生信息界面

编写对应的参考代码如下：

以下是窗体设计代码（引入 DataGrid 控件）：

```
Private Sub Form4_Load(ByVal sender As System.Object, ByVal e As System.EventArgs) Handles
MyBase.Load
```

```
    Dim str As String
    Dim ds As New DataSet
    Dim da As SqlDataAdapter
    str = "Data Source=localhost;Initial Catalog = Student;integrated Security=true"
    Dim con As New SqlConnection(str)
    con.Open()
    Dim sql As String = "select * from student_Info "
    da = New SqlDataAdapter(sql, con)
    da.Fill(ds)
    DataGrid1.DataSource = ds.Tables(0)
    End Sub
```

- 根据条件 1 查询

```
    Private Sub Button1_Click(ByVal sender As System.Object, ByVal e As System.EventArgs) Handles
Button1.Click
    Dim str As String
    Dim ds As New DataSet
    Dim da As SqlDataAdapter
    str = "Data Source=localhost;Initial Catalog = Student;integrated Security=true"
    Dim con As New SqlConnection(str)
    con.Open()
    Dim sql As String = "select * from student_Info where student_ID='" & TextBox1.Text.ToString().Trim() & "' "
    da = New SqlDataAdapter(sql, con)
    da.Fill(ds)
    DataGrid1.DataSource = ds.Tables(0)
    End Sub
```

- 根据条件 2 查询

```
    Private Sub Button2_Click(ByVal sender As System.Object, ByVal e As System.EventArgs) Handles
Button2.Click
    Dim str As String
    Dim ds As New DataSet
    Dim da As SqlDataAdapter
    str = "Data Source=localhost;Initial Catalog = Student;integrated Security=true"
    Dim con As New SqlConnection(str)
    con.Open()
    Dim sql As String = "select * from student_Info where student_Name='" & TextBox2.Text.ToString().Trim() &
"' "
    da = New SqlDataAdapter(sql, con)
    da.Fill(ds)
    DataGrid1.DataSource = ds.Tables(0)
    End Sub
```

● 根据条件 3 查询

```
Private Sub Button3_Click(ByVal sender As System.Object, ByVal e As System.EventArgs) Handles Button3.Click
    Dim str As String
    Dim ds As New DataSet
    Dim da As SqlDataAdapter
    str = "Data Source=localhost;Initial Catalog = Student;integrated Security=true"
    Dim con As New SqlConnection(str)
    con.Open()
    Dim sql As String = "select * from student_Info where depart_ID='" & TextBox3.Text.ToString().Trim() & "' "
    da = New SqlDataAdapter(sql, con)
    da.Fill(ds)
    DataGrid1.DataSource = ds.Tables(0)
End Sub
```

● 根据条件 4 查询

```
Private Sub Button4_Click(ByVal sender As System.Object, ByVal e As System.EventArgs) Handles Button4.Click
    Dim str As String
    Dim ds As New DataSet
    Dim da As SqlDataAdapter
    str = "Data Source=localhost;Initial Catalog = Student;integrated Security=true"
    Dim con As New SqlConnection(str)
    con.Open()
    Dim sql As String = "select * from student_Info where student_Sex='"&ComboBox1.Text.ToString().Trim()&"' "
    da = New SqlDataAdapter(sql, con)
    da.Fill(ds)
    DataGrid1.DataSource = ds.Tables(0)
End Sub
```

项目小结

本项目通过案例简单介绍了数据库和前台开发项目如何连接的方法以及数据的添加、数据更新、查询等的界面设计和程序代码设计方法，进一步加深学生对数据库的理解和掌握，并可与将来步入工作岗位从事数据库和信息系统开发直接接轨。值得注意的是开发方法和开发语言很多，本开发方法只是其中常用的一种，希望学生能活学活用，并能以点带面不断深入体会。

实训项目

附加 Library 数据库

综合实训 1　参考教程的学生学籍信息（student_Info），编写出图书馆管理数据库的图书信息（book_Info）数据添加、修改和查询代码。

综合实训 2　参考教程的学生学籍信息（student_Info），编写出图书馆管理数据库的借书信息（borrow_Info）数据添加、修改和查询代码。